“十二五”职业教育国家规划教材
经全国职业教育教材审定委员会审定

食品工程原理

第三版

姜淑荣　主编
冷士良　主审

化学工业出版社
·北京·

本书以食品工程单元操作的“三传”理论为主线，介绍了食品生产中各种单元操作的基本原理、基本计算以及典型设备的构造原理。全书共八个项目，内容包括流体输送、非均相混合物的分离、混合乳化、热量传递、物料浓缩、干燥、蒸馏、萃取等内容，本次修订精选了新技术、新知识，体现了食品领域的前沿技术。

本书在选材上注重从食品生产实际出发，加强运用理论知识解决生产实际问题能力的培养，注重基本概念、基本理论的广泛性与实用性，内容由浅入深，力求严谨，通俗易懂，体现职业需求。

本书可作高职高专院校食品专业的教材，也可供从事食品科研、生产、管理的人员参考。

图书在版编目（CIP）数据

食品工程原理/姜淑荣主编．—3版．—北京：化学工业出版社，2015.3（2023.8重印）
“十二五”职业教育国家规划教材
ISBN 978-7-122-22875-8

Ⅰ.①食… Ⅱ.①姜… Ⅲ.①食品工程学-高等职业教育-教材 Ⅳ.①TS201.1

中国版本图书馆CIP数据核字（2015）第018809号

责任编辑：张双进　　文字编辑：荣世芳
责任校对：吴　静　　装帧设计：刘丽华

出版发行：化学工业出版社（北京市东城区青年湖南街13号　邮政编码100011）
印　　装：大厂聚鑫印刷有限责任公司
787mm×1092mm　1/16　印张14¾　字数357千字　　2023年8月北京第3版第8次印刷

购书咨询：010-64518888　　售后服务：010-64518899
网　　址：http://www.cip.com.cn
凡购买本书，如有缺损质量问题，本社销售中心负责调换。

定　　价：40.00元

前　　言

本教材于2006年出版第一版，2011年出版第二版，本次修订是根据全国高职高专教学改革需要，紧密围绕高等职业教育人才培养目标和食品行业的职业需求，从食品企业岗位的工作要求出发，着重体现各单元操作岗位所要求的专业知识、操作技能和工作规范，结合企业生产实际操作流程，重新调整教学项目和任务，设计项目工作情境。主要修订内容如下。

1. 教材结构

教材结构体现项目化教学、任务引领式现代职业教育理念，与职业岗位紧密结合，把项目中的工作任务按照实施的先后顺序列出，使抽象的理论具体化。

2. 教材内容

通过食品企业岗位调研，将教材内容进行了重组，对各部分内容均进行了增订和修订，精选了新技术、新知识，体现了食品行业领域的前沿技术。

3. 标准操作规程

针对项目任务的需要提供企业标准操作规程，使学生能尽早熟悉企业生产操作技术，提高了教材的针对性和职业性。

本教材共分为八个项目。其中项目一、项目三、项目七及附录由黑龙江旅游职业技术学院姜淑荣编写；项目二由新疆轻工职业技术学院葛亮编写；项目四、项目五由内蒙古商贸职业学院刘静编写；项目六、项目八由新疆轻工职业技术学院谢俊彪编写。全书由姜淑荣任主编，由冷士良任主审。在编写过程中，参考了一些公开发表的文献材料，在此向这些作者致以衷心的感谢！

由于时间仓促，加之编者水平有限，不当之处在所难免，恳请读者批评指正。

编者

2014年12月

第二版前言

本教材是教育部高职高专规划教材，2006 年出版，并被各高职院校广泛使用，这次修订是在基本保持原教材（第一版）结构的基础上修正并补充了部分内容，强化了混合乳化部分的内容，使全书知识更全面，更能体现职业需求。

本教材根据全国高职高专教学改革需要，紧密围绕高等职业教育人才培养目标和食品行业的职业需求，从高职高专毕业生就业岗位的实际需要出发，内容上以“必需、够用”为度，放弃了繁难的数学推导，淡化了设计计算程序的介绍，例题和练习题的编写均与食品工程实际有联系。

本教材以食品工程单元操作的“三传”理论为主线安排各章节顺序，介绍了食品生产中常用的各种单元操作，内容上做到深入浅出，突出职业特色。

本教材共分为九章。其中绪论、第一章、第二章、第四章、第八章及附录由黑龙江旅游职业技术学院姜淑荣编写；第三章由新疆轻工职业技术学院葛亮编写；第五章、第六章由内蒙古商贸职业学院刘静编写；第七章、第九章由新疆轻工职业技术学院谢俊彪编写。全书由姜淑荣任主编，由冷士良任主审。在编写过程中，参考了一些公开发表的文献材料，在此向这些作者致以衷心的感谢！

特别感谢化学工业出版社的领导及同志们为本书的出版所作出的重大贡献。

由于时间仓促，加之编者水平有限，不当之处在所难免，恳请读者批评指正。

编者

2011 年 6 月

第一版前言

依据高职高专课程改革精神，培养“强能力、宽适应”的高职高专人才已成为各高职院校专业课程设置与建设、教学内容与方法改革的指南，为满足高职高专这一课程改革需求，特编写此书。

本书力求体现高等职业教育规律和特征，体现对高等职业教育的规格、层次及教育对象的特点的把握，紧密围绕高等职业教育的培养目标和食品行业的职业需求，内容上以“必需、够用”为度，并做到繁简适度、深入浅出，突出职业特色。

《食品工程原理》是食品专业的一门重要课程，本书以食品工程单元操作的“三传”理论为主线安排各章节顺序，具体为：以动量传递为基础，叙述流体的流动、流体输送机械、非均相混合物的分离；以热量传递为基础，阐述换热过程及换热设备；以质量传递为基础，说明蒸馏、萃取等单元操作原理及其相关设备的设计计算。

本书是高职高专食品专业教学用书。建议80～100学时，各院校可根据实际需要增减教学内容。

全书共分九章。其中，绪论、第一章、第二章、第四章、第八章及附录由姜淑荣编写；第三章由葛亮编写；第五章、第六章由刘静编写；第七章、第九章由谢俊彪编写。全书由姜淑荣任主编，由冷士良任主审。在编写过程中，参考了一些公开出版的文献资料，在此向这些作者致以衷心的感谢！

由于时间仓促，加之编者水平有限，不当之处在所难免，恳请读者批评指正。

编者

2006年3月

目　录

绪论 ………… 1
一、课程的性质与任务 ………… 1
二、单元操作与“三传理论” ………… 1
三、四个基本概念 ………… 2
四、单位制 ………… 2
自测题 ………… 3
项目一　流体输送 ………… 4
任务一　流体输送基础理论 ………… 5
一、静止流体的基本规律 ………… 5
二、流体流动的基本规律 ………… 12
三、流体阻力 ………… 18
四、管路计算 ………… 28
五、流量的测量 ………… 29
任务二　流体输送管路 ………… 32
一、管子 ………… 32
二、管件 ………… 33
三、阀件 ………… 34
任务三　流体输送机械 ………… 39
一、液体输送机械 ………… 39
二、气体输送与压缩机械 ………… 51
自测题 ………… 57
项目二　非均相混合物的分离 ………… 60
任务一　筛分 ………… 60
一、粉碎 ………… 60
二、筛分 ………… 61
任务二　重力沉降 ………… 63
一、重力沉降理论 ………… 63
二、颗粒与流体的分离 ………… 66
任务三　过滤 ………… 67
一、过滤的基本理论 ………… 68
二、过滤设备 ………… 75
任务四　离心分离 ………… 77
一、离心分离原理 ………… 77
二、离心机的分类及应用 ………… 77
自测题 ………… 80

项目三　混合乳化 ······ 82
任务一　混合 ······ 82
一、混合的基本理论 ······ 82
二、混合操作在食品生产中的应用 ······ 83
三、常用的混合设备 ······ 83
任务二　乳化 ······ 86
一、乳化的基本理论 ······ 86
二、乳化液的类型和稳定性 ······ 86
三、乳化剂的作用 ······ 87
四、乳化液的制备及乳化设备 ······ 87
任务三　混合乳化操作 ······ 89
一、间歇式乳化系统 ······ 89
二、连续式乳化系统 ······ 90
自测题 ······ 90
项目四　热量传递 ······ 92
任务一　热量传递理论 ······ 92
一、传热在食品工业中的应用 ······ 92
二、传热的基本方式 ······ 92
三、工业上的换热方式 ······ 93
任务二　回壁式换热过程及其计算 ······ 93
一、热传导 ······ 93
二、对流传热 ······ 97
三、间壁式传热过程的计算 ······ 101
四、强化传热的途径 ······ 107
任务三　传热设备 ······ 108
一、换热器的分类 ······ 108
二、间壁式换热器的分类 ······ 108
三、间壁式换热器的使用 ······ 113
任务四　辐射传热 ······ 114
一、热辐射的基本概念 ······ 114
二、热辐射的基本定律 ······ 115
三、两物体间的辐射传热 ······ 116
四、辐射加热的方法 ······ 117
自测题 ······ 118
项目五　物料浓缩 ······ 120
任务一　浓缩理论 ······ 120
一、基本概念 ······ 120
二、浓缩在食品工业中的应用 ······ 120
任务二　蒸发浓缩 ······ 121
一、蒸发的基本概念 ······ 121

二、单效蒸发 …… 123
三、多效蒸发 …… 126
四、蒸发设备 …… 128
五、蒸发器的选用 …… 135
任务三 冷冻浓缩 …… 136
一、冷冻浓缩的理论 …… 136
二、冷冻浓缩中的结晶过程 …… 136
三、冷冻浓缩的装置 …… 138
任务四 膜浓缩 …… 138
一、膜分离的分类与特点 …… 139
二、分离膜 …… 140
三、膜分离器 …… 141
四、几种常用的膜分离技术 …… 144
自测题 …… 147
项目六 干燥 …… 148
任务一 干燥理论 …… 148
一、干燥的目的和方法 …… 148
二、湿空气及湿物料的状态分析 …… 149
三、干燥动力学 …… 156
任务二 干燥过程的计算 …… 160
一、干燥过程的物料衡算 …… 160
二、热量衡算 …… 161
任务三 干燥设备 …… 163
一、干燥设备的结构和特点 …… 164
二、干燥设备在食品生产中的应用 …… 165
自测题 …… 165
项目七 蒸馏 …… 168
任务一 蒸馏理论 …… 168
一、双组分溶液的汽液相平衡 …… 168
二、蒸馏方法 …… 172
三、双组分精馏的计算 …… 174
任务二 精馏装置 …… 183
一、板式塔的结构和性能 …… 183
二、塔板上流体流动状况 …… 184
三、塔板负荷性能 …… 185
四、塔高和塔径 …… 185
五、板式塔的应用 …… 186
任务三 精馏操作 …… 186
一、连续精馏流程 …… 186
二、精馏操作的开车与停车操作 …… 187

自测题 …… 188
项目八　萃取 …… 190
任务一　萃取理论 …… 190
一、萃取的基本概念 …… 190
二、相平衡关系图 …… 191
三、萃取剂的选择 …… 195
四、萃取操作的流程和计算 …… 198
任务二　萃取设备 …… 205
一、混合-澄清槽 …… 205
二、塔式萃取设备 …… 206
任务三　萃取塔的操作 …… 208
一、开车操作 …… 209
二、维持正常运行要注意的事项 …… 209
三、停车操作 …… 210
自测题 …… 210
附录 …… 212
一、单位换算 …… 212
二、干空气的物理性质（p=101.3kPa） …… 213
三、水的物理性质 …… 214
四、饱和水蒸气表 …… 214
五、液体黏度和293K时的密度 …… 217
六、液体比热容 …… 218
七、水、煤气管（有缝钢管）规格 …… 219
八、离心泵规格 …… 220
九、4-72-11型离心通风机性能表 …… 221
十、苯-甲苯溶液在绝对压力为101.3kPa下的汽液平衡数据 …… 222
十一、乙醇-水溶液在绝对压力为101.3kPa下的汽液平衡数据 …… 222
参考文献 …… 223

绪　论

【学习目标】

1. 了解本课程的性质、内容、任务及其在食品生产中的应用。

2. 掌握三传理论、单元操作、物料衡算及热量衡算等基本概念，为学习全书奠定基础。

一、课程的性质与任务

食品工程原理是食品工程专业一门重要的专业基础课，主要研究食品生产中传递过程与单元操作的基本原理、内在规律，常用设备及过程的计算方法。通过本课程的学习，使学生掌握传递过程及各个单元操作的基本理论，熟悉各单元操作所用设备的工作原理、性能以及选择方法等，并能运用所学理论知识解决食品生产中的工程实际问题。

二、单元操作与“三传理论”

随着食品工业的不断发展，食品的种类与日俱增，食品生产过程千差万别。不论产品种类如何，食品的生产都包括两个过程，即物理加工过程与化学加工过程，其中化学过程是以化学反应为主的决定产品种类的过程，化学反应不同，反应机理也不同，所得的产品也不同。而物理过程是一种物理操作，它改变物料的状态或其物理性质，并不进行化学反应。通常将这种操作称为单元操作，不同种类的食品其加工过程差别很大，但它们都是由若干个单元操作按食品生产加工工艺过程串联而成的，即某一单元操作用在不同的食品生产中，其基本原理相同，所用设备也是通用或相似的。如酒类生产和乳品生产都需要将液体从一处送至另一处，而且在输送各种液体的过程中，都遵循流体力学规律，都用泵进行输送，因此液体输送就是典型的单元操作。食品工程原理主要阐述食品生产中广泛应用的单元操作及所用设备的基本理论知识。

1. 单元操作分类

食品生产中各单元操作按其所遵循的规律，分为以下三类。

(1) 流体流动过程

遵循流体力学原理，如流体输送、搅拌、沉降、过滤、离心分离等。

(2) 传热过程

遵循热量传递原理，如传热、蒸发等。

(3) 传质过程

遵循质量传递原理，如吸收、蒸馏、干燥、萃取、膜分离等。

2. 三传理论

上述三个过程包含了三种理论，通常称之为“三传理论”，即动量传递、热量传递和质量传递理论。

(1) 动量传递

因流体流动而引起的发生在流体内部动量的传递过程。流体流动的过程也称为动量传递过程。

(2) 热量传递

因存在温差而导致热量由一处传到另一处的过程。传热过程也称为热量传递过程。

(3) 质量传递

因传质推动力而导致的物质传递过程。传质过程也称为质量传递过程。

“三传理论”是单元操作的理论基础，单元操作是“三传理论”在实践中的具体应用。许多单元操作都会包含两种以上传递过程，如真空浓缩操作包含质量传递、热量传递和动量传递；蒸馏操作包含质量传递和热量传递等。本教材将依次介绍动量传递、热量传递和质量传递基本理论，介绍与“三传理论”相关的各单元操作原理以及工艺计算等。

三、四个基本概念

在讨论各单元操作时，常用到下列四个基本概念。

1. 物料衡算

物料衡算的理论基础是质量守恒定律。即流入某一系统的物料总质量必等于从该系统流出的物料质量与积存于该系统中的物料质量之和，即

$$\text{输入质量}=\text{输出质量}+\text{积存质量}$$

如过程进行中系统内物料无积存，此过程即为稳定过程，此时

$$\text{输入质量}=\text{输出质量}$$

2. 能量衡算

能量衡算的理论基础是能量守恒定律。与物料衡算相似，能量衡算即进入系统的总能量等于系统流出的能量与系统内积存的能量之和，即

$$\text{输入能量}=\text{输出能量}+\text{积存能量}$$

对于稳定过程，此时

$$\text{输入能量}=\text{输出能量}$$

能量的表现形式有多种，但食品生产中各单元操作所涉及的能量衡算主要是热量衡算，当只有热量变化时，能量衡算就变成了热量衡算，对于热量衡算同样也满足输入系统热量等于输出系统热量的关系。

物料衡算与能量衡算首先要选定衡算范围，即由框图圈定范围，再确定计算基准，找出各量进行计算，具体计算过程及方法将在以后各章中加以分析和讨论。

3. 平衡关系

一定条件下，物系所发生的变化总是向着一定的方向进行，直至达到一定的极限程度，除非影响物系的条件有变化，否则其变化的极限是不会改变的，把这种变化关系称为物系平衡关系。如两物体间的热量传递总是向着由高温到低温的方向进行，直至进行到两物体的温度相等。物系平衡关系可用来推断过程能否进行以及能进行到何种程度。

4. 过程速率

任何物系，只要不是处于平衡状态，就必然发生向平衡状态变化的过程，其转变的快慢可用过程速率来表示。过程速率的大小与过程推动力成正比，与过程阻力成反比。如冷热两物体间的传热速率与传热推动力（即温差）成正比，与传热阻力（即热阻）成反比。

四、单位制

在生产及生活中，表征一个物理量的大小除要求列出数字外，还要列出与之相应的计算

单位。如某桶水的质量是5kg，其中“kg”即为质量的单位。过去中国多采用的单位制为MKS制、cgs制和工程单位制，1960年国际度量衡会议制订了一种新的单位制，称为国际单位制，简称国际制，符号为“SI”。国际制通用于所有科学部门，而且国际制的任何一个导出单位都可以由基本单位相乘或相除直接得出，即二者之间的换算比例系数都是1。国际制的基本单位共有7个，分别是：长度单位m（米）、质量单位kg（千克）、时间单位s（秒）、温度单位K（开尔文）、物质的量的单位mol（摩尔）、电流的单位A（安培）和物体发光强度单位cd（坎德拉），其中前5个单位常用。国际制的导出单位有很多个，其中常用的有压力的单位Pa（帕斯卡），力的单位N（牛顿），体积的单位m^3（立方米），能量、热量、功的单位J（焦耳）以及功率的单位W（瓦特）等。本教材所采用的单位主要是SI制，但由于某些工程技术领域或有关手册中仍采用MKS制、cgs制和工程单位制，因此，掌握单位间的换算关系，并能进行正确换算，是进行工程计算的关键。本教材附录中已列出了部分常用单位的换算关系可供参考。

自 测 题

1. 将下列物理量换算成SI单位

（1）5L/min=（　　）m^3/s；15m^3/h=（　　）m^3/s；

（2）2atm=（　　）Pa；2kgf/cm^2=（　　）Pa；760mmHg=（　　）Pa；

（3）2kgf=（　　）N；

（4）5kcal/h=（　　）W；3kgf·m/s=（　　）N·m/s=（　　）J/s=（　　）W；

（5）摩尔气体常数R=82.06(atm·cm^3)/(mol·K)=（　　）J/(mol·K)。

2. 某厂将比热容为3.85kJ/(kg·K)的果汁以500kg/h的流量通入冷却器，使其由92℃降至22℃，冷却器内冷却水的温度由20℃升至40℃，求冷却水的流量（热量损失忽略不计）。

项目一 流体输送

【学习目标】

1. 能熟练地掌握流体流动过程中的基本概念、基本规律，并能用这些基本知识解决生产中有关流体流动的基本问题。

2. 了解复杂管路的计算、管路的布置及安装知识。

3. 通过学习，使学生了解各种流体输送设备的构造、工作原理及适用场合。

4. 掌握常用流体输送设备的选型、安装及工作点的调节方法。

流体是指具有流动性的物体，包括液体和气体。食品生产中所处理的物料，包括原料、半成品及产品等，大多数是流体，为了把流体原料制成半成品、产品，常需要通过泵把流体从一个设备输送到另一个设备或从一个车间输送到另一个车间，即形成流体流动。流体流动是由其内部质点的运动体现的，流体内部无数质点运动的总和，就是流体流动。乳品、啤酒、果汁等的生产过程均与流体流动密不可分，因此对流体输送及流体流动规律的研究在食品工业生产中有着重要的意义。

食品工业生产中常见的流体输送方法主要有四种，分别是高位槽送料、真空送料、压缩空气送料、流体输送机械送料，这四种方法往往是同时存在的，可以根据具体工艺要求的流体输送任务采取相应的输送方法。

（1）高位槽送料

高位槽送料就是利用液位差将高位设备的液体直接连接送到低位设备。图 1-1 是由水塔向车间供水示意图。

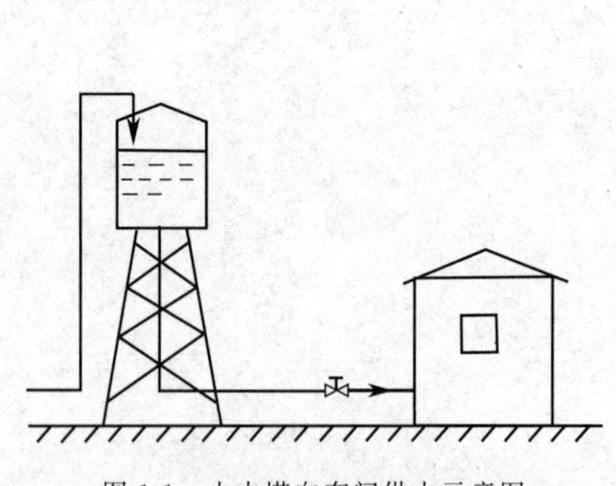

图 1-1 由水塔向车间供水示意图

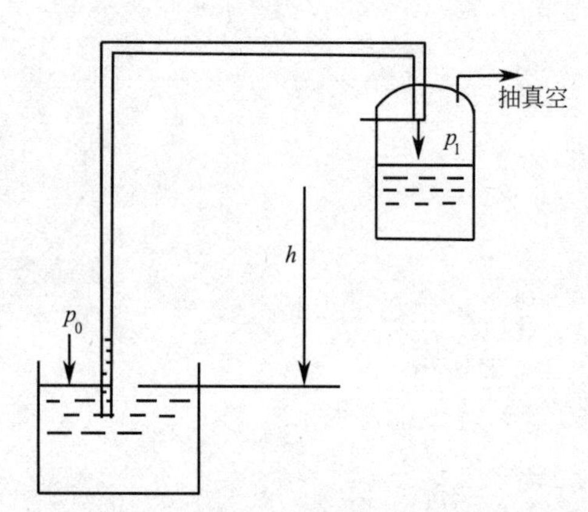

图 1-2 真空送料示意图

高位槽送料适合于流体输送要求特别稳定的场合。高位槽送料时，高位槽的高度必须能够保证输送任务所要求的流量和压力。

（2）真空送料

真空送料是通过真空系统造成的负压将流体从一个设备送到另一个设备。图 1-2 是糖精生产车间利用真空系统产生的真空将烧碱送到高位槽的示意图。

真空送料设备简单，操作方便，是食品工业生产中常用的流体输送方法。但流量调节不方便，适用于间歇送料场合，不适宜输送挥发性的液体。

（3）压缩空气送料

压缩空气送料是在压缩空气压力的作用下，将储槽中的液体送到目标设备。图 1-3 是在压缩空气压力作用下将硫酸送到目标设备的示意图。

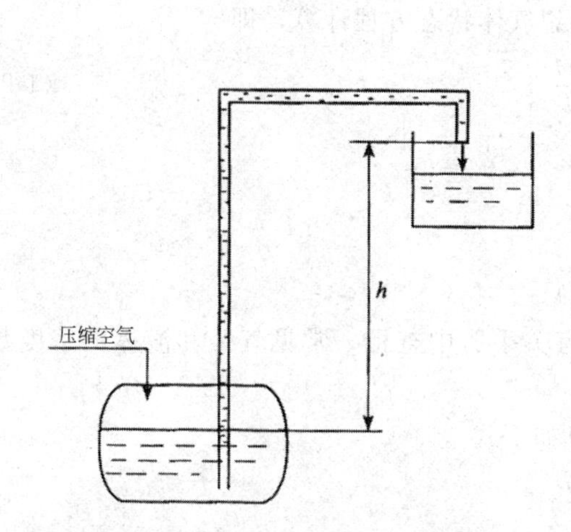

图 1-3　压缩空气送料示意图

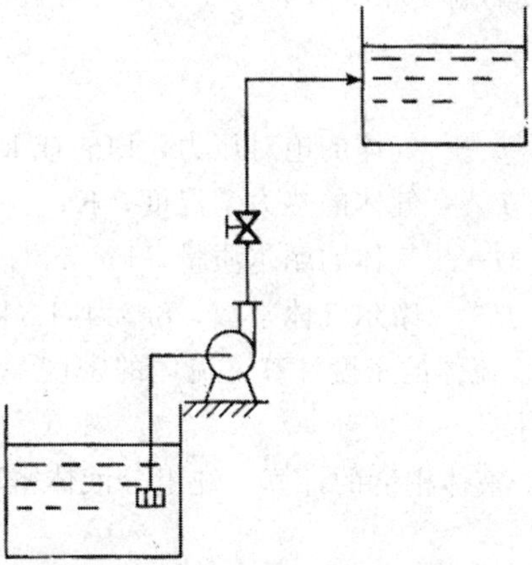

图 1-4　流体输送机械送料示意图

压缩空气送料设备简单，操作方便，工业生产中常用于输送腐蚀性大或易燃易爆的液体。

（4）流体输送机械送料

流体输送机械送料是借助流体输送机械对流体做功实现流体输送的操作。图 1-4 是借助泵对液体做功将储槽中的液体送到目标设备的示意图。

由于输送机械的类型多，扬程及流量的可选范围广且易于调节，因此，流体输送机械送料是食品工业生产中普遍采用的流体输送方法。

任务一　流体输送基础理论

流体的流动与输送是食品生产中最基本的操作，也是其他加工过程的基础。流体力学的基本理论知识，是解决流体输送问题的理论依据。

一、静止流体的基本规律

流体的静止是流动的一种特殊形式，在讨论静止流体的基本规律之前，先对与此有关的物理量加以说明。

（一）流体的主要物理量

1. 密度、相对密度、重度、比体积

（1）密度

① 定义。单位体积流体的质量，称为流体的密度，以 ρ 表示，若以 m 代表体积为 V 的流体的质量，则

$$\rho=\frac{m}{V} \tag{1-1}$$

② 与流体密度有关的因素。任何流体的密度，都随它的温度和压力而变化，但压力对液体的密度影响很小，可忽略不计，故常称液体为不可压缩的流体；温度对液体的密度有一定的影响，如纯水的密度在277K时为1000kg/m³，而在293K时则为998.2kg/m³。因此，在选用液体密度数据时，要注意测定该数值所对应的温度。

气体具有可压缩性及热膨胀性，其密度随压力和温度的不同有较大的变化，因此气体的密度必须标明其状态（温度、压力），当查不到某一温度和压力条件下的气体密度数值时，在一般的温度和压力下，气体密度可近似地用理想气体状态方程计算，即

$$\rho=\frac{pM}{RT} \tag{1-2}$$

式中　p——气体的绝对压力，kPa或kN/m^2；

T——气体的热力学温度，K；

M——气体的摩尔质量，kg/mol；

R——摩尔气体常数，8.314kJ/(kmol·K)。

③ 流体的密度计算。流体的密度一般可在有关手册中查得，常见气体和液体的密度数值见附录。

a. 液体密度的计算。纯组分液体密度的计算如下式

$$\rho=\frac{m}{V}$$

液体混合物密度的计算。液体混合物的组成常以质量分数表示，要计算其密度，可取1kg混合液体为基准，设各组分在混合前后其体积不变，则1kg混合液体的体积应等于各组分单独存在时的体积之和，即

$$\frac{1}{\rho_m}=\frac{w_{X1}}{\rho_1}+\frac{w_{X2}}{\rho_2}+\cdots+\frac{w_{Xn}}{\rho_n} \tag{1-3}$$

式中　ρ_1，ρ_2，…，ρ_n——液体混合物中各纯组分液体在混合液温度下的密度，kg/m^3；

w_{X1}，w_{X2}，…，w_{Xn}——液体混合物中各组分液体的质量分数。

b. 气体密度的计算。纯组分气体密度的计算如下式

$$\rho=\frac{m}{V}=\frac{pM}{RT}$$

气体混合物密度的计算。气体混合物的组成常以体积分数表示，其密度的计算方法如下：以1m³混合气体为基准，设各组分在混合前后的质量不变，则1m³混合气体的质量等于各组分的质量之和，即

$$\rho_m=\rho_1\varphi_{X1}+\rho_2\varphi_{X2}+\cdots+\rho_n\varphi_{Xn} \tag{1-4}$$

式中　ρ_1，ρ_2，…，ρ_n——气体混合物中各纯组分气体的密度，kg/m^3；

φ_{X1}，φ_{X2}，…，φ_{Xn}——气体混合物中各组分气体的体积分数。

或

$$\rho_m=\frac{pM_{均}}{RT} \tag{1-5}$$

式中　$M_{均}=M_1\varphi_{X1}+M_2\varphi_{X2}+\cdots+M_n\varphi_{Xn}$；

M_1，M_2，…，M_n——气体混合物中各纯组分气体的摩尔质量，kg/mol。

c. 液体密度的测定方法。工业上测定液体密度最简单的方法是用密度计，但此时测得的数值为相对密度。

（2）相对密度、重度

流体密度与277K时水的密度之比，称为相对密度，用符号d_{277}^{T}表示，相对密度是没有单位的。

即
$$d_{277}^{T}=\frac{\rho}{\rho_{水}} \tag{1-6}$$

重度（γ）是单位体积流体的重力，其单位是N/m^3，工程单位表示的重度与国际单位表示的密度在数值上相等，但两者意义完全不同。密度与重度的关系，犹如质量与重量的关系，即

$$\gamma=\rho g \tag{1-7}$$

（3）比体积（v）

密度的倒数称为比体积，其单位为m^3/kg。即

$$v=\frac{V}{m} \tag{1-8}$$

【例1-1】 已知空气的组成为21%的O_2和79%的N_2（均为体积分数），试求在$100kN/m^2$和400K时空气的密度。

解 空气为混合气体，先求$M_{均}$。

$$M_{均}=M_1\varphi_{X1}+M_2\varphi_{X2}$$
$$M_1=M_{O_2}=32kg/kmol$$
$$\varphi_{X1}=0.21$$
$$M_2=M_{N_2}=28kg/kmol$$
$$\varphi_{X2}=0.79$$

所以
$$M_{均}=0.21\times32+0.79\times28=28.8kg/kmol$$

再由式 $\rho_m=\frac{pM_{均}}{RT}$计算

已知
$$p=100kN/m^2;\ T=400K;\ R=8.314J/(mol\cdot K)。$$

所以
$$\rho=\frac{100\times28.8}{8.314\times400}=0.87kg/m^3$$

【例1-2】 已知乙醇水溶液中，按质量分数计，乙醇的含量为95%，水分为5%。求此乙醇水溶液在293K时的密度近似值。

解 由式（1-3）$\frac{1}{\rho_m}=\frac{w_{X1}}{\rho_1}+\frac{w_{X2}}{\rho_2}+\cdots+\frac{w_{Xn}}{\rho_n}$得

$$\frac{1}{\rho_m}=\frac{w_{X1}}{\rho_1}+\frac{w_{X2}}{\rho_2}$$

令乙醇为第1组分，水为第2组分。已知

$$w_{X1}=0.95$$
$$w_{X2}=0.05$$

查附录，在293K时

$$\rho_1=789kg/m^3$$
$$\rho_2=998kg/m^3$$

将w_X、ρ值代入上式得

$$\frac{1}{\rho_m}=\frac{w_{X1}}{\rho_1}+\frac{w_{X2}}{\rho_2}=\frac{0.95}{789}+\frac{0.05}{998}=0.001204+0.00005=0.001254$$

所以 $\rho=1/0.001254=797\text{kg/m}^3$

查附录，95%乙醇在293K的密度为804kg/m^3，上面的近似值的误差为（804－797)/804=0.9%。

2. 压力

流体的压力是流体垂直作用于单位面积上的力，严格地说应称为压强（压力强度），但习惯上称为压力。压力的SI单位为N/m^2即Pa，其他常见压力单位及单位间的换算关系见附录。

测量流体压力用的仪表为压力表或真空表，也就是说压力是由压力表或真空表显示出来的，根据各表所显示数据性质的不同，压力有以下三种表示方法。

（1）表压力

当所测压力的实际值大于压力表所在处的大气压力时，需安装压力表测流体压力，此时从压力表上读出的压力称为表压力，压力表上所显示的数值并非所测压力的实际值，而是所测压力的实际值比表外大气压力高出的数值。

（2）真空度

当所测压力的实际值小于压力表所在处的大气压力时，需安装真空表测流体压力，此时真空表上的读数，是所测压力的实际值比大气的压力低多少，称为真空度。

（3）绝对压力

指所测压力的实际数值。

三者关系如下。

表压力＝绝对压力－大气压力

即
$$p_{表}=p-p_{大} \tag{1-9}$$

真空度＝大气压力－绝对压力

即
$$p_{真}=p_{大}-p \tag{1-10}$$

由式（1-9）和式（1-10）可以看出，表压即为负的真空度。工程计算中，通常用绝对压力数值进行计算，因此，当用表压或真空度表示压力时，必须在单位后面用括号注明，以防混淆，如无注明，则为绝对压力。

如图1-5所示为表压、真空度与绝对压力的关系。

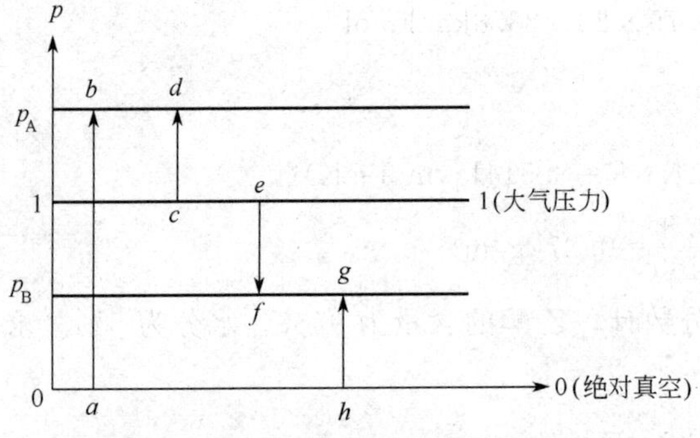

图1-5　表压、真空度与绝对压力的关系
0—0线为绝对真空线，即绝对压力的零线；
1—1线为大气压力线，对于压力
p_A（大于大气压力）；ab段代表绝对压力值；
cd段代表表压力值，对于压力p_B（小于大气压力）；
gh段代表绝对压力值；fe段代表真空度值

【例 1-3】 求空气在真空度为440mmHg、温度为－40℃时的密度。当地大气压力为750mmHg。

解 空气的平均相对分子质量（以79%的氮气计算）

$$M_{均}=28\times0.79+32\times0.21=28.84\text{kg/kmol}$$

绝对压力 $p=750-440=310\text{mmHg}=\dfrac{310}{760}\times1.0133\times10^5\text{N/m}^2$

$$=4.13\times10^4\text{N/m}^2=41.3\text{kN/m}^2$$

$$T=273-40=233\text{K}$$

由式（1-5）算出的空气密度

$$\rho_m=\frac{pM_{均}}{RT}=\frac{41.3\times28.84}{8.314\times233}=0.615\text{kg/m}^3$$

（二）流体静力学方程式及其应用

1. 静止流体内部力的平衡

静止流体内部任一点的压力，称为该点处的流体静压力，其特点如下。

① 流体静压力的方向与作用面相垂直。

② 从各方向作用于某一点的流体静压力相等。

③ 同一水平面上各点的流体静压力都相等。

静止流体内部某一水平面上的压力与其位置及流体的密度有关，其关系式通过分析流体内部的静力平衡而得。

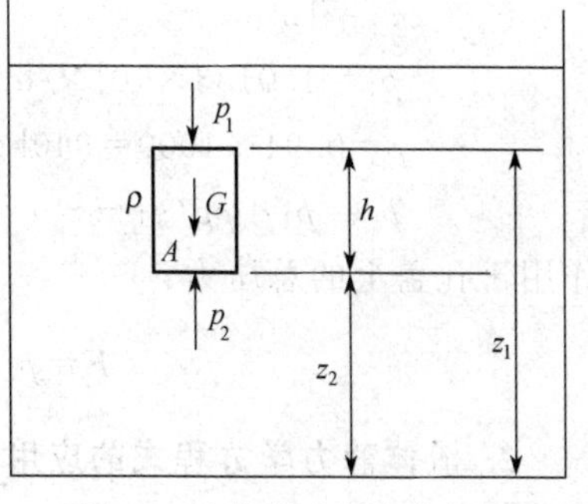

图 1-6　流体静力平衡分析图

如图 1-6 所示，在密度为 ρ 的静止连续流体内部取一底面积为 A、高为 h 的垂直液柱，则作用于此液柱垂直方向上的力有以下三个。

① 作用于液柱下底面的向上的压力 p_2A。

② 作用于液柱上底面的向下的压力 p_1A。

③ 液柱本身的重力 $G=\rho gAh$。

处于静止状态的液柱，各个力代数和为零，取向上作用的力为正，向下作用的力为负，可得

$$p_2A-p_1A-\rho gAh=0$$

则

$$p_2=p_1+\rho gh \tag{1-11}$$

若以容器底为基准面，则上式可写成

$$p_2=p_1+\rho g(z_1-z_2) \tag{1-12}$$

式中　p_1——作用于液柱上底面向下的压力，N/m^2；

p_2——作用于液柱下底面向上的压力，N/m^2；

z_1，z_2——液柱上底面及下底面至容器底面的距离，m。

式（1-11）、式（1-12）即为流体静力学方程式，对流体静力学方程式的几点说明如下。

① 它表示静止流体内部某一水平面上的压力与其位置及流体密度的关系，所在位置越低则压力越大；密度越大，则压力越大。

② 当液面上方的压力有变化时，液体内部各点的压力也发生同样大小的改变。

③ 静止连通的同一液体处于同一水平面上的各点的压力都相等。

④ 静力学方程式是以液体为例推导出来的，液体的密度可视为常数，而气体的密度除随温度变化外，还随压力而变化，因此也随它在容器内的位置高低而改变，但这种变化可以忽略，即通常情况下可将气体密度视为常数，故以上推导的静力学方程式也适用于气体，因此将式（1-11）、式（1-12）称为流体静力学基本方程式。

⑤ 流体静力学方程式只适用于静止的、连通的流体。

【例 1-4】　一敞口容器中盛有相对密度为 0.94 的椰子油，油面最高时离罐底 11m。罐侧壁下部有一直径为 600mm 的人孔，用盖压紧。圆孔的中心在罐底以上 1m。试求作用在人孔盖上的总压力。

解　先求作用于孔盖的压力，作用于孔盖的平均压力等于作用于盖中心点的压力。以罐

底为基准水平面，则

$$z_1=11\text{m}$$

$$z_2=1\text{m}$$

$$p_1=1.0133\times10^5\text{N/m}^2$$

$$\rho=0.94\times1000=940\text{kg/m}^3$$

$$p_2=p_1+\rho g(z_1-z_2)=1.0133\times10^5+940\times9.81\times(11-1)=193.5\text{kN/m}^2$$

作用于孔盖上的总压力：

$$F=p_2A=193.5\times\frac{\pi}{4}\times0.6^2=54.69\text{kN}$$

2. 流体静力学方程式的应用

（1）压力的测量

① U形管压差计。U形管压差计的结构如图1-7所示，在一根U形的玻璃管内装液体，称为指示液，指示液要与所测流体不互溶，不与被测流体发生化学反应，要有颜色便于读数，其密度要大于所测流体的密度。

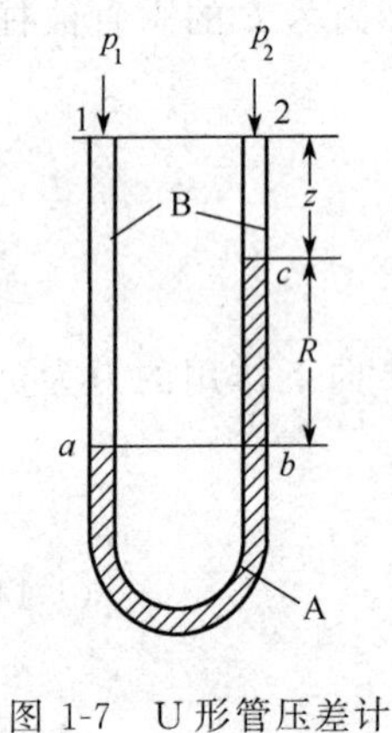

图1-7　U形管压差计

如图1-7所示，设指示液A的密度为ρ_A，被测流体B的密度为ρ_B，图中a、b两点都在相连通的同一种静止流体内，并且在同一水平面上，故a、b两点的静压力相等。而1、2两点的静压力并不相等，因为这两点虽在同一水平面上，却不是在连通的一种静止流体内，然而通过$p_a=p_b$这个关系，便能求出p_1-p_2的值，根据流体静止的基本方程，可得U形管左侧的流体柱

$$p_a=p_1+\rho_B g(z+R)$$

U形管右侧的流体柱

$$p_b=p_2+\rho_B gz+\rho_A gR$$

因$p_a=p_b$，故

$$p_1+\rho_B g(z+R)=p_2+\rho_B gz+\rho_A gR$$

由此可得到由指示液读数R计算压力差p_1-p_2的公式

$$p_1-p_2=(\rho_A-\rho_B)gR \tag{1-13}$$

对式（1-13）的几点说明如下。

a. U形管压差计可测量管路中流体任意两点间的压力差，也可测量流体任一处的压力，若U形管的一端与被测流体连接，另一端与大气相通，则读数R所反映的是被测流体的表压力。

b. 测量气体时由于气体的密度比指示液的密度小得多，式（1-13）中的ρ_B可忽略，此式可简化为

$$p_1-p_2=\rho_A gR \tag{1-14}$$

② 双液体U形管压差计。如图1-8所示，双液体U形管压差计是在U形管的两侧壁上增设两个小室，装入A、C两种密度稍有不同的指示液，若小室的横截面远大于管截面，即使下方指示液A的高度差很大，两个小室内指示液的液面基本上仍能维持等高，1、2两点压力差便可用下式计算

$$p_1-p_2=(\rho_A-\rho_C)gR \tag{1-15}$$

双液面U形管压差计可将指示液读数R放大到等于普通U形管的几倍或更大，当测定

压力差很小，用普通U形管压差计难以测准时，可采用双液体U形管压差计。

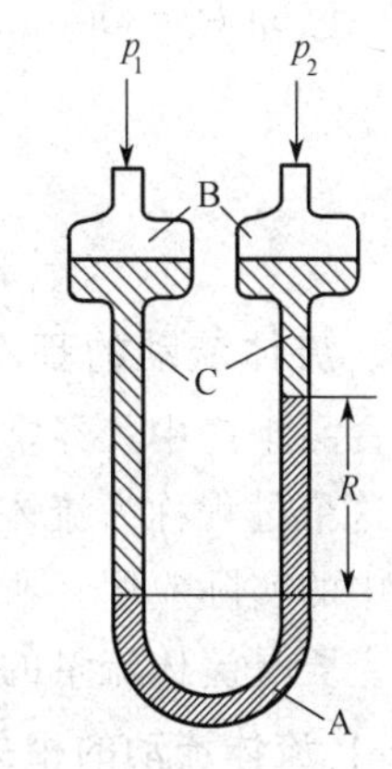

图 1-8　双液体U形管压差计

【例 1-5】 用U形管测量管道中1、2两点的压力差。

① 已知管内流体为水，指示液为水银，其密度为13600kg/m³，压差计的读数为10cm。

② 若流体是密度为2.5kg/m³ 的气体，指示液仍为水银，U形管读数仍为10cm。

③ 在②中，如将U形管中的指示液改为煤油，其密度为800kg/m³，则读数 R 应为多少？

解 ①由式 $p_1-p_2=R(\rho_{示}-\rho)g$

已知　$R=10\text{cm}=0.1\text{m}$；$\rho_{示}=13600\text{kg/m}^3$；$\rho=1000\text{kg/m}^3$。

代入上式得

$$p_1-p_2=0.1\times(13600-1000)\times9.81$$
$$=12360.6\text{N/m}^2$$

② 因 $\rho_{示}$ 远大于 ρ，由式 $p_1-p_2=R\rho_{示}g$，将 R、$\rho_{示}$ 代入，得

$$p_1-p_2=0.1\times13600\times9.81=13341.6\text{N/m}^2$$

③ 若改用煤油为指示液，则

$$p_1-p_2=13341.6=R\times800\times9.81$$

解上式得

$$R=1.7\text{m}$$

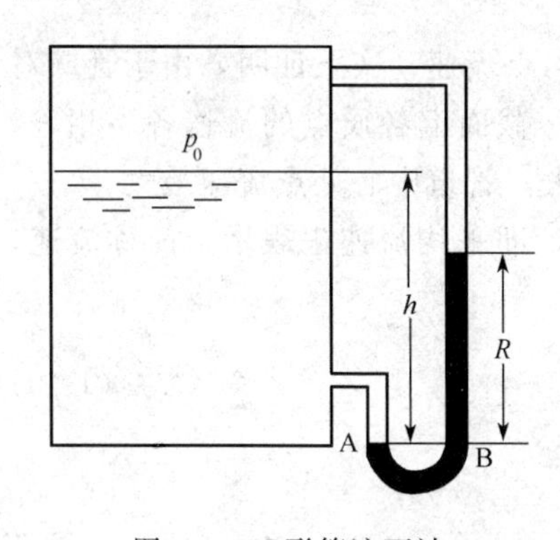

图 1-9　U形管液面计

由此可见，在用U形管压差计测量管路某处流体压力时，选择指示液时除前面讨论的几项要求外，还要保证 R 值大小适当。

（2）液位的测量

食品生产中常需要检测储液设备内的储液量，以确定液面的位置，便于生产中的液面控制，液面的测量采用液面管及液面指示仪，其原理是利用流体静力学原理制成。

如图1-9所示，用一个U形管压差计的两端与储槽上下相连接，U形管压差计中指示液的读数 R 与储槽液位高度成正比，因此，R 的高度便反映储槽内的液面高度。其关系式如下。

根据静力学原理，得

$$p_A=p_B$$
$$p_A=p_0+\rho gh$$
$$p_B=p_0+\rho_{示}gR$$

所以

$$p_0+\rho gh=p_0+\rho_{示}gR$$

$$h=\frac{R\rho_{示}}{\rho} \qquad (1\text{-}16)$$

【例 1-6】 如图1-9所示，用U形管压差计测量容器内相对密度为1.032的液体的液面高度。已知压差计内指示液为水银，$\rho_{示}=13600\text{kg/m}^3$，$R=300\text{mm}$，试求容器内液面的高度为多少米？

解 已知 $R=300\text{mm}=0.3\text{m}$，$\rho=1.032\times1000=1032\text{kg/m}^3$，$\rho_{示}=13600\text{kg/m}^3$。由式（1-16）得

$$h=\frac{R\rho_{示}}{\rho}=\frac{0.3\times13600}{1032}=3.95\text{m}$$

二、流体流动的基本规律

在食品生产中，经常会遇到流体通过管道由一个容器流入另一个容器，实现流体输送任务，把这个过程称为流体流动过程。流体动力学主要研究流体在管道内流动的理论知识及其在生产中的实际应用，所涉及的理论知识是质量守恒理论和能量守恒理论，最终要解决的实际问题主要是流体流量的计算以及所用输送设备功率的计算。

（一）流体流动的相关概念

1. 流量与流速

（1）流量

单位时间内流经管道任意截面的流体量，称为流量。流量的表示方法主要有两种，即体积流量（以 q_V 表示，单位为 m^3/s）和质量流量（以 q_m 表示，单位为 kg/s），两者之间的关系为

$$q_m=q_V\rho \tag{1-17}$$

式中 q_m——质量流量，kg/s；

q_V——体积流量，m^3/s；

ρ——流体的密度，kg/m^3。

（2）流速

单位时间内流体质点在流动方向上所流过的距离，称为点流速。实践证明，由于管壁对流体流动产生一定的阻力，致使流体在管内流动时管道同一截面上各质点的流速各不相等，附着在管壁上的流体点流速为零，离管壁越远则点流速越大，管道中心处点流速最大。

在工程上以管道单位截面积所流经的流体的体积流量，即平均流速来表示，简称流速，符号为 u，单位为 m/s。流速与流量的关系为

$$u=\frac{q_V}{A} \tag{1-18}$$

式中 A——管道的截面积，m^2。

由式（1-17）和式（1-18）得

$$q_m=q_V\rho=uA\rho \tag{1-19}$$

2. 稳定流动与不稳定流动

在流动系统中，若任一截面上流体的流速、压力、密度等与流动有关的物理量，只与流体所处位置有关，与流体流动时间无关，这种流动称为稳定流动；若流体流动时，任一截面上流体的上述物理量中，至少有一项是既与位置有关又与时间有关，则称为不稳定流动。

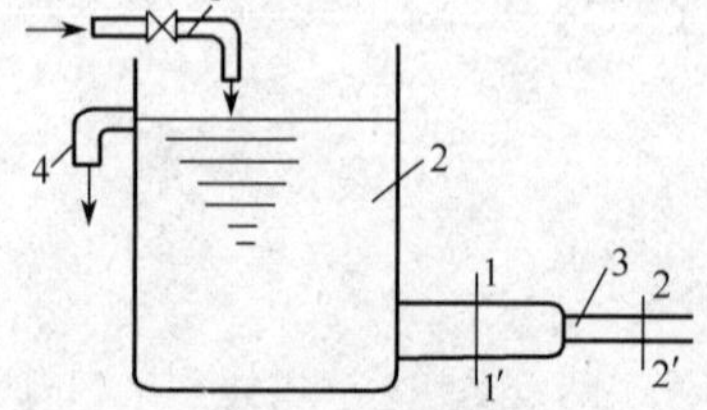

图 1-10 稳定流动装置

1—进水管；2—储水槽；3—排水管；4—溢流管

如图 1-10 所示水由进水管连续注入储水槽，同时水由水槽下部排水管连续排出。若进水量大于排水量，多余的水由水槽上方的溢流管排出，以保持水槽中水位恒定不变。现任取两个不同直径的排水管截面 1—1′及 2—2′，经

测定知，若水槽中水位维持不变，则截面 1—1′ 处 及 2—2′处流速和压力不相等，即 $u_1 \neq u_2$，$p_1 \neq p_2$。但不论水流动时间有多长，各截面上的流速和压力始终不变，这种流动称为稳定流动。若将图中进水管阀门关闭，使槽中水位逐渐下降，则不但 $u_1 \neq u_2$，$p_1 \neq p_2$，同时各截面上的流速和压力会随时间而变化，这种流动称为不稳定流动。

不稳定流动通常出现在过程的开工和停工阶段，中间的操作为稳定流动，食品生产多属于连续稳定操作，本章所讨论流体如不特殊注明均为稳定流动的流体。

(二) 流体动力学方程式及其应用

1. 流体在管内流动的物料衡算——连续性方程

对于稳定流动系统，每单位时间内通过流动系统任一截面的流体质量流量都相等，即遵循质量守恒定律。因为流体要充满全管，不能有间断之处，故可将流体视为连续性介质，因此质量守恒原理也称为连续性原理，并把反映质量守恒原理的物料衡算方程式，称为连续性方程式。

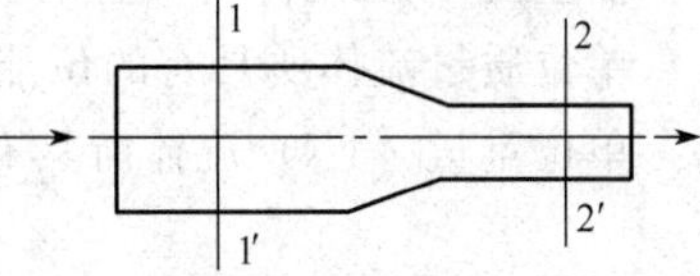

图 1-11　连续性方程式的推导

如图 1-11 所示，若管内流体处于稳定流动状态，流体连续不断地从截面 1—1′流入，从截面 2—2′连续流出，则从截面 1—1′流入体系的流体的质量流量 q_{m1} 应等于从截面 2—2′流出体系的流体的质量流量 q_{m2}，则物料衡算式为

$$q_{m1}=q_{m2}$$

因为 $q_m=q_V\rho=uA\rho$，所以上式可写成

$$u_1A_1\rho_1=u_2A_2\rho_2$$

若将上式推广到管路上任一截面，则有

$$q_m=u_1A_1\rho_1=u_2A_2\rho_2=\cdots=u_nA_n\rho_n=\text{常量} \tag{1-20}$$

对于不可压缩性流体，因 ρ 可视为常量，上式可写成

$$q_V=u_1A_1=u_2A_2=\cdots=u_nA_n=\text{常量} \tag{1-21}$$

式（1-20）和式（1-21）都称为流体在管内稳定流动的连续性方程。它主要用于流体流动过程中不同截面处的流速或管径的计算。

【例 1-7】 在稳定流动系统中，水连续地从细圆管流入粗圆管，粗管内径为细管内径的 1.5 倍，求粗、细管内水流速的关系？

解　以下标 1 和下标 2 分别表示细管和粗管，对于圆形管道

$$A=\frac{\pi}{4}d^2$$

由式（1-21）　$u_1A_1=u_2A_2$ 得

$$u_1\ \frac{\pi}{4}d_1^2=u_2\ \frac{\pi}{4}d_2^2$$

因为　$d_2=1.5d_1$

所以

$$\frac{u_1}{u_2}=\frac{(1.5d_1)^2}{d_1^2}=2.25$$

由此可见，流体做稳定流动时，流体的流速与管截面积成反比。

2. 流体在管内流动的能量衡算——伯努利方程

前已述及静止流体的能量守恒式，即流体静力学方程式，现讨论不可压缩流体在管内做稳定流动的能量守恒式，即伯努利方程式。

首先分析流体流动时所涉及的能量。流动流体所具有的能量有三部分，即：流动流体自身所具有的能量、流动时外加能量以及损失的能量。

(1) 流动流体自身所具有的能量

① 位能。因流体质量中心相对基准面位置的高低而具有的能量。位能等于把流体从基准面升举到流体质量中心位置所做的功。位能的大小是由所选基准面决定的，因此，必须先选定基准面才能计算位能。

质量为 m 的流体所具有的位能 $=mgz$

单位质量流体所具有的位能 $=gz$

单位重量（1N）流体所具有的位能，称为位压头。

$$位压头=z$$

式中　m——流体质量，kg；

z——流体质量中心相对于基准面的高度，m，当流体质量中心位于基准面以上时，z 为正；反之，z 为负。

② 动能。因流体具有一定的流速而具有的能量。

质量为 m 的流体所具有的动能 $=\frac{1}{2}mu^2$

单位质量流体所具有的动能 $=\frac{1}{2}u^2$

单位重量（1N）流体所具有的动能，称为动压头。

$$动压头=\frac{u^2}{2g}$$

式中　m——流体质量，kg；

u——流体流速，m/s。

③ 静压能。因流体具有一定静压力而具有的能量。与静止流体一样，流动着的流体内部任一处也都存在一定的静压力。静压能的大小等于在流体体积不变的情况下，将流体从绝对压力为零提高到现有压力所做的功。

质量为 m 的流体所具有的静压能 $=\frac{mp}{\rho}$

单位质量流体所具有的静压能 $=\frac{p}{\rho}$

单位重量（1N）流体所具有的静压能，称为静压头。

$$静压头=\frac{p}{\rho g}$$

式中　m——流体质量，kg；

p——流体的静压力，Pa；

ρ——流体的密度，kg/m^3。

(2) 流体流动时外加能量及损失能量

① 外加能量。由于流体流动时有能量损失，而且实际输送时常需要将流体由低处送至高处，或者从低压处送到高压处，因此，要想完成输送任务，必须在输送管路中安装流体输送机械，向输送系统输入能量。这种流体从输送机械所获得的机械能，称为外加能量。常用的外加能量的表示方法有以下两种。

a. 用外加功表示。单位质量流体从输送机械所获得的机械能，称为外加功，用符号 W 表示，单位为 J/kg。

b. 用外加压头表示。单位重量（1N）流体从输送机械所获得的机械能，称为外加压头，用符号 H 表示，单位为 m。

② 损失能量。流体由于具有黏性，因此在流过管路时需克服流体与管壁及流体内部的摩擦阻力，而将一部分机械能转化为热能，从流体输出到外界，这部分能量称为损失能量。常用的损失能量的表示方法有以下两种。

a. 用损失能量表示。单位质量流体损失的能量，用符号 $E_{损}$ 表示，单位为 J/kg。

b. 用损失压头表示。单位重量（1N）流体损失的能量，称为损失压头，用符号 $h_{损}$ 表示，单位为 m。

（3）不可压缩理想流体稳定流动的能量衡算式——理想流体的伯努利方程式

理想流体是指无黏性的流体，即流体流动时不产生流动阻力，流体的流动只有机械能之间的转化，不存在系统与外界功和热的能量交换。

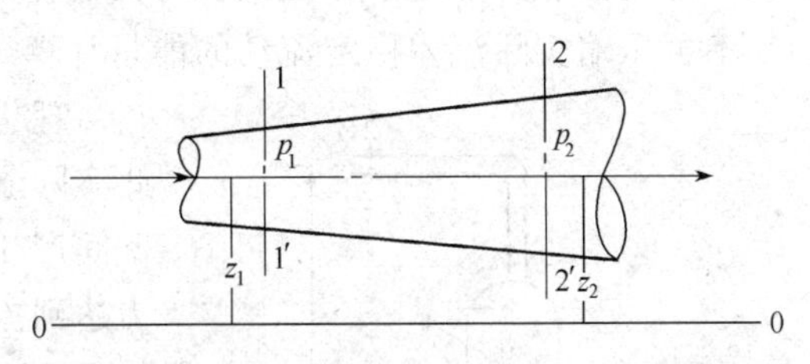

图 1-12 理想流体伯努利方程式的推导

如图 1-12 所示，质量为 m 的流体由 1—1′ 截面流入 2—2′截面，设该流体为不可压缩（ρ 为常量）的理想流体，且做稳定流动，因系统与外界没有功和热的交换，则流体在 1—1′截面处的总机械能应等于流体在 2—2′截面处的总机械能。

设 1—1′ 截面处的总机械能为 E_1，2—2′ 截面处的总机械能为 E_2；质量为 m 的流体流过任一截面所具有的总机械能为

$$总机械能=位能+动能+静压能=mgz+\frac{1}{2}mu^2+\frac{mp}{\rho}$$

则 $E_1=mgz_1+\frac{1}{2}mu_1^2+\frac{mp_1}{\rho}$，$E_2=mgz_2+\frac{1}{2}mu_2^2+\frac{mp_2}{\rho}$

因 $E_1=E_2$

故 $$mgz_1+\frac{1}{2}mu_1^2+\frac{mp_1}{\rho}=mgz_2+\frac{1}{2}mu_2^2+\frac{mp_2}{\rho} \tag{1-22}$$

将式（1-22）两边除以 m，得

$$gz_1+\frac{1}{2}u_1^2+\frac{p_1}{\rho}=gz_2+\frac{1}{2}u_2^2+\frac{p_2}{\rho} \tag{1-23}$$

将式（1-23）两边除以 g，得

$$z_1+\frac{u_1^2}{2g}+\frac{p_1}{\rho g}=z_2+\frac{u_2^2}{2g}+\frac{p_2}{\rho g} \tag{1-24}$$

式（1-22）～式（1-24）均为不可压缩理想流体稳定流动的伯努利方程式，其中式（1-22）表示质量为 m 的流体总能量守恒式，式中各项单位均为 J；式（1-23）表示单位质量流

体所具有的总能量守恒式，式中每一项的单位都是 J/kg，它表明每 1kg 流体在截面 1 处的位能 gz_1、静压能$\frac{p_1}{\rho}$和动能$\frac{u_1^2}{2}$三者之和等于流体在截面 2 处的位能 gz_2、静压能$\frac{p_2}{\rho}$和动能$\frac{u_2^2}{2}$三者之和。式（1-24）表示每 1N 重量的流体所具有的总能量守恒式，式中各项单位为 m，它表明每 1N 重量的流体在截面 1—1′ 处的位压头 z_1、静压头$\frac{p_1}{\rho g}$和动压头$\frac{u_1^2}{2g}$三者之和等于流体在截面 2—2′处的位压头 z_2、静压头$\frac{p_2}{\rho g}$和动压头$\frac{u_2^2}{2g}$三者之和。

以上所述伯努利方程式的三种表示方式是在能量守恒定律基础上推导出来的，适用于不可压缩理想流体稳定流动时的相关物理量的计算，当系统内流体静止时，$u_1=u_2=0$，式（1-23）变为

$$gz_1+\frac{p_1}{\rho}=gz_2+\frac{p_2}{\rho}$$

整理得

$$p_2=p_1+\rho g(z_1-z_2)$$

上式即为流体静力学基本方程式，可见流体静力学方程式是伯努利方程式的特殊形式。

（4）不可压缩实际流体稳定流动的能量计算式

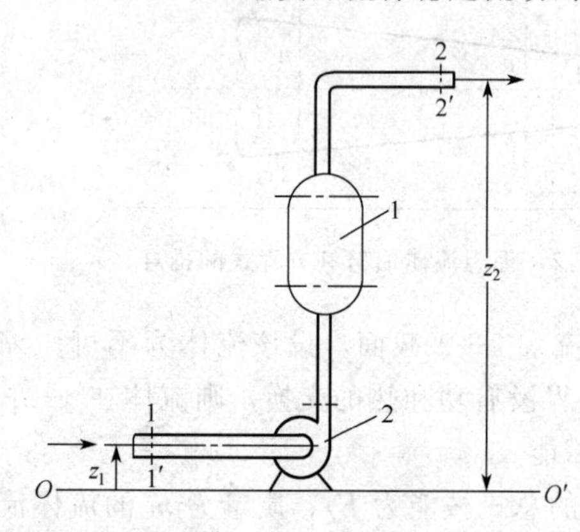

图 1-13　实际流体伯努利方程式的推导

1—换热器；2—泵

理想流体没有黏性，实际流体是有黏性的，因此实际流体在流动中必然会在流体内部及流体与管壁间产生摩擦力而消耗机械能（称为能量损失），为达到流体输送的目的，外界必须对流体做功提供能量，这部分能量的提供通常由泵和风机来完成，如图 1-13 所示。因此，对于实际流体的伯努利方程式应矫正为

$$gz_1+\frac{1}{2}u_1^2+\frac{p_1}{\rho}+W=gz_2+\frac{1}{2}u_2^2+\frac{p_2}{\rho}+E_{损} \tag{1-25}$$

或

$$z_1+\frac{u_1^2}{2g}+\frac{p_1}{\rho g}+H=z_2+\frac{u_2^2}{2g}+\frac{p_2}{\rho g}+h_{损} \tag{1-26}$$

式中　W——在截面 1—1′ 和截面 2—2′之间由泵对单位质量流体所做的功，J/kg；

$E_{损}$——单位质量流体在 1—1′ 截面和 2—2′ 间流动时产生的能量损失，J/kg；

H——与 W 相对应的外加压头，m；

$h_{损}$——与 $E_{损}$ 相对应的损失压头，m。

式（1-25）、式（1-26）均为实际流体的伯努利方程。同样，实际流体的伯努利方程表达形式亦有三种。

说明：伯努利方程式是根据液体流动规律推导的，气体流动时，如密度变化不大（即压力变化很小），用伯努力方程式计算，引起的误差可以忽略不计，但密度应取平均值。

3. 伯努利方程式的应用

（1）计算管道中流体的流量

【例 1-8】 如图 1-14 所示，水由水箱经短管连续流出，设水箱上方有维持水位恒定的装置，水箱液面至水管出口的垂直距离为 1.5m，管内径为 20mm，管出口处为大气压。若损失能量为 10J/kg，求水的流量。

解　取水箱液面为1—1′截面，管流出口为2—2′截面，并以2—2′截面为基准面，在1—1′截面与2—2′截面之间列伯努利方程

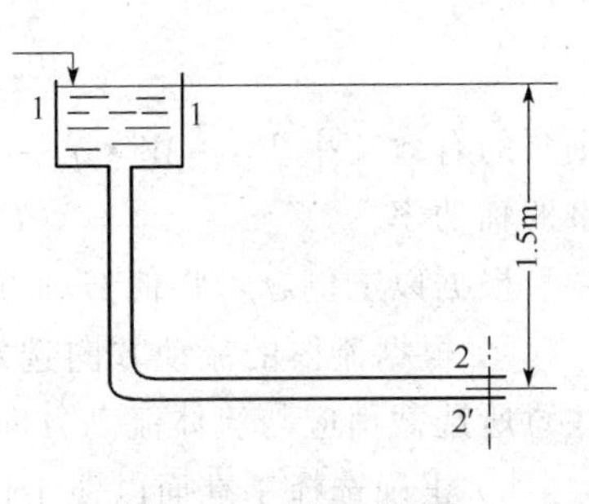

图 1-14　例 1-8 附图

$$gz_1+\frac{1}{2}u_1^2+\frac{p_1}{\rho}+W=gz_2+\frac{1}{2}u_2^2+\frac{p_2}{\rho}+E_{损}$$

已知　$p_1=p_2=0$（表压），$u_1\approx 0$（因水箱截面积较大，在相同流量下，与管内流体流速相比较可以忽略），$z_1=1.5\text{m}$，$z_2=0$，$W=0$，$E_{损}=10\text{J/kg}$，$d=20\text{mm}=0.02\text{m}$，

将以上各数值代入上式得

$$1.5\times 9.81+0+0+0=0+\frac{u_2^2}{2}+0+10$$

$$u_2=3.0\text{m/s}$$

水的流量

$$q_V=u_2\ \frac{\pi}{4}d^2=3.07\times\frac{3.14}{4}\times 0.02^2=9.6\times 10^{-4}\text{m}^3/\text{s}$$

（2）计算流体输送机械的功率

根据伯努利方程式算得的外加功 W，是决定流体输送设备所需功率的重要依据。流体输送设备的有效功率

$$P_{有}=Wq_m$$

式中　W——泵所做的功，J/kg；

q_m——流体的质量流量，kg/s。

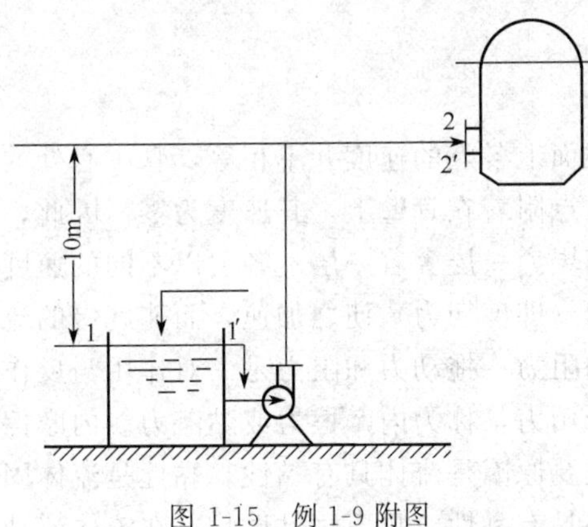

图 1-15　例 1-9 附图

【例 1-9】　如图 1-15 所示，用泵将水从水池输送到高处的密闭容器，已知输水管的内径为 56mm，其出口位于水池水面上方 10m，输水管出口处压力为 500kN/m²（表压），要求输水量为 14m³/h，管路阻力损失为 50J/kg。试计算泵的功率（泵的效率为 60%）。

解　取水池液面为1—1′截面，管流出口为2—2′截面，并以1—1′截面为基准面，在1—1′截面与2—2′截面之间列伯努利方程

$$gz_1+\frac{1}{2}u_1^2+\frac{p_1}{\rho}+W=gz_2+\frac{1}{2}u_2^2+\frac{p_2}{\rho}+E_{损}$$

已知　$p_1=0$（表压），$p_2=500\text{kN/m}^2$（表压），$u_1\approx 0$，$z_1=0$，$z_2=10\text{m}$，$\rho=1000\text{kg/m}^3$，$E_{损}=50\text{J/kg}$，$d=56\text{mm}=0.056\text{m}$，$q_V=14\text{m}^3/\text{h}$

由 q_V 值解得　$u_2=\dfrac{14}{3600\times\dfrac{\pi}{4}\times 0.056^2}=1.58\text{m/s}$

将以上各数值代入伯努利方程得

$$0+0+0+W=9.81\times 10+\frac{1.58^2}{2}+\frac{500\times 10^3}{1000}+50$$

$$W=649\text{J/kg}$$

$$q_m = \rho q_V = 1000 \times \frac{14}{3600} = 3.89\text{kg/s}$$

则泵的有效功率 $P_{有} = W \cdot q_m = 649 \times 3.89 = 2525\text{J/s} = 2.52\text{kW}$

泵的轴功率 $P = P_{有}/\eta = 2.52/0.6 = 4.2\text{kW}$

根据以上例题，将伯努利方程式的应用方法归纳如下。

① 根据流体的流动方向选定上游截面 1—1′和下游截面 2—2′，从而选定所研究体系。注意所选截面应与流体流动方向相垂直，并且注意要使所求物理量在系统中反映出来。

② 正确选择基准面以便于计算。

③ 单位要统一，最好采用国际单位制。流体压力可以用绝压或用表压，但要一致。

④ 截面很大时，流速可认为是零。

三、流体阻力

前面讨论流体流动系统的机械能衡算时已述及，静止的流体没有阻力，流体流动时会产生阻力，通常把流体流动时因克服内摩擦力而损失的能量称为流体阻力。

通过讨论伯努利方程的应用可以看到，只有已知方程式中的能量损失数值，才能用伯努利方程式解决流体输送中的问题，因此，流体阻力的计算颇为重要。现主要讨论流体阻力的来源、影响流体阻力的因素以及流体在管内流动时流体阻力的计算。

（一）流体流动现象

1. 流体的黏度

（1）黏度的定义

前已讨论，当流体在管内流动时，管内任一截面上各点的速度并不相等，管中心处的速度最大，越靠近管壁速度越小，在管壁处流体的质点附着在管壁上，其速度为零。因此，管内流动的流体，可认为是被分割成无数极薄的圆筒层，一层套着一层，各层以不同的速度流动，速度快的流体层对速度慢的流体层产生拖动力（即剪切力）使之加速，而速度慢的流体层对速度快的流体层则产生一个阻止它向前流动的阻力，拖动力和阻力是一对作用与反作用力，这种发生在流动着的流体内部层与层之间的作用力，称为内摩擦力或黏滞力。内摩擦力是产生流体阻力的根本原因，而内摩擦力产生的主要原因是流体具有黏性。黏性是流体固有的属性之一，不论是静止的流体还是流动的流体都具有黏性，只不过黏性只有在流体流动时才表现出来，流体流动时为克服内摩擦需消耗能量。

衡量流体黏性大小的物理量，称为黏度，用符号 μ 表示，黏度大的流体流动时内摩擦力大，因而流体的流动阻力也大。

（2）牛顿黏性定律

决定流体流动时内摩擦力大小的因素很多，牛顿经过大量的实验研究，提出了反映流体内摩擦力与其影响因素之间关系的“牛顿黏性定律”。

如图 1-16 所示，设有两块面积很大而相距很近的平板平行放置，中间充满静止液体，下板固定，对上板施加一个恒定力，使其以恒速移动，此力通过平板而成为在界面处作用于液体的剪应力（单位面积上的内摩擦力），此时发现两板间的液体分成无数平行的薄层而运动，附在上板表面的液层具有与上板相同的速度，以下各层速度逐渐降低，附在下板表面的液层速度为

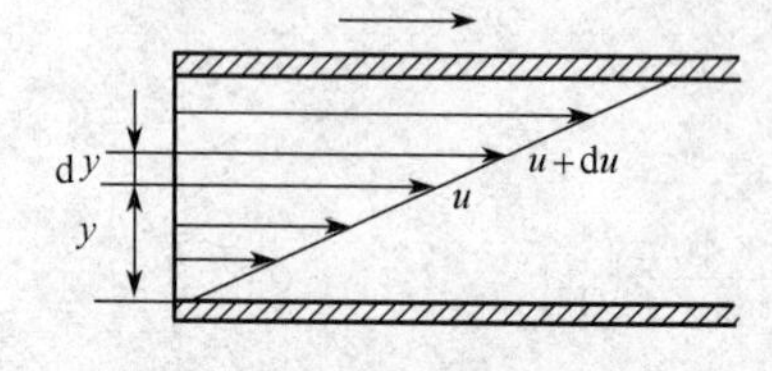

图 1-16　平板间流体流速分布

零。即两板间的流体形成上大下小的流速分布，各平行流体层间存在相对运动，运动较快的上层对相邻运动较慢的下层，有拖动其向前运动的拖动力，运动较慢的下层对相邻运动较快的上层产生摩擦力或阻力。该摩擦力与剪应力大小相等、方向相反。

设与流体流动方向垂直的 y 方向上流体速度的变化率（称为速度梯度）为 du/dy，则两流体层间的剪切力（内摩擦力）F 与液层面积 A 和速度梯度 du/dy 之间的关系为

$$F \propto \frac{du}{dy}A$$

把上式写成等式，需引入一个比例系数 μ，即

$$F=\mu\frac{du}{dy}A$$

单位面积上的内摩擦力，称为剪应力，用符号 τ 表示，则

$$\tau=F/A=\mu\frac{du}{dy} \tag{1-27}$$

式中 τ——剪应力，Pa；

$\frac{du}{dy}$——速度梯度，1/s；

μ——比例系数，称为黏性系数，简称黏度，Pa·s。

式（1-27）称为牛顿黏性定律，即流体的剪应力与速度梯度成正比。从式（1-27）可以看出，若取 $A=1m^2$，$\frac{du}{dy}=1$（1/s），则在数值上 $\mu=\tau$。所以黏度的物理意义是，当速度梯度为 1 单位时，在单位面积上由于流体黏性所产生的内摩擦力的大小。显然，流体黏度越大，流动时产生的内摩擦力也越大，流体流动时能量损失也越大。

黏度单位可由式（1-27）得到，在 SI 制中，黏度的单位为“帕·秒”，用符号“Pa·s”表示；在文献中黏度数据以物理单位制（cgs 制）表示，在 cgs 制中，黏度的单位为“泊”或“厘泊”，用符号 P 或 cP 表示，1P＝100cP，黏度各单位之间的换算关系为 1Pa·s＝1000mPa·s＝10P＝1000cP。

2. 流体流动类型

前面讨论流体的黏度与牛顿黏性定律时曾提到流体分层流动现象，实际上，这种分层流动现象只有在流速很小时才会出现，流速增大或其他条件改变时，流体流动形态将发生变化。1883 年著名的物理学家奥斯本·雷诺通过实验研究了流体流动时各质点的运动情况及各种因素对流动状态的影响，揭示了流体流动的不同形态及其判定方法。

（1）雷诺实验

雷诺实验装置如图 1-17 所示，在透明水箱内装有溢流装置，以保持水箱中水位恒定。箱的底部安装一根内径相同、入口为喇叭状的玻璃管，管出口处装有阀门以调节管口内水的流速。水箱上方安装一个盛有色液体的小瓶，小瓶下端有一针形细管与水箱内玻璃管相通，在水箱内的水以一定速度流经玻璃管过程中，将来自针形细管的有色液体送到玻璃管入口后的管中心处，从有色液体的流动状况可以观察到管内水流中质点的运动情况。

实验时通过调节水出口阀开度调节玻璃管内水流的速度。水流速小时，玻璃管中心的有色液体成一条细线沿管中心线通过全管，如图 1-18（a）所示，这种现象表明，玻璃管内水的质点是彼此平行地沿管轴的方向做直线运动，可以将流体看成是一层一层地以不同速度向

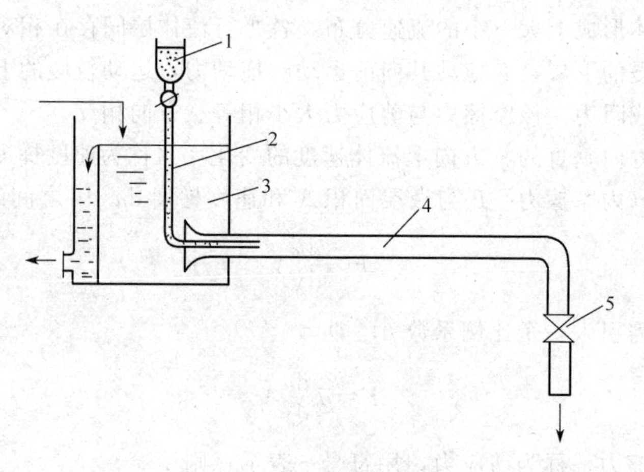

图 1-17 雷诺实验装置

1—有色液体；2—细管；3—水箱；4—玻璃管；5—阀门

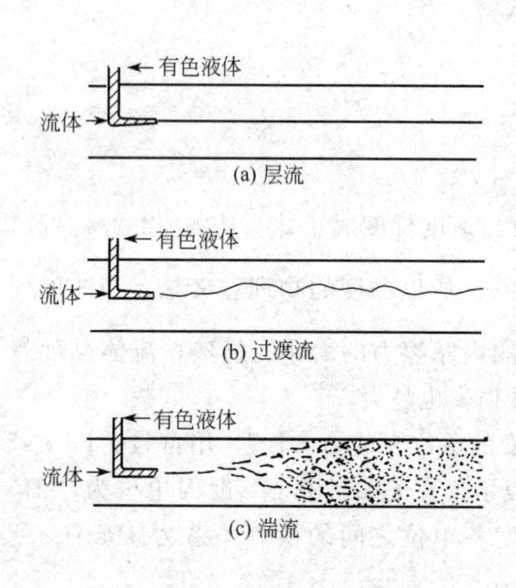

图 1-18 流体流动类型

前平行流动，质点间互不混杂，这种流动类型称为层流或滞流。当增大玻璃管内水流速度至一定数值时，有色液体便成为波浪形细线，围绕管中心线上下波动，如图 1-18（b）所示，这种情况可视为流体由层流向湍流过渡的一种形式，通常不将其作为一种流动类型考虑。继续增大玻璃管内水流速度，有色液体的细线波动加剧，最后细线断裂，呈旋涡状至最终与水完全混合，全玻璃管内水的颜色均匀一致，如图 1-18（c）所示，这种现象表明，玻璃管内水的质点除了沿着管轴线方向向前流动以外，各质点还做不规则的脉动，彼此互相碰撞，互相混合，这种流动类型称为湍流或紊流。

（2）流体流动类型判断依据——雷诺数

雷诺将流体的流动类型分为两种——层流和湍流。在此基础上，雷诺发现，与流体流动类型有关的因素除流体流速外，管径 d、流体黏度 μ 和流体密度 ρ 对流体流动状况也有影响。

雷诺将上述各影响因素组合成数群，即$\frac{du\rho}{\mu}$形式，用来判断流体流动类型。因其源于雷诺，量纲为 1，故称为雷诺数，用符号 Re 表示

$$Re=\frac{du\rho}{\mu} \tag{1-28}$$

式（1-28）使用说明如下。

① 当 $Re\leqslant 2000$ 时，流体流动类型属于层流；

当 $Re\geqslant 4000$ 时，流体流动类型属于湍流；

当 $2000<Re<4000$ 时，流动类型无法判定，通常称为过渡流。

② 在计算 Re 值时，注意 Re 计算式中各个物理量的单位必须采用同一单位制，计算结果单位全部消去只剩下数字。

【例 1-10】 牛奶以 2L/s 的流量流过内径为 25mm 的不锈钢管。牛奶的黏度为 2.12mPa·s，相对密度为 1.03，问管道中牛奶的流动类型。

解　已知 $d=25\text{mm}=0.025\text{m}$，$\mu=2.12\text{mPa}\cdot\text{s}=2.12\times10^{-3}\text{Pa}\cdot\text{s}$，

$$\rho=1.03\times10^{3}\text{kg/m}^{3}$$

$$u=q_V/A=\frac{2}{1000\times\frac{\pi}{4}\times0.025^{2}}=4.08\text{m/s}$$

则

$$Re=\frac{du\rho}{\mu}=\frac{0.025\times4.08\times1.03\times10^{3}}{2.12\times10^{-3}}=4.96\times10^{4}>4000$$

管道中牛奶的流动属于湍流。

3. 流体在圆管内的流速分布

流体在圆管中任意截面上各质点的流速是不同的，由于流体具有黏性，使管壁处流速为零，离开管壁至管中心处流速逐渐增大，管中心处流速最大，这种变化关系称为流速分布。流体流动类型不同其速度分布也不同。

层流时，管内流体质点沿管轴做有规则的平行运动，经理论推导，其速度分布表示式为

$$u_{\mathrm{r}}=u_{\max}\left(1-\frac{r^{2}}{R^{2}}\right)\tag{1-29}$$

式中　u_{r}——半径为 r 处流体的流速，m/s；

$u_{\max}$——管中心处流体的流速（即流体最大流速），m/s；

R——圆管半径，m；

r——管截面任意一点半径，m。

由层流时速度分布式可知，速度 u_{r} 随 r 呈抛物线变化，如图 1-19 所示，当 $r=0$ 时，即管中心处 $u_{\mathrm{r}}=u_{\max}$，流体点流速最大；当 $r=R$ 时，即管壁处，$u_{\mathrm{r}}=0$，流体点流速为零。经理论推导得出层流时的平均速度 u 为最大流速的 0.5 倍。流体做层流流动时满足以下关系式

$$\Delta p=\frac{32lu\mu}{d^{2}}\tag{1-30}$$

式中　l——流体流经管道的长度，m；

d——流体流经管道的直径，m；

u——流体平均流速，m/s；

μ——流体黏度，Pa·s；

Δp——流体流经管道两端的压力差，Pa。

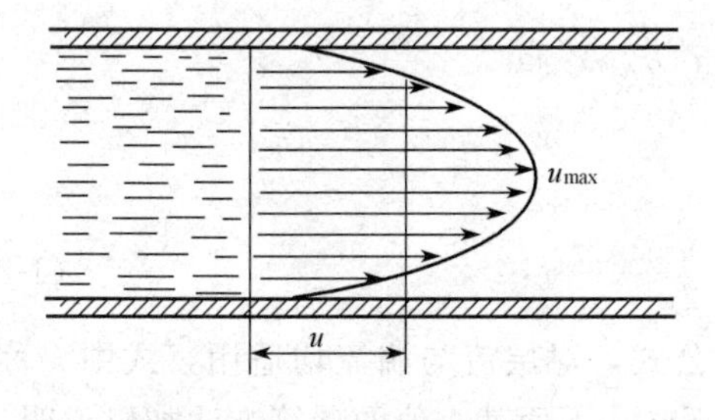

图 1-19　层流时的速度分布

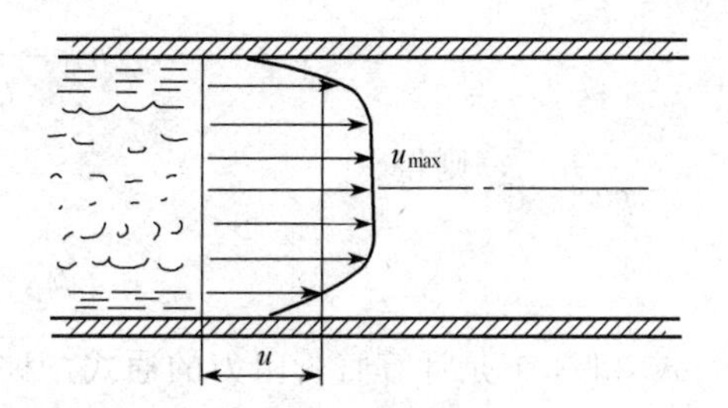

图 1-20　湍流时的速度分布

式（1-30）称为泊谡叶方程式，它反映流体在圆管内做层流流动时，流体流经一定长度的管路的压力降与管道的长度、管内径、流体的黏度以及流速之间的关系。

湍流时，流体质点的运动虽不规则，但整个截面上流体流动的平均速度仍是固定的，由

实验测得的速度分布曲线如图 1-20 所示。湍流时平均流速与中心处最大流速的关系可通过查图 1-26 获得。

(二) 流体阻力

前面已提到，在应用伯努利方程式解决实际问题时，必须首先要计算公式中的阻力损失，下面将讨论流体流动阻力的计算方法。

流体流经管道时所遇到的阻力可归纳为两类，一类阻力是发生在流体流经一定管径的直管时，由于流体的内摩擦而产生的阻力，称为直管阻力，直管阻力又称为沿程阻力；另一类阻力是流体流经管路中的管件、阀门、管子出入口等局部位置所产生的阻力，称为局部阻力。

伯努利方程式中的 $h_{损}$ 是指流体流经所选定管路系统的总能量损失或总阻力损失，它包括管路系统中各段直管阻力损失和各局部阻力损失，即

$$h_{损}=h_{直}+h_{局}$$

1. 直管阻力的计算

设流体流经一管内径为 d、长为 l 的水平圆管，管内流体做稳定流动，流速为 u，流体在进、出口截面 1—1′和 2—2′上的压力分别为 p_1、p_2（$p_1>p_2$），若流体流经此段直管时因流体阻力而产生的能量损失为 $h_{直}$，在 1—1′截面和 2—2′截面间列伯努利方程

$$z_1+\frac{u_1^2}{2g}+\frac{p_1}{\rho g}+H=z_2+\frac{u_2^2}{2g}+\frac{p_2}{\rho g}+h_{直}$$

因为没有外加功，又是水平直管，且管径不变，所以

$$H=0，z_1=z_2，u_1=u_2=u，$$

故 直管阻力 $h_{直}=\dfrac{p_1-p_2}{\rho g}=\Delta p/（\rho g）$ (1-31)

由于管内流体做稳定和等速流动，因此作用于液体柱的推动力和摩擦阻力大小相等、方向相反，则

$$\Delta p\ \frac{\pi}{4}d^2=\tau\pi dl \quad \Delta p=\frac{4l\tau}{d}$$

将式（1-31）代入上式得

$$h_{直}=\frac{4\tau l}{\rho g d} \tag{1-32}$$

将式（1-32）变换为

$$h_{直}=\frac{8\tau}{\rho u^2}\times\frac{l}{d}\times\frac{u^2}{2g}$$

令 $\lambda=\dfrac{8\tau}{\rho u^2}$，则得

$$h_{直}=\lambda\frac{l}{d}\times\frac{u^2}{2g} \tag{1-33}$$

式（1-33）是计算直管阻力的通式，称为范宁公式，对层流与湍流均适用，式中 λ 称为摩擦因数，量纲为 1。流体流动类型不同，λ 值也不同，下面就 λ 值的计算方法加以说明。

（1）层流时摩擦因数

由泊稷叶方程式

$$\Delta p=\frac{32lu\mu}{d^2}$$

故 $$h_{直}=\frac{p_1-p_2}{\rho g}=\Delta p/(\rho g)$$

$$=\frac{32lu\mu}{\rho g d^2}=64\ \frac{\mu}{du\rho}\times\frac{l}{d}\times\frac{u^2}{2g}=\frac{64}{Re}\times\frac{l}{d}\times\frac{u^2}{2g}$$

与式（1-33）比较，可得

$$\lambda=\frac{64}{Re} \tag{1-34}$$

式（1-34）是计算层流时摩擦因数的计算式。此外，层流时摩擦因数也可以通过摩擦因数图 1-21 中的层流曲线查取。

（2）湍流时的摩擦因数

因湍流时流体各质点流动情况比较复杂，所以现在还不能从理论上推算摩擦因数值，只能借助于实验求得摩擦因数值。人们做了大量的实验，发现了 λ 与 Re 之间的关系，得出湍流时摩擦因数的取得方法有两种，即经验公式法和摩擦因数图法。由于经验公式法比较烦琐，为了计算方便，莫狄根据有关经验公式，将摩擦因数 λ、雷诺数 Re 及管壁相对粗糙度 ε/d 之间的关系标绘在双对数坐标上绘成曲线图，此图称为莫狄摩擦因数图，如图 1-21 所示，全图分为如下四个区域。

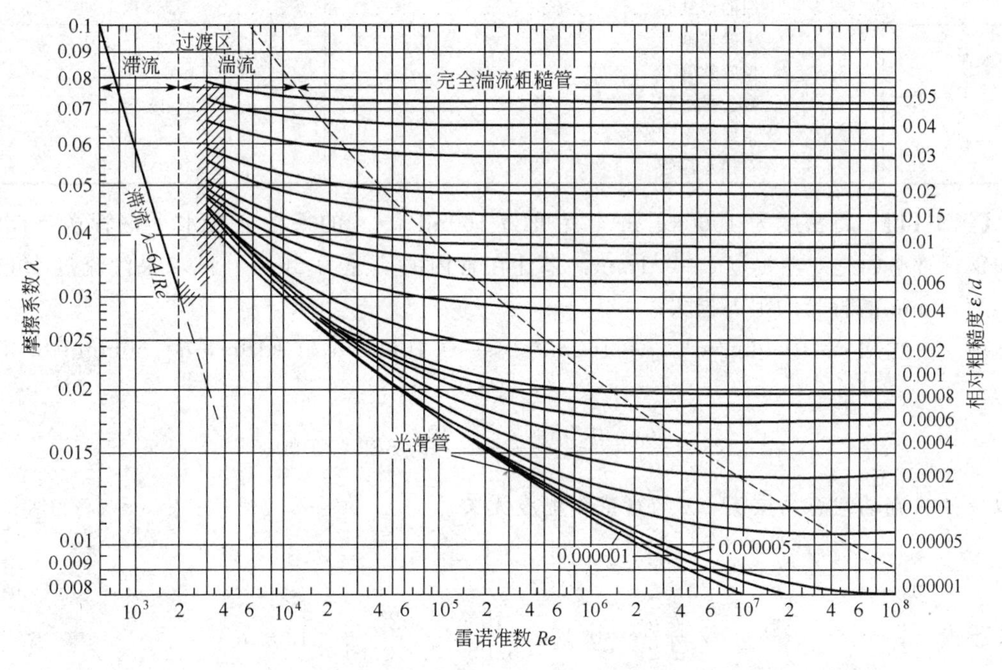

图 1-21 摩擦系数 λ 与雷诺数 Re 及相对粗糙度 ε/d 的关系

① 层流区（$Re\leqslant2000$）。此区域流体做层流流动，层流条件下管壁上凹凸不平之处均被平稳流动的流体层所覆盖，流体在此层上流过相当于在光滑管壁上流过，所以 λ 与管壁面的粗糙度无关，而与 Re 成直线关系，其表达方式为 $\lambda=\frac{64}{Re}$；即层流时 λ 值可直接利用公式计算或根据 Re 值由层流曲线查得。

② 过渡区（$2000<Re<4000$）。此区域是层流和湍流的过渡区，因此 λ 值可由层流或湍流曲线延长后查得，为了使流体阻力计算值有一定余量，需查取较大的 λ 值，因此，通常将湍流曲线延长查取 λ 值；即过渡流时，可先根据管壁面相对粗糙度 ε/d 值确定具体湍流曲

线，然后将该曲线延长，并由 Re 值查得 λ 值。

③ 湍流区（$Re \geqslant 4000$）。此区域流体做湍流流动，湍流条件下，粗糙管壁上凸出的地方会越过层流底层而部分进入湍流区与流体质点发生碰撞，增加了流体湍流性，因此湍流时摩擦因数 λ 是 Re 和管壁面相对粗糙度 ε/d 的函数。当 Re 一定时，λ 随 ε/d 的减小而减小，直至光滑管的 λ 值最小，即湍流区最下面的曲线是光滑管曲线；当管壁相对粗糙度 ε/d 一定时，雷诺数 Re 越大，摩擦因数 λ 越小。湍流时 λ 值的求法与过渡流相似，只是所确定的湍流曲线不用延长。

④ 完全湍流区。图 1-21 中虚线以上的区域。当 Re 增大至一定数值时，管壁上的粗糙峰完全暴露于流体主流中，致使摩擦因数 λ 与 Re 的大小基本无关，只与管壁的相对粗糙度的有关。完全湍流时 λ 值只由 ε/d 值查得。某些工业管道的绝对粗糙度见表 1-1。

表 1-1　某些工业管道的绝对粗糙度

管道类别		绝对粗糙度 ε/mm
金属管	无缝的黄铜管、铜管及铝管	0.01～0.05
	新的无缝钢管或镀锌铁管	0.1～0.2
	新的铸铁管	0.3
	具有轻度腐蚀的无缝钢管	0.2～0.3
	具有显著腐蚀的无缝钢管	0.5 以上
	旧的铸铁管	0.85 以上
非金属管	干净玻璃管	0.0015～0.01
	橡胶软管	0.01～0.03
	陶土排水管	0.45～6.0
	很好整平的水泥管	0.33
	石棉水泥管	0.03～0.8

【例 1-11】 将密度为 1060kg/m^3，黏度为 $160\text{mPa}\cdot\text{s}$ 的果汁通过水平钢管送入储槽，已知钢管管壁面绝对粗糙度 $\varepsilon=0.1\text{mm}$，果汁在管内的流速为 2m/s。试求果汁流过 10m 长管径为 50mm 的直管的阻力损失。

解　由题知 $\rho=1060\text{kg/m}^3$，$\mu=160\text{mPa}\cdot\text{s}=0.16\text{Pa}\cdot\text{s}$，$l=10\text{m}$，$d=50\text{mm}=0.05\text{m}$，$u=2\text{m/s}$。

则
$$Re=\frac{du\rho}{\mu}=\frac{0.05\times2\times1060}{0.16}=663<2000$$

所以果汁的流动状态为层流，λ 与管壁粗糙度无关。

$$\lambda=\frac{64}{Re}=\frac{64}{663}=0.10$$

阻力损失
$$h_{\text{直}}=\lambda\frac{l}{d}\frac{u^2}{2g}=0.10\times\frac{10}{0.05}\times\frac{2^2}{2\times9.81}=4.08\text{m}$$

【例 1-12】 293K 的水在 $\phi 38\text{mm}\times1.5\text{mm}$ 的水平钢管内流过，水的流速为 2.5m/s，求水通过 100m 管长的阻力损失（钢管管壁面绝对粗糙度 ε 取 0.1mm）。

解　由题知 $l=100\text{m}$，$d=(38-2\times1.5)\text{mm}=35\text{mm}=0.035\text{m}$，$u=2.5\text{m/s}$。

由附表查得水在 293K 时 $\rho=998\text{kg/m}^3$，$\mu=1.0050\text{mPa}\cdot\text{s}=1.0050\times10^{-3}\text{Pa}\cdot\text{s}$，

则
$$Re=\frac{du\rho}{\mu}=\frac{0.035\times2.5\times998}{1.0050\times10^{-3}}=8.7\times10^4>4000$$

所以水的流动状态为湍流，λ 值的大小由 Re 及管壁面相对粗糙度 ε/d 决定，因 $\varepsilon=0.1\text{mm}$，

$$\varepsilon/d=\frac{0.1}{35}=0.0028$$

由图 1-21 查得 $\lambda=0.031$

阻力损失 $$h_{直}=\lambda\frac{l}{d}\frac{u^2}{2g}=0.031\times\frac{100}{0.035}\times\frac{2.5^2}{2\times9.81}=28.2\text{m}$$

2. 局部阻力的计算

管内流体流动阻力除直管阻力外，还有流体流经管路的进口、出口、弯头、阀门、扩大、缩小或流量计等局部位置时产生的阻力即局部阻力，局部阻力的计算方法有两种，分别是当量长度法和阻力系数法。

（1）当量长度法

此法是将流体流过管件、阀门等局部障碍时所产生的局部阻力，折合成相当于流体流过长度为 l 的同直径的管道时所产生的阻力，此折合的长度称为当量长度，用符号 l_e 表示。于是局部阻力 $h_{局}$ 可参照直管阻力 $h_{直}$ 的计算公式，由下式计算

$$h_{局}=\lambda\frac{l_e}{d}\times\frac{u^2}{2g} \tag{1-35}$$

式中　λ——流体流动时的摩擦因数；

l_e——管件的当量长度，m；

d——安装管件的管子的内径，m；

u——流体在管内的流速，m/s。

l_e 的数值由实验确定，其单位为 m 。通常以当量长度与管道内径的比值 l_e/d 表示。l_e 值可由表查得，如表 1-2 所示。

表 1-2　局部阻力的当量长度与阻力系数值

局部名称	阻力因数 ξ	当量长度与管径之比 l_e/d	局部名称	阻力因数 ξ	当量长度与管径之比 l_e/d
弯头，45°	0.35	17	闸阀，全开	0.17	9
弯头，90°	0.75	35	半开	4.5	225
三通	1	50	截止阀，全开	6.0	300
回弯头	1.5	75	半开	9.5	475
管接头	0.04	2	止逆阀，球式	70	3500
活接头	0.04	2	摇板式	2	100
角阀，全开	2	100	突扩，大幅度	1	50
水表，盘式	7	350	突缩，大幅度	0.5	25

l_e 值也可由图 1-22 查出。其方法如下：先在图左侧垂线上找到与管路上所安装管件或阀门相对应的点，再在图右侧找到安装该管件或阀门的直管内径值，此两点的连线与中间标尺的交点的数值，即为该管件或阀门的当量长度值。如将标准弯头安装在内径为 150mm 的直管上时，可读取当量长度为 5m。

管中流体流动的总阻力（伯努利方程式中的 $E_{损}$ 或 $h_{损}$）为管道上全部直管阻力和各个局部阻力之和。若局部阻力采用当量长度法进行计算，则总阻力损失计算式为

$$h_{损}=h_{直}+h_{局}=\lambda\frac{l+\sum l_e}{d}\frac{u^2}{2g} \tag{1-36}$$

式中　$h_{损}$——管路的总阻力损失，m；

l——内径相同的管路上各段直管的总长度，m；

$\sum l_e$——内径相同的管路上所安装的全部管件与阀门等当量长度的和，m；

u——流体流经管路的流速，m/s。

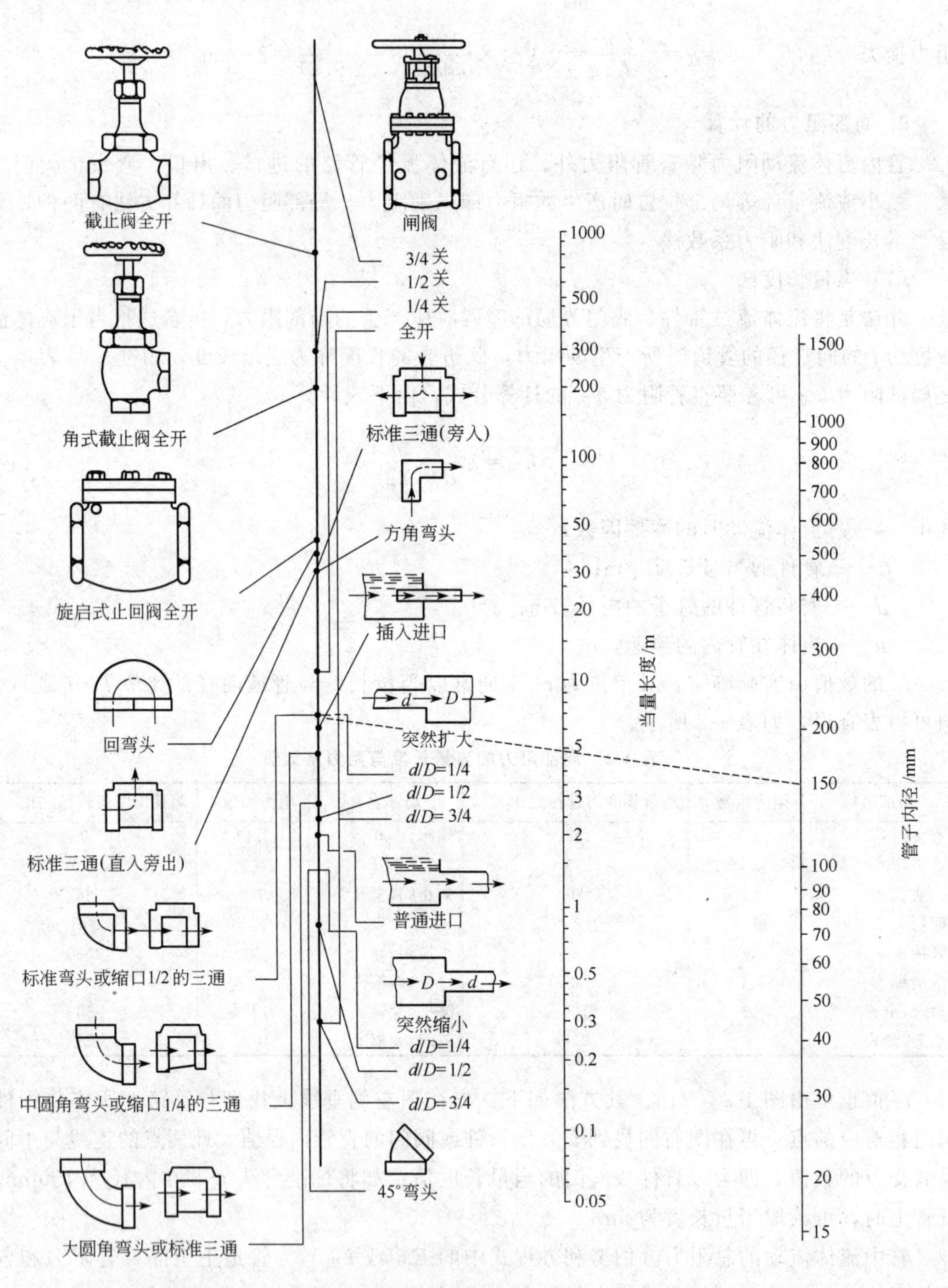

图 1-22 常用管件及阀门的当量长度

（2）阻力系数法

因流体流过管件、阀门等局部时，摩擦因数 λ 变化很小，而$\frac{l_e}{d}$可视为定值，因此，可将当量长度法计算局部阻力式中的 $\lambda\frac{l_e}{d}$ 用一系数表示，令 $\xi=\lambda\frac{l_e}{d}$，则局部阻力 $h_局$ 可由下式计算

$$h_{局}=\xi\frac{u^2}{2g} \tag{1-37}$$

式中　ξ——局部阻力系数，其数值由实验确定，由表 1-1 查得。

同理可得，若局部阻力采用阻力系数法进行计算，则流体流动的总阻力损失计算式为

$$h_{损}=h_{直}+h_{局}=\left(\lambda\frac{l}{d}+\sum\xi\right)\frac{u^2}{2g} \tag{1-38}$$

可见，根据局部阻力计算方法的不同，流体流动总阻力损失的计算方法亦有两种，分别是当量长度法和阻力系数法。

【例 1-13】 用泵将 293K 的液体苯以 0.5L/s 的流量从储槽送至反应器，所用管路为长 40m 的 ϕ57mm×2.5mm 的不锈钢管，管路中间有两个 90°弯头，一个半开闸阀。试用两种方法计算管路入口至出口的阻力损失（已知 293K 苯的密度为 879kg/m^3，黏度为 0.65mPa·s，管壁 ε=0.25mm）。

解　由题知 $q_V=0.5\text{L/s}$，$l=40\text{m}$，$d=57-2.5\times2=52\text{mm}=0.052\text{m}$

$\rho=879\text{kg/m}^3$，$\mu=0.65\text{mPa·s}=6.5\times10^{-4}\text{Pa·s}$，

① 先求流速　$u=\dfrac{q_V}{A}=\dfrac{0.5}{1000\times\dfrac{\pi}{4}\times0.052^2}=0.24\text{m/s}$

② 计算 Re　$Re=\dfrac{du\rho}{\mu}=\dfrac{0.052\times0.24\times879}{6.5\times10^{-4}}=1.69\times10^4$

流体流动状态为湍流，因 $\varepsilon=0.25\text{mm}$，$\varepsilon/d=\dfrac{0.25}{52}=0.00481$

③ 由 Re 及 ε/d 查得 $\lambda=0.038$

④ 计算管路入口至出口的阻力损失

a. 当量长度法。由表 1-1 查得当量长度数值：

两个 90°弯头	$2\times35d=70d$
一个半开闸阀	$225d$
管路入口	$25d$
管路出口	$50d$

$\sum l_e=70d+225d+25d+50d=370d$，则

$$h_{损}=h_{直}+h_{局}=\lambda\frac{l+\sum l_e}{d}\times\frac{u^2}{2g}=0.038\times\frac{40+370\times0.052}{0.052}\times\frac{0.24^2}{2\times9.81}=0.13\text{m}$$

b. 阻力系数法。由表 1-1 查得阻力系数值：

两个 90°弯头	$2\times0.75=1.5$
一个半开闸阀	4.5
管路入口	0.5
管路出口	1

$\sum\xi=1.5+4.5+0.5+1=7.5$，则

$$h_{损}=h_{直}+h_{局}=\left(\lambda\frac{l}{d}+\sum\xi\right)\frac{u^2}{2g}=\left(0.038\times\frac{40}{0.052}+7.5\right)\times\frac{0.24^2}{2\times9.81}=0.11\text{m}$$

由此可见，两种计算总阻力损失方法结果相近。

四、管路计算

(一) 管路分类

根据管路连接及铺设状况的不同，将管路分为两种：一种是由一根管子组成的无分支的单一管路，称为简单管路（见图 1-23）；另一种是由几个简单管路组成的并联管路或分支管路，称为复杂管路（见图 1-24）。复杂管路又分为并联管路［图 1-24(a)］和分支管路［图 1-24(b)］。由于生产中所涉及的管路主要是简单管路，而且复杂管路的计算源于简单管路的计算，因此，本节重点介绍简单管路。

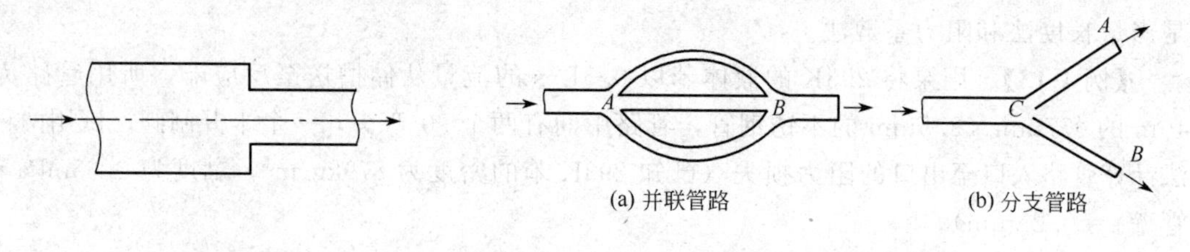

图 1-23　简单管路　　　图 1-24　复杂管路

(二) 管路计算

管路计算是应用流体流动的连续性方程式、伯努利方程式和流体流动阻力计算式解决食品生产中流体输送管路的计算问题。对所设计的流体输送管路中管径的选择及管件等的安装要力求经济合理。管路设计以管路计算为基础，管路计算主要有以下几种情况。

① 已知流体的流量、管路的直径、长度及管件的设置情况，计算管路系统阻力损失及输送设备的功率；

② 已知流体的流量、管长、管件设置情况及允许能量损失，计算管径；

③ 已知管道长度、管径、管件设置情况及允许能量损失，计算流体的流量。

第一种情况较容易计算，后两种情况计算时涉及的流体流速 u 或管径 d 未知，导致 Re 无法确定，λ 值无法查取，此时，可用试差法，采用试差法计算时，因 λ 值变化很小，故常以 λ 值为试差变量，其初值的选取方法有以下两种。

① 可在 0.02～0.03 之间选取；

② 若已知管径 d，也可假设流体已进入完全湍流区由曲线查得 λ 值。

【例 1-14】 从水池中将 293K 的水送到高处，所用输送管路总长为 100m（包括直管长度和管件当量长度），要求水的流量为 $20m^3/h$，输送过程压头损失不得超过 $5mH_2O$，试选择输水管（ε 取 0.2mm）。

解　由题知 $q_V=20m^3/h$，$l+\sum l_e=100m$，$h_{损}=5m$

查附录，水在 293K 时 $\rho=998.2kg/m^3$，$\mu=1.0050mPa\cdot s=1.0050\times10^{-3}Pa\cdot s$

① 先求流速　$u=\dfrac{q_V}{A}=\dfrac{20}{3600\times\dfrac{\pi}{4}\times d^2}=\dfrac{0.007}{d^2}m/s$

② 计算 Re　$Re=\dfrac{du\rho}{\mu}=\dfrac{d\times\dfrac{0.007}{d^2}\times998.2}{1.0050\times10^{-3}}=\dfrac{6953}{d}$

③ 写出 d 与 λ 之间关系式

因
$$h_{损}=h_{直}+h_{局}=\lambda\frac{l+\sum l_e}{d}\frac{u^2}{2g}$$

将上述已知值代入得 $5=\lambda\times\frac{100}{d}\times\frac{\left(\frac{0.007}{d^2}\right)^2}{2\times9.81}$，整理得 $d=0.138\lambda^{\frac{1}{5}}$ m

④ 确定 λ 值，进而求得 d 值

由于 Re 未知，所以 λ 未知，本题需采用试差法计算，即在 $\lambda=0.02\sim0.03$ 之间任取一值，先假设 $\lambda=0.026$，则

$$d=0.138\lambda^{\frac{1}{5}}=0.138\times0.026^{\frac{1}{5}}=0.0665\text{m}$$

$$Re=\frac{6953}{d}=\frac{6953}{0.0665}=1.05\times10^5$$

$$\varepsilon/d=\frac{0.0002}{0.0665}=0.0030$$

由 Re 及 ε/d 查得 $\lambda=0.029$，与假设偏差较大，需调整 λ 假设值为 $\lambda=0.029$，则

$$d=0.138\lambda^{\frac{1}{5}}=0.138\times0.029^{\frac{1}{5}}=0.0680\text{m}$$

$$Re=\frac{6953}{d}=\frac{6953}{0.0680}=1.02\times10^5$$

$$\varepsilon/d=\frac{0.0002}{0.0680}=0.0030$$

由 Re 及 ε/d 查得 $\lambda=0.0291$，与假设 $\lambda=0.029$ 基本符合，因此，$\lambda=0.029$ 时所得各值即为所求，则 $d=0.0680\text{m}=6.8\text{mm}$。

⑤ 选择水管　由 $d=0.0680\text{m}=6.8\text{mm}$ 查附录，初选水管规格为公称直径 70mm 即 $\phi75.5\text{mm}\times3.75\text{mm}$ 的水管，此时所选管内径 $d=75.5-3.75\times2=68\text{mm}$，

$$h_{损}=h_{直}+h_{局}=\lambda\frac{l+\sum l_e}{d}\times\frac{u^2}{2g}=0.0291\times\frac{100}{0.068}\times\frac{\left(\frac{0.007}{0.068^2}\right)^2}{2\times9.81}=5.0\text{m}$$

符合压头损失要求，故选公称直径 70mm 的水管即可。

五、流量的测量

食品生产中要经常对各种操作参数进行测量以便及时调节、控制，保证生产稳定进行。流量的测量即是流体输送中的一个重要参数，流量测量仪器有多种，现仅就符合流体力学原理的流量测定仪器加以介绍。

（一）测速管

测速管又称皮托管，如图 1-25 所示。它由两根同心套管组成，管道中套管应与流体流动方向平行放置。内管前端敞开，外管管口封闭但管侧壁在距前端一定距离处开有几个小孔，外管与内管的另一端分别与 U 形管压差计的两个接口相连接。

当密度为 ρ 的流体以速度 u 流入套管时，内管 A 处测得的是流体的动压能和静压能之和，称为冲压能；外管 B 处测得的是流体的静压能；内、外管能量之差以压力降的形式通过 U 形管压差计显示出来，即

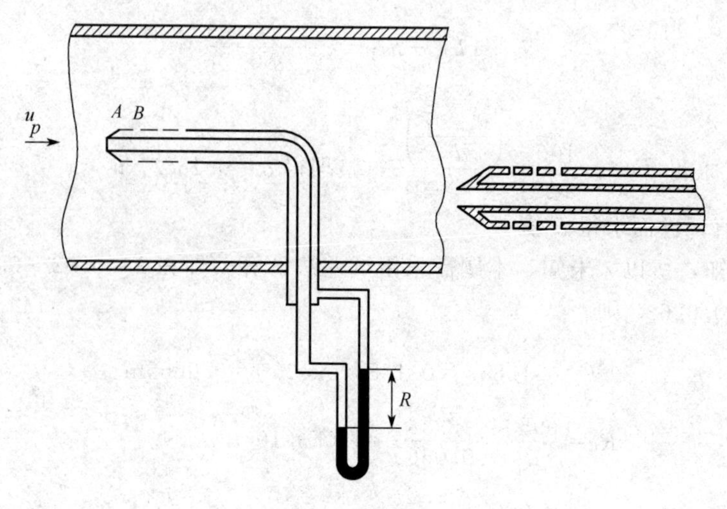

图 1-25　测速管

$$\left(\frac{u^2}{2}+\frac{p}{\rho}\right)-\frac{p}{\rho}=\Delta p/\rho$$

因 $\Delta p=(\rho_{示}-\rho)gR$，所以流体在测速点处的流速

$$u=\sqrt{\frac{2(\rho_{示}-\rho)gR}{\rho}} \tag{1-39}$$

式中　$\rho_{示}$，ρ——指示液和被测流体的密度，kg/m^3；

R——压差计的读数，m 。

测速管所测的速度是管道截面上某一点的线速度，若要测管道截面上的平均速度，可先测出管中心的线速度 u_{max}，然后计算出 Re_{max} 值，再查 u/u_{max}-Re_{max} 关系图，如图 1-26 所示，可求出平均速度 u，进而求出流体流量。

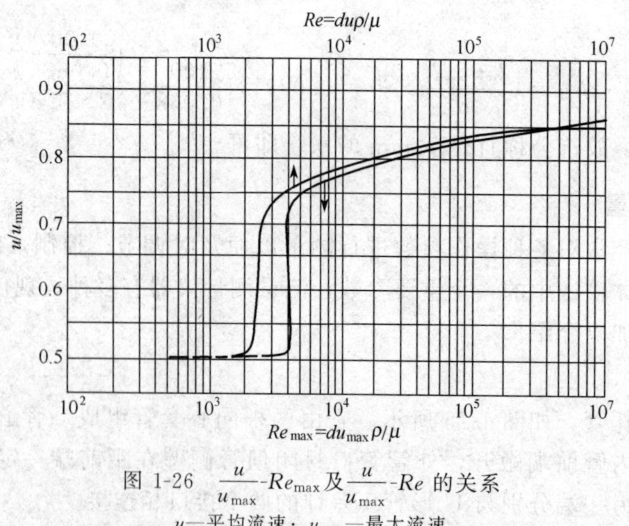

图 1-26　$\frac{u}{u_{max}}$-Re_{max} 及 $\frac{u}{u_{max}}$-Re 的关系

u—平均流速；u_{max}—最大流速

测速管适于测量大直径气体管内的气体流速，当流体中含有固体杂质时，因易将测速管堵塞，此时不宜使用测速管。

（二）孔板流量计

孔板流量计是在管道中安装一个中央开圆孔的金属板，孔板的圆孔经过精密加工，其孔口侧边与管轴成45°，由前向后扩大，称为锐孔。孔板两侧的测压孔与U形管压差计相连。如图1-27所示，流体流经孔板时截面积缩小，流体流速增大，静压能减少，于是在孔板的前后便产生了压力差，流体的流量越大，在孔板前后产生的压力差就越大，因此可借助U形管压差计测压力差的方法来测定管路中流体的流量。

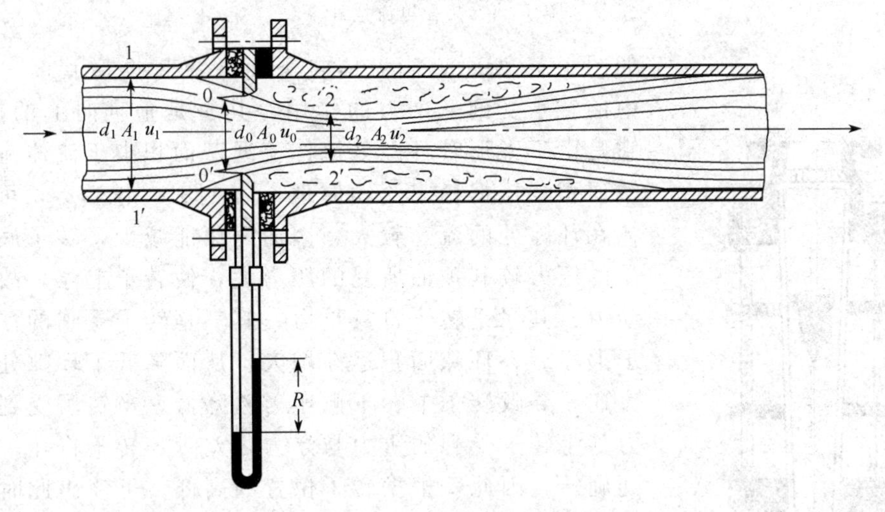

图1-27 孔板流量计

孔板流量计测定流体流量计算式为

$$q_V=c_0A_0\sqrt{\frac{2(\rho_{示}-\rho)gR}{\rho}} \tag{1-40}$$

式中 A_0——孔板上锐孔的截面积，m^2；

R——U形管压差计的读数，m；

$\rho_{示}$，ρ——指示液和被测流体的密度，kg/m^3；

c_0——流量系数或孔流系数，量纲为1，其数值大小取决于Re值和锐孔与管截面积之比。流量系数由实验方法求得，常用的孔板流量计流量系数取值范围在0.6～0.7之间。

孔板流量计结构简单，易于操作，适于对流体做流量监测。

（三）文丘里流量计

使用孔板流量计流体流经锐孔时会产生大量的能量损失，为避免这一缺点，用一段渐缩、渐扩短管代替孔板，此短管称为文丘里管，如图1-28所示。

文丘里流量计利用文丘里管的渐缩、渐扩结构使流体流过时基本不产生旋涡，因此阻力损失大大减少，相同条件下流体的流量比孔板大，因此，它适用于固体颗粒多的悬浮液流量的测量。

（四）转子流量计

转子流量计由一个截面积上大下小的倒锥形玻璃管以及装在管内的金属或其他材料的浮子构成，有些浮子顶部边缘刻有斜槽，流体流过时可发生旋转，故又称转子，

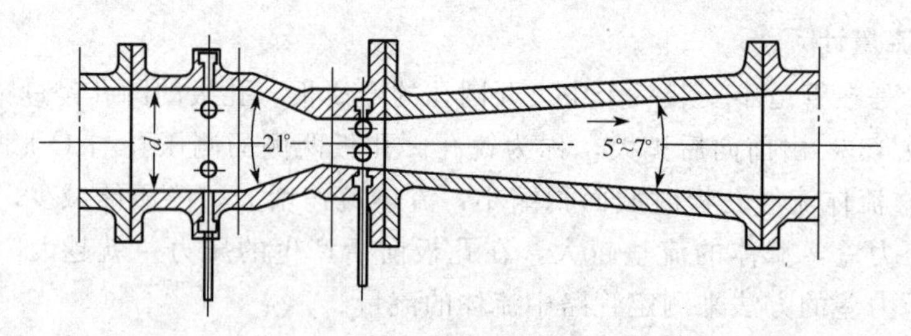

图 1-28 文丘里流量计

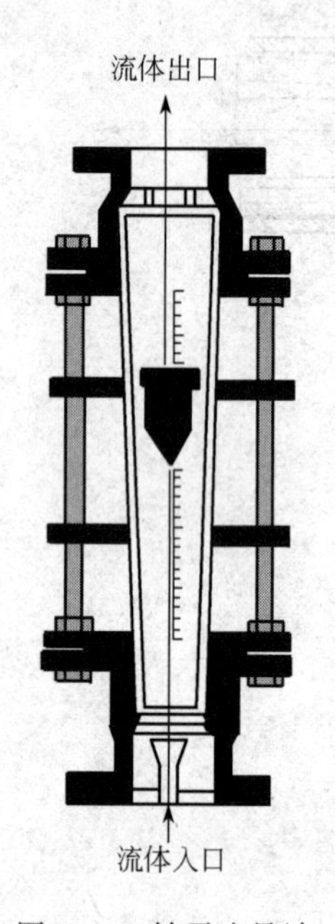

图 1-29 转子流量计

如图 1-29 所示，当流体自下而上流过锥形管时，锥形管中的转子受到三个力的作用，其一是垂直向上的推动力，它是由于锥形管环隙处流体流通截面积小于流体流经管道截面积，依据稳定流动原理，$u_1A_1\rho_1=u_2A_2\rho_2$，可推断流体在环隙处的流速较大，因而静压能减少，转子底面上所受的压力较其顶面所受的压力大，使转子上浮，故称为推动力；其二是转子自身重力；其三是转子受到的浮力。转子上浮后，环隙面积逐渐增大，从而降低了环隙处流体的流速，导致转子上、下侧压力差降低，当转子受到的推动力等于转子受到的重力与浮力之差时，转子将在一定高度处旋转，因此，根据转子位置的高低，可读出此时流体流量的大小。

转子流量计适于对管道中流体流量的经常性监测，测量方便、精度高。但要注意，由于转子流量计在出厂前是通过水或空气标定的，故当被测流体不是水和空气或测量条件与标定条件不一致时，应进行实验标定。

任务二 流体输送管路

管路是工厂用于输送流体进出设备的装置，又称管路系统。食品企业生产是否正常与管路系统是否畅通有很大关系。管路系统包括管子、管件和阀件。

一、管子

管子是管路系统的主体，分为金属管和非金属管两大类。食品厂常用的有金属管、塑料管、陶瓷管、玻璃管、橡胶管等。

1. 金属管

(1) 铸铁管

铸铁管常用于埋在地下的低压给水总管、污水管，其特点是价格低廉，耐腐蚀性比钢管强。

(2) 钢管

① 无缝钢管。通过热轧或冷拔的方式生产的钢管，其特点是质地均匀、强度高，适用于输送各种压力流体。

② 有缝钢管。有缝钢管是以热轧板带为原料，通过卷板成型再进行焊接的钢管。包括镀锌的（白铁管）和不镀锌的（黑铁管）两种。根据承受压力的大小，分为普通管（<1MPa 表压）和加厚管（<1.6MPa 表压），一般使用温度为 0～140℃。常用于水、污水、燃气、空气和采暖蒸汽等低压流体的输送。

（3）有色金属管

① 铜管。铜管导热性好，在低温下不变脆，可用于制造深冷设备换热管。

② 铝管。铝管质轻且耐部分酸的腐蚀，导热性好，广泛用于输送浓硝酸、醋酸等物料，亦可用来制造换热器。

2. 塑料管

常用的塑料管分为两类。一类是聚烯烃管，包括聚乙烯（PE）管、高密聚乙烯（HDPE）管、聚丙烯（PP）管、聚丁烯（PB）管；另一类是聚氯乙烯管，包括普通聚氯乙烯（PVC）管、硬质聚氯乙烯（U-PVC）管、过氧化聚氯乙烯（C-PVC）管。塑料管耐腐蚀性能好、质轻、加工成型方便，但性脆、易裂强度差、耐热性也差，常用于输送常温常压或低压的腐蚀性物料。

3. 陶瓷管

陶瓷管耐酸碱腐蚀，成本低廉，但陶瓷管性脆、强度低、不耐压，不宜输送剧毒及易燃易爆的液体，多用于排除腐蚀性污水。

4. 玻璃管

玻璃管耐酸碱腐蚀性能好，表面光滑，耐磨，管道阻力小，价格便宜。缺点是性脆、不耐冲击与振动，热稳定性差，不耐高压。目前采取了金属管内衬玻璃或玻璃钢加强玻璃管道的方法来弥补不足。

5. 橡胶管

橡胶管为软管，可以任意弯曲，质轻，耐温性、抗冲击性能较好，多用于做临时连接用管道。

二、管件

把管子连接成管路时，需要接上各种配件，使管路能够连接，附属于管子的各种配件统称为管件。常用的管件有以下几种。

1. 改变管路方向的管件

改变管路方向的管件有90°弯头、45°弯头和180°回弯头，如图1-30所示。

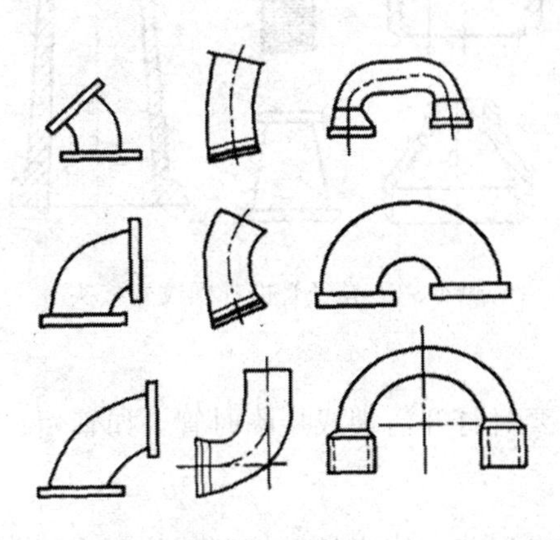

图1-30　弯头

2. 连接两管的管件

连接两管的管件有接头和法兰，如图1-31所示。

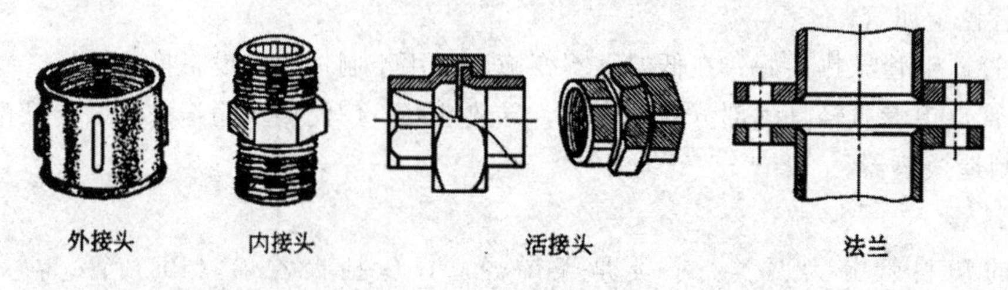

图 1-31　接头和法兰

3. 连接管路支路的管件

连接管路支路的管件有三通、四通、Y 形管等，如图 1-32 所示。

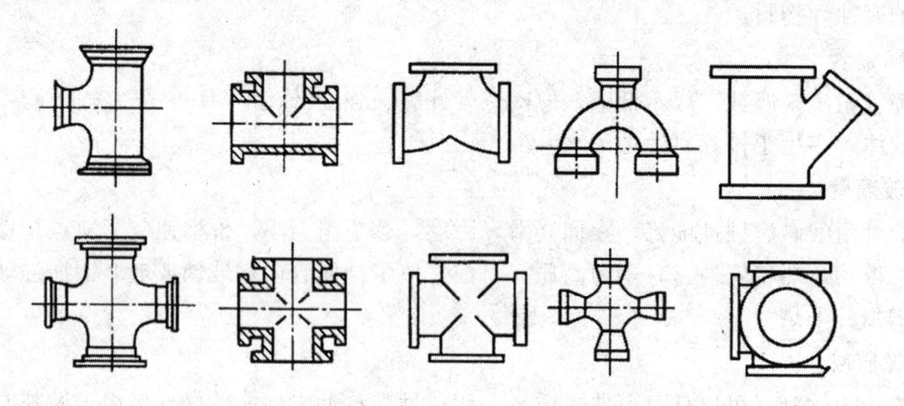

图 1-32　三通、四通及 Y 形管

4. 改变管路直径的管件

改变管路直径的管件有异径管（俗称“大小头”）、内外螺纹管接头（俗称“内外丝、补心”）、异径肘管等，如图 1-33 所示。

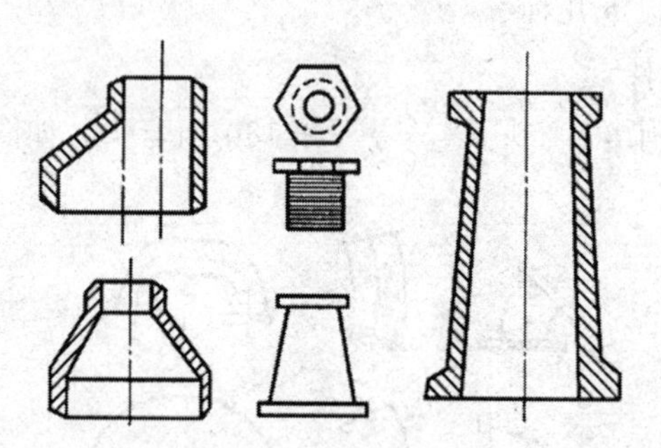

图 1-33　异径管内外螺纹管接头

5. 堵塞管路的管件

其作用是堵塞管路，必要时打开清理或接临时管，如管帽、管塞，如图 1-34 所示。

三、阀件

阀件是安装在管道上用来调节流体流量、控制流体压力、切断流体流动等作用的装置。按照阀件的构造和作用可分为以下几类。

1. 闸阀

它是利用阀体内闸板的升降开关管路。图 1-35 为常用的楔形闸阀剖面图。转动手轮可

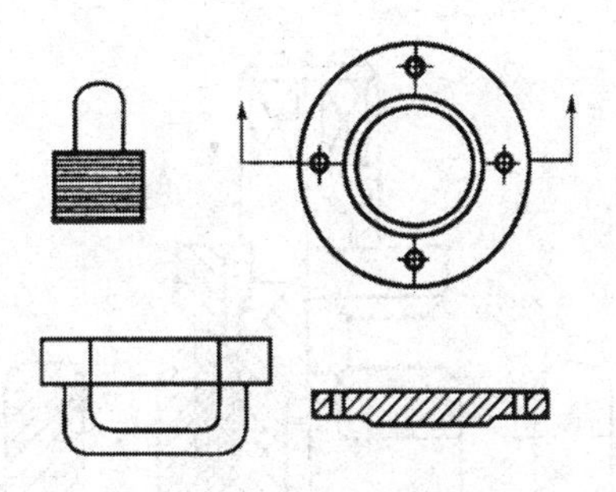

图 1-34　管帽、丝堵和法兰盖

使闸板上下活动，闸板降至最下方，即切断管路；闸板部分上升时，流体可部分通过，闸板升到最高位置时管路全部打开。

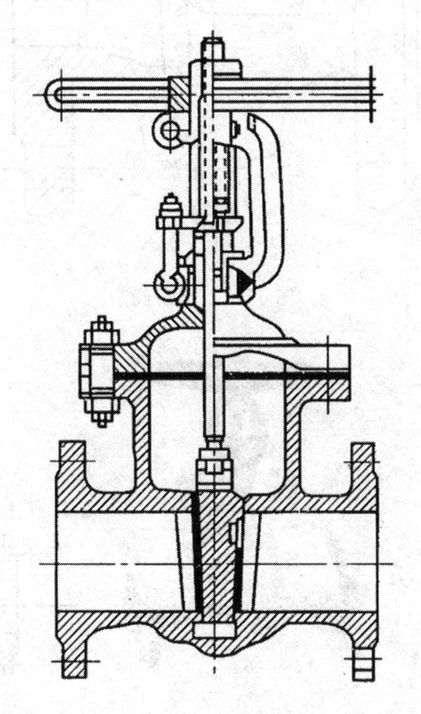

图 1-35　楔形闸阀

闸阀一般用于输送清洁介质的大管径管道上，不适于输送含有固体杂质的液体。

2. 旋塞阀

旋塞阀的结构为在阀件中心处有一可旋转的圆形塞子，利用旋塞来启闭管路或调节流量，旋塞的开关常用手柄而不用手轮。如图 1-36 所示，表示全关的位置，再旋转 90°管路全开。

旋塞阀的结构简单，开关迅速，操作方便，适宜于输送黏度较大的介质和要求开关迅速的部位，不适用于蒸汽和温度较高的介质。

3. 截止阀

如图 1-37 所示，截止阀体的中部有一圆形阀座，阀盘通过阀杆与手轮相连，转动手轮使阀杆升降，从而改变阀盘与阀座间的距离，进行开关管路和调整流量。

截止阀与闸阀相比，其调整性能好，结构简单，制造维修方便，但流动阻力大，密闭性能差，适用于蒸汽、压缩空气与真空管路，也用于料液管路，但不宜于有沉淀物或易于析出

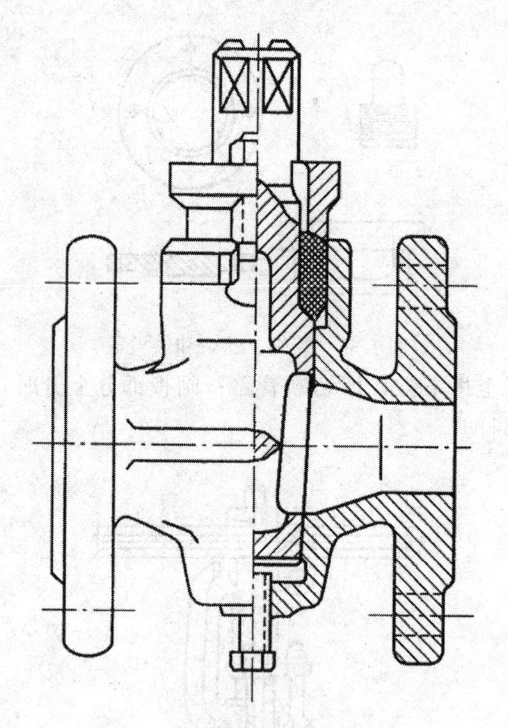

图 1-36　旋塞阀

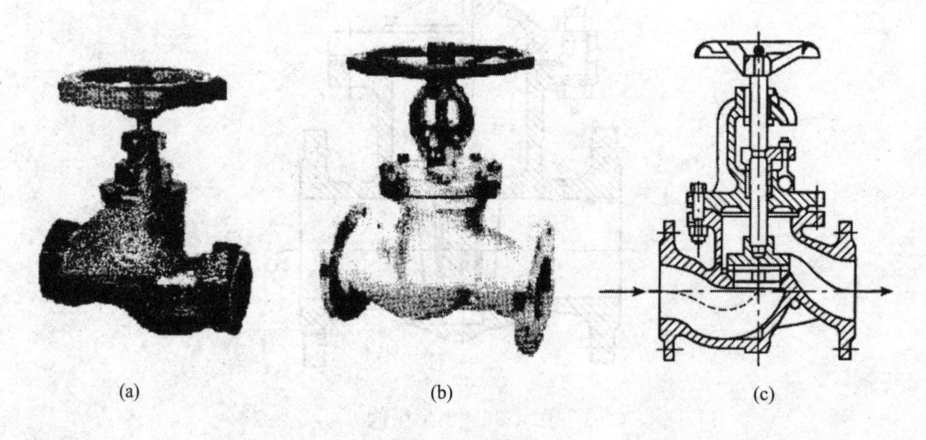

(a)　(b)　(c)

图 1-37　截止阀

结晶的料液管路，因固体颗粒会堵塞管道、磨损阀盘或沉积在阀座上。

4. 球阀

球阀是以中间开孔的球体做阀芯，靠旋转球体来控制阀门的开启和关闭。球阀的特点是结构简单，体积小，开关迅速，操作方便，流体阻力小，适用于水、溶剂、酸等一般工作介质，如图 1-38 所示。

5. 节流阀

节流阀属于截止阀的一种，如图 1-39 所示，阀盘的形状为针形或圆锥形，可以较好地调节流量或进行节流调节压力。

节流阀制造精度要求高，密封性好，主要用于仪表、控制以及取样等管路中，不宜用于黏度大和含固体颗粒介质的管路中。

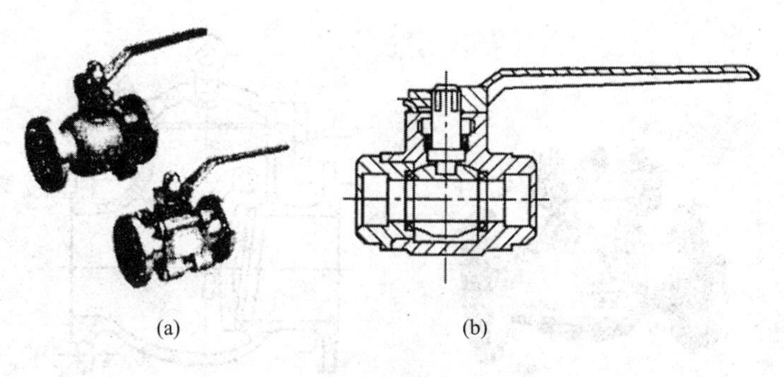

图 1-38　球阀

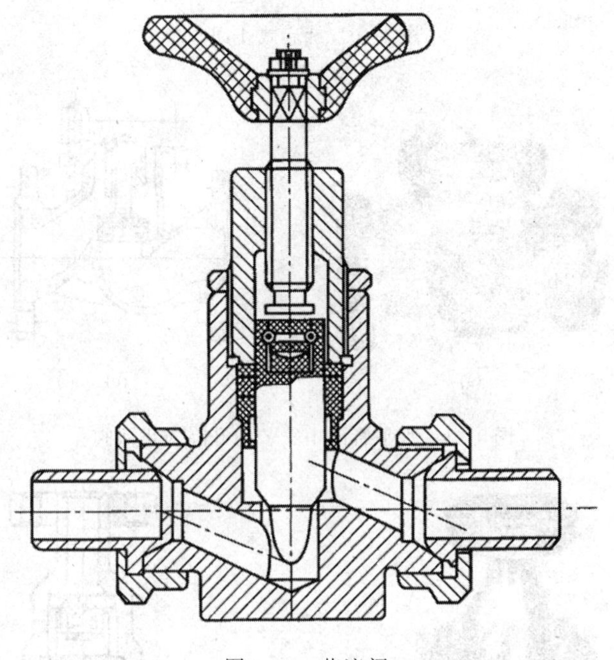

图 1-39　节流阀

6. 止回阀

止回阀又称止逆阀或单向阀。其作用是只允许介质向一个方向流动，流体反方向流动时，由于流体压力和阀瓣的自重，阀瓣和阀座闭合，从而切断流动。止回阀按结构不同分为旋启式和升降式两种。

（1）旋启式止回阀

如图 1-40 所示，旋启式止回阀有一个铰链机构，还有一个像门一样的阀瓣自由地靠在倾斜的阀座表面上，旋启式止回阀在完全打开的状况下，流体流动几乎不受阻碍，因此通过阀门的压力降相对较少，旋启式止回阀一般安装在水平管路上。

（2）升降式止回阀

升降式止回阀的阀瓣位于阀体上阀座的密封面上，此阀门除了阀瓣可以自由地升降之外，其余部分同截止阀，流体压力使阀瓣从阀座密封面上抬起，介质回流而导致阀瓣回落到阀座上，并切断流动。升降式止回阀分为水平管路和垂直管路两种。图 1-41 为用于水平管路的升降式止回阀，图 1-42 为用于垂直管路的升降式止回阀。

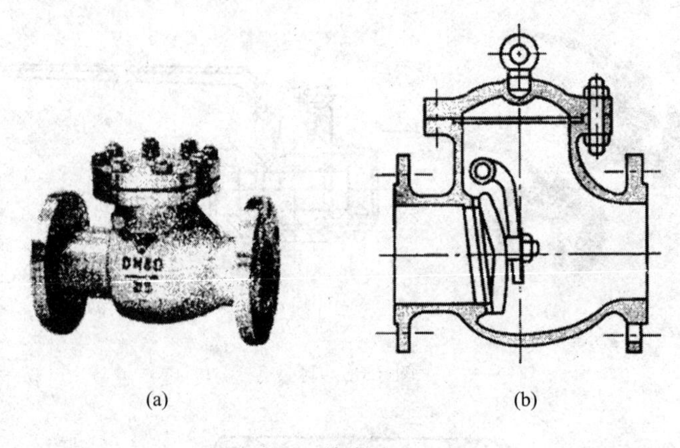

(a) (b)

图 1-40 旋启式止回阀

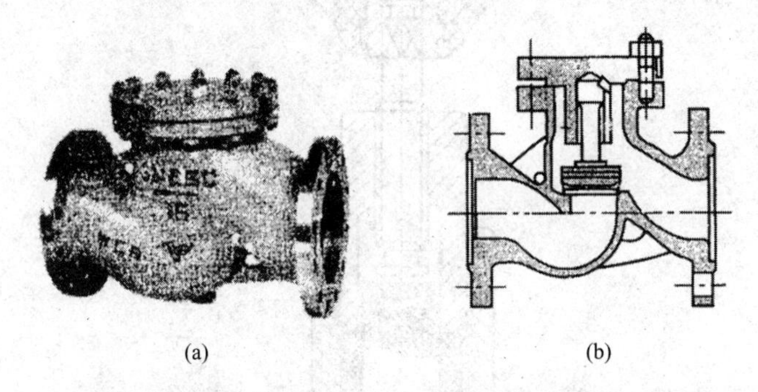

(a) (b)

图 1-41 水平管路中安装的升降式止回阀

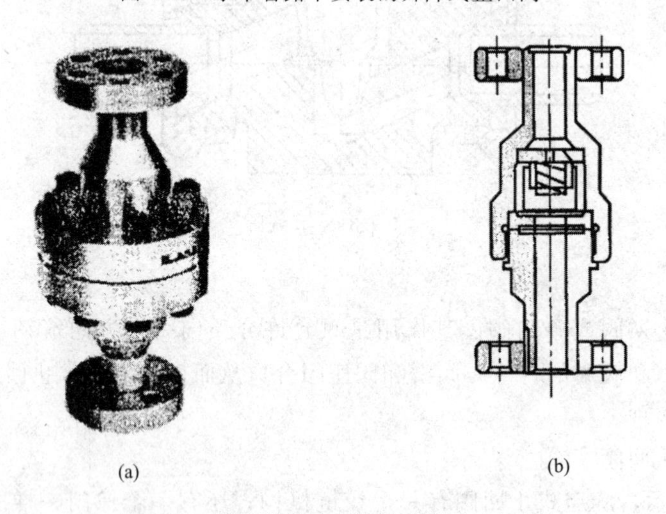

(a) (b)

图 1-42 垂直管路中安装的升降式止回阀

止回阀一般用于清净介质的管路中，不宜用于含有固体颗粒和黏度较大的管路。

7. 安全阀

安全阀是用来防止管路中的压力超过规定指标的装置。当工作压力超过规定值时，阀门自动开启，以排除多余的流体来达到泄压的目的，当压力复原后又自动关闭，以保证生产的安全。安全阀分为弹簧式和重锤式两种类型。

（1）弹簧式安全阀

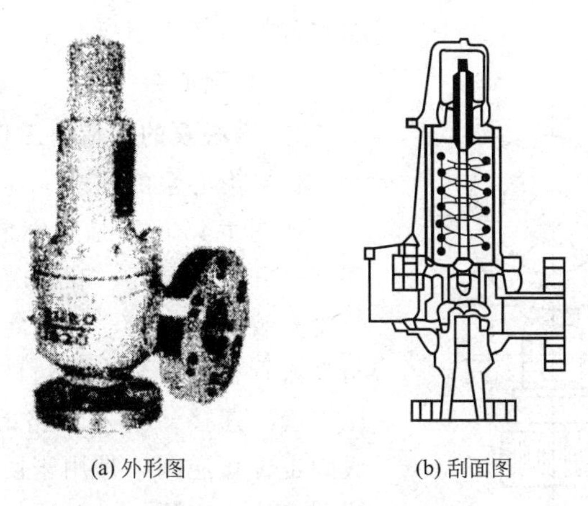
(a) 外形图　　(b) 刮面图

图 1-43　弹簧式安全阀

如图 1-43 所示，主要依靠弹簧的作用力达到密封，当管内压力超过弹簧的弹力时，阀门被介质顶开，管内流体排出，使压力降低，当管内压力降到与弹簧压力平衡时，阀门则重新关闭。

（2）重锤式安全阀

如图 1-44 所示，主要靠杠杆上重锤的作用力来达到密封，其作用过程同弹簧式安全阀。

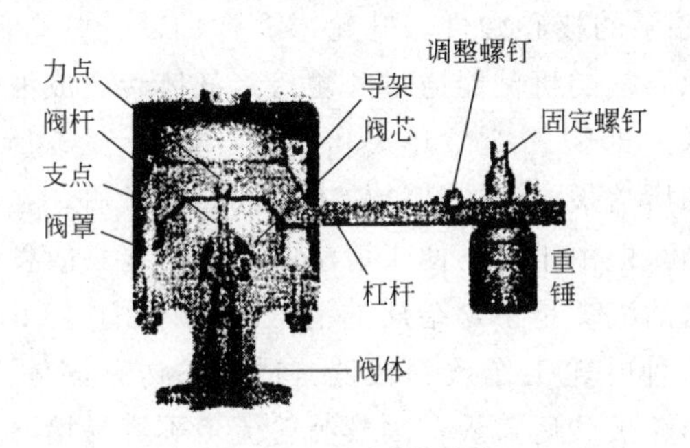

图 1-44　重锤式安全阀

弹簧式安全阀不如重锤式安全阀可靠，为了保证安全生产，弹簧式安全阀必须定期检查。

任务三　流体输送机械

在食品生产中，为满足生产工艺要求，常要将流体从一处输送到另一处，有时还需要提高系统内流体压力或造成真空等，以上单元操作都需要向流体做功，使流体的机械能增加，结果使流体的动能、位能或静压能增加，这种对流体做功或提供机械能的机械称为流体输送机械。

流体输送机械分为两类，即液体输送机械和气体输送机械。

一、液体输送机械

液体输送在食品工厂各生产过程中起着十分重要的作用，由于食品生产中被输送的液体性质各异，要求输送设备必须符合食品生产要求，于是，出现了各种材质的液体输送设备，如耐腐蚀、耐氧化等材料制成的液体输送设备等。

输送液体的机械统称为泵。食品工厂所用泵以离心泵最多，旋转泵其次，往复泵较少，

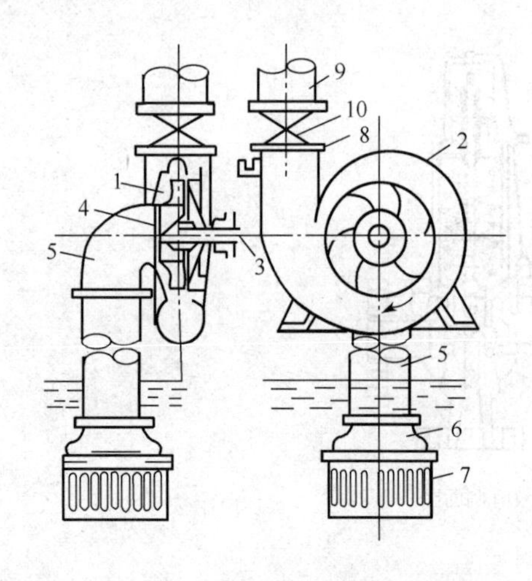

图 1-45 离心泵装置简图

1—叶轮；2—泵壳；3—泵轴；4—吸入口；5—吸入管；6—底阀；7—滤网；8—排出口；9—排出管；10—调节阀

故本节将重点介绍离心泵。

（一）离心泵

1. 离心泵的构造、工作原理

（1）离心泵的构造

如图 1-45 所示是离心泵装置简图。其基本工作部件是叶轮和泵壳。叶轮由若干个弯曲的叶片组成，叶轮安装在泵壳内，并固定在泵轴上，泵的吸入口与吸入管相连，泵壳侧边的排出口与排出管（或称压出管）连接。吸入管路的末端装有底阀及滤网。底阀也称止逆阀，是用来防止停车时泵内液体倒流回到储槽，它还可以保证第一次开泵时，使泵内容易充满液体；滤网可以防止液体中的固体物质进入泵内堵塞管道及泵壳。排出管上装有调节阀，用以调节泵的流量。

离心泵的主要构件为叶轮、泵壳和轴封装置。

① 叶轮。叶轮是离心泵的核心构件，叶轮内有弯曲的叶片，叶片弯曲方向与叶轮旋转方向可逆，其作用是将原动机的机械能通过叶轮传给液体转变成液体的动能和静压能。离心泵的叶轮主要有三种形式，即闭式、半开式和开式，如图 1-46 所示。图中（a）为闭式叶轮，叶片两侧有前盖板和后盖板，液体从叶轮中央入口进入后，在两盖板和叶片间的流道中流动，闭式叶轮效率较高，但由于其不便于清洗，容易堵塞，故食品生产中常采用叶片少的闭式叶轮离心泵，所输送的液体是不含杂质的清洁液体；图中（b）为半开式叶轮，叶片只有后盖板而无前盖板，这种叶轮工作效率较低，适于输送含固体颗粒的悬浮液；图中（c）为开式叶轮，叶片没有前盖板和后盖板，因其叶轮流道不容易堵塞，且清洗方便，故常用于输送浆液或含有固体悬浮物的液体，但由于没有盖板，液体在叶片间流动时容易发生倒流，故效率较低，很少采用。

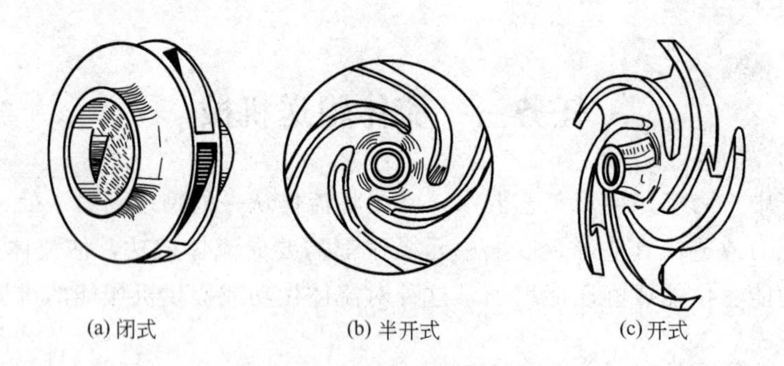

图 1-46 离心泵的叶轮

② 泵壳。如图 1-47 所示，离心泵的泵壳内壁与叶轮边缘之间形成了一条截面积逐渐扩大的蜗牛壳形通道，故泵壳又称为蜗壳。叶轮带动液体在壳内顺着蜗形通道逐渐扩大的方向旋转，从叶轮外缘甩出的高速液体沿蜗轮流道流动，并逐渐减速，将减少的动能转变成静压能。因此泵壳既是汇集液体的装置，又是将液体部分动能转变为静压能的能量转换装置。蜗壳用于单级泵（只有一个叶轮的泵）和多级泵（几个叶轮同装在一个轴上，使泵内液体顺次

通过叶轮，最后获得较高的压头）的最后一级。此外为了减少液体由叶轮进入泵壳时因碰撞产生的机械能损失，在叶轮和泵壳之间常安装一个固定不动而带有叶片的圆盘，称为导轮，导轮结构较复杂，但效率较高。

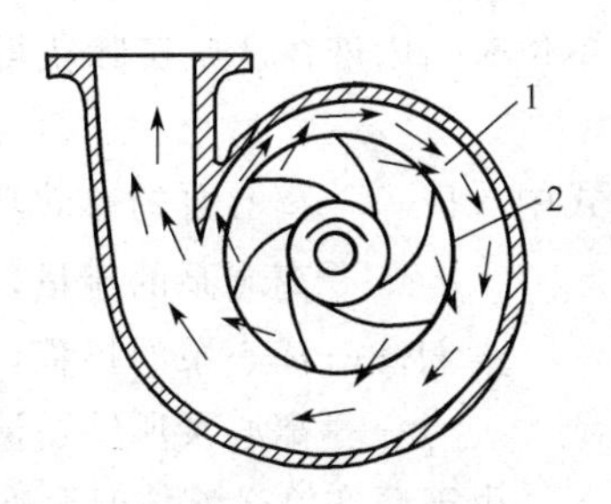

图 1-47　泵壳
1—泵壳；2—叶轮

③ 轴封装置。由于泵轴转动而泵壳固定不动，因此泵轴和泵壳之间必然有缝隙，这种缝隙如果与泵内高压液体相通，则液体将从泵壳沿轴的四周漏出；如果缝隙和泵的吸入口相通，则因吸入口为低压区，外界空气就会沿轴进入泵壳内，会影响泵的正常工作，造成物料的浪费，甚至有毒液体的污染导致事故的发生。因此，需将泵轴和泵壳之间的缝隙加以密封，称为轴封。常用的轴封装置有填料密封和机械密封。填料密封又称填料函，选用浸油或渗涂石墨的石棉绳作为填料，由于填料密封装置在泵运转时必须保持湿润状态，否则会因填料与泵轴干摩擦产生高温而被烧毁，或软填料变硬而不能密封，因此，填料密封已不能满足生产需要。对于输送食品或酸、碱、油等液体的离心泵，一般采用密封性能较好的机械密封装置。它由一个装在轴上的动环和另一个固定在泵壳上的静环所组成，动环由硬质金属材料制成，静环由浸渍石墨等非金属材料制成，两者在泵运转时，始终保持贴紧状态做相对运动，起到密封作用。

（2）离心泵的工作原理

启动离心泵之前，泵内要先灌满所输送的液体。启动后，电动机带动泵轴及叶轮旋转，充满在叶片间的液体，在离心力的作用下，从叶轮中心被抛向叶轮的边缘，并以很大的速度进入蜗形泵壳，在蜗形泵壳中，由于流道逐渐扩大，液体流速逐渐降低，一部分动能转变为静压能，使泵出口处液体的静压能进一步提高，最终在较高压力下，液体沿切线方向由泵的排出口进入排出管道，输送到所需要的地方，实现输送液体的目的。

当泵内液体从叶轮中心被抛向叶轮边缘时，叶轮中心处形成低压区，于是在储槽液面（通常为大气压）与叶轮中心处（负压）所产生的压力差的作用下，液体经过滤网和底阀沿吸入管进入泵内，此为离心泵的吸液原理。这样叶轮不停地转动，液体便不断地被吸入和排出，完成输送液体的任务。

必须注意，离心泵在启动前，必须将泵壳和吸入管路充满被输送的液体，否则泵壳内将存有空气，而空气的密度远小于液体密度，叶轮带动含有空气的液体旋转所产生的离心力较小，不足以达到吸上液体所需要的负压，致使离心泵不能工作，这种现象称为“气缚”。

2. 离心泵的主要性能

（1）离心泵的主要性能参数

要正确地选择和使用离心泵，必须了解其工作性能参数，离心泵泵体铭牌上标注的性能参数主要有流量、扬程、轴功率和效率等。

① 流量。离心泵的流量是指单位时间内泵所排出的液体的体积，也称为泵的输液能力，用符号 q_V 表示，单位为 m^3/s 或 m^3/h，离心泵的流量与泵叶轮直径、叶片宽度以及叶轮转速有关。

② 扬程。在液体输送中离心泵给予单位重量（1N）液体的能量，称为泵的扬程，又称泵的压头，用符号 H 表示，单位为 m，泵的扬程由实验测得，泵的扬程取决于泵的结构（叶轮直径，叶片的弯曲情况）、转速和流量。

③ 轴功率和效率。离心泵的轴功率是电动机传给泵轴的功率，用 P 表示，单位为 W。

单位时间内液体从泵实际获得的能量，称为有效功率，用 P_e 表示，单位为 W。

$$P_e = q_V H \rho g \tag{1-41}$$

式中 P_e——离心泵的有效功率，W；

q_V——离心泵的流量，m^3/s；

H——离心泵的扬程，m；

ρ——离心泵所输送液体的密度，kg/m^3。

由于泵在输送液体时会产生各种能量损失，所以电动机传给泵轴的能量不可能全部传给液体成为有效功率，即有效功率 P_e 总是小于轴功率 P，二者之比称为泵的效率，用符号 η 表示

$$\eta = \frac{P_e}{P} \tag{1-42}$$

由于 $P_e < P$，所以 $\eta < 1$，导致泵机械能损失的原因主要有以下三方面。

a. 容积损失。离心泵运转中，由于泵壳与叶轮之间有缝隙，部分高压液体流回到叶轮低压区，导致泵输送液体的量减少，造成能量损失。

b. 水力损失。液体流经叶轮和泵壳时，由于流动方向发生改变互相撞击而产生的能量损失。

c. 机械损失。泵轴与轴封装置、叶轮盖板与液体间摩擦而引起的能量损失。

(2) 离心泵的性能曲线

上面所述及离心泵的扬程、效率及轴功率都与流量有关，其关系曲线有三条，分别为 H-q_V 线、P-q_V 线和 η-q_V 线，称为离心泵的特性曲线，特性曲线由泵的制造厂提供，附于样品本或说明书中供选用。

离心泵的特性曲线是用常温、常压清水在一定转速下由实验测得相应参数绘成的曲线。

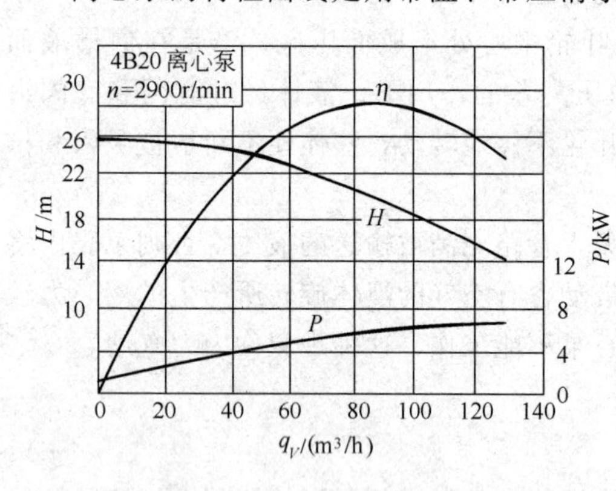

图 1-48 离心泵的特性曲线

如图 1-48 所示为 4B20 型离心泵在 $n=2900r/min$ 时的特性曲线图，图中绘有三条曲线，其意义如下。

① H-q_V 线。表示离心泵的扬程与流量的关系。泵的扬程随流量增大而减小。

② P-q_V 线。表示离心泵的轴功率与流量的关系。泵的轴功率随流量增大而增大。当泵启动时流量是零，轴功率最小，所以离心泵启动时，应关闭泵出口阀，使启动功率最小以保护电动机。

③ η-q_V 线。表示离心泵的效率与流量的关系。流量增大，效率随之上升达到最大值，而后流量再增大，效率会下降。由此说明，离心泵在一定条件下工作时有一效率最高点，与最高效率点相对应的流量、扬程、轴功率为离心泵的最佳工作参数，在选用离心泵时，应该使泵在工作效率不低于最高效率的 92% 的范围内工作。

(3) 影响离心泵性能的因素

① 液体物理性质的影响。因泵生产部门所提供的特性参数或特性曲线是用常温清水做实验测定的，当所输送的液体种类或输送条件发生改变时，流体的物理性质将发生变化，则

要对原参数和特性曲线进行修正。

a. 液体密度的影响。离心泵的流量、扬程和效率均与密度无关，所以 H-q_V 线、η q_V 线保持不变。泵的轴功率则与密度成正比，因此泵的原 P-q_V 线应进行修正。

b. 液体黏度的影响。离心泵所输送的液体黏度增大，则泵的流量、扬程、效率均变小，而轴功率增大，此时，泵的三条特性曲线均应进行修正。

② 离心泵转速的影响。对于同一型号的泵，当效率不变（转速变化小于 15%～20%时可认为效率不变）、叶轮直径不变时，泵的流量、扬程、轴功率均随泵轴转速的变化而变化，其变化关系为

$$\frac{q_{V_2}}{q_{V_1}}=\frac{n_2}{n_1},\qquad \frac{H_2}{H_1}=\left(\frac{n_2}{n_1}\right)^2,\qquad \frac{P_2}{P_1}=\left(\frac{n_2}{n_1}\right)^3 \tag{1-43}$$

式中　q_{V_1}，H_1，P_1——叶轮转速为 n_1 时泵的性能参数；

q_{V_2}，H_2，P_2——叶轮转速为 n_2 时泵的性能参数；

n_1，n_2——改变前、后叶轮的转速。

式（1-43）称为离心泵的比例定律。

③ 叶轮直径的影响。对于同一型号的泵，在同一转速下，当叶轮直径变化不超过 20%时，可以认为效率不变，此时，泵的流量、扬程、轴功率与叶轮直径的关系式为

$$\frac{q_{V_2}}{q_{V_1}}=\frac{D_2}{D_1},\qquad \frac{H_2}{H_1}=\left(\frac{D_2}{D_1}\right)^2,\qquad \frac{P_2}{P_1}=\left(\frac{D_2}{D_1}\right)^3 \tag{1-44}$$

上式称为离心泵的切割定律。

式中　q_{V_1}，H_1，P_1——叶轮直径为 D_1 时泵的性能参数；

q_{V_2}，H_2，P_2——叶轮直径为 D_2 时泵的性能参数；

D_1，D_2——改变前、改变后叶轮的直径。

【例 1-15】 某离心泵在转速为 1200r/min 下输送 20℃清水时得到下列数据：流量为 $60\mathrm{m^3/h}$，轴功率为 10.9kW，泵入口处真空表读数为 0.02MPa（真），出口处压力表读数为 0.47MPa（表），两表间的垂直距离 为 0.5m，若泵的吸入管和压出管内径分别为 300mm 和 250mm，试求：①泵的扬程；②泵的效率；③转速为 1450r/min 时，泵的流量、扬程和轴功率。（阻力忽略不计）

解　① 泵的扬程

根据伯努利方程式　$H=(z_2-z_1)+\dfrac{p_2-p_1}{\rho g}+\dfrac{u_2^2-u_1^2}{2g}+h_{损}$

已知　$z_2-z_1=0.5\mathrm{m}$，$p_2-p_1=0.47+0.02=0.49\mathrm{MPa}=4.9\times10^5\ \mathrm{Pa}$

$P=10.9\mathrm{kW}$，$h_{损}=0$

$$u_1=\frac{\frac{60}{3600}}{0.785\times0.30^2}=0.24\mathrm{m/s}$$

$$u_2=\frac{\frac{60}{3600}}{0.785\times0.25^2}=0.34\mathrm{m/s}$$

则
$$H=0.5+\frac{4.9\times10^5}{998.2\times9.81}+\frac{0.34^2-0.24^2}{2\times9.81}=50.5\mathrm{m}$$

② 泵的效率

因　有效功率　$P_e=q_V H\rho g=\frac{60}{3600}\times 50.5\times 998.2\times 9.81=8.24\text{kW}$

则　泵的效率　$\eta=P_e/P=\frac{8.24}{10.9}=75.6\%$

③ 由已知　$n_1=1200\text{r/min}$，$n_2=1450\text{r/min}$

则$\frac{n_2-n_1}{n_1}=\frac{1450-1200}{1200}=20\%$，可认为泵的效率不变，

由比例定律

$$\frac{q_{V_2}}{q_{V_1}}=\frac{n_2}{n_1},\qquad q_{V_2}=\frac{n_2}{n_1}q_{V_1}=\frac{1450}{1200}\times 60=72.5\text{m}^3/\text{h}$$

$$\frac{H_2}{H_1}=\left(\frac{n_2}{n_1}\right)^2,\qquad H_2=\left(\frac{n_2}{n_1}\right)^2 H_1=\left(\frac{1450}{1200}\right)^2\times 50.5=73.7\text{m}$$

$$\frac{P_2}{P_1}=\left(\frac{n_2}{n_1}\right)^3,\qquad P_2=\left(\frac{n_2}{n_1}\right)^3 P_1=\left(\frac{1450}{1200}\right)^3\times 10.9=19.2\text{kW}$$

3. 离心泵的安装高度

离心泵的安装高度是指泵的吸入口轴线到储槽液面的垂直高度，用符号 H_g 表示，单位为 m。如泵的安装高度为正值，表明离心泵应安装在储槽液面以上；反之，则说明离心泵应安装在储槽液面以下。离心泵的安装高度是由泵所能达到的吸上液体的高度（简称允许吸上高度或允许安装高度）决定的。

（1）离心泵的安装高度的计算

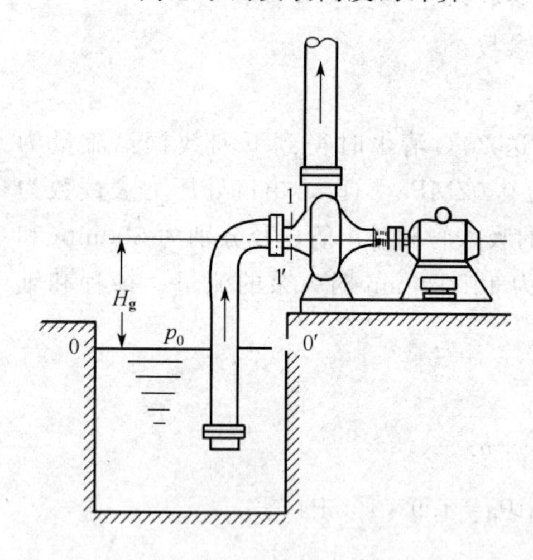

图 1-49　离心泵的安装高度

如图 1-49 所示，以储槽液面为基准面，在储槽液面和离心泵吸入口处截面之间列伯努利方程式，得

$$H_g=\frac{p_0-p_1}{\rho g}-\frac{u_1^2}{2g}-h_{损} \tag{1-45}$$

式中　H_g——离心泵的安装高度，m；

p_0，p_1——储槽液面和泵入口处的绝对压力，Pa；

u_1——泵入口处的液体流速，m/s；

$h_{损}$——液体流经吸入管路的全部压头损失，m；

ρ——液体密度，kg/m^3。

由式（1-45）可知，（p_0-p_1）是液体被吸入泵内的推动力，p_1 越小，则泵的安装高度越高，当 p_1 降到等于或小于输液温度下该液体的饱和蒸气压 p_V 时，液体就在该处发生汽化产生大量气泡，同时原来溶于液体中的气体也将析出。这些气泡随液体进入叶轮高压区而被压缩，迅速凝结成液体，体积缩小，周围液体以极高的速度冲向原来气泡所占据的空间，在冲击点处产生很大的冲击压力，该冲击力作用于叶轮及泵壳时，会使其出现斑痕及裂缝，日久叶轮出现海绵状，甚至脱落，这种现象称为“汽蚀”。汽蚀现象发生时，因冲击而使泵体震动，并发出噪声，严重时泵不能工作。因此，为防止汽蚀现象的发生，应使 $p_1>p_V$，故安装高度 H_g 将受到限制。中国的离心泵规格中，采用两种指标对 H_g 加以限制，即允许吸上真空度和允许汽蚀余量。

（2）允许吸上真空度

指泵入口处允许达到的最大真空度，以压头形式表示，故也称为允许吸上真空高度，用符号 $H_{允}$ 表示，单位为 m。其定义式为

$$H_{允}=\frac{p_0-p_1}{\rho g} \tag{1-46}$$

式中　$H_{允}$——从泵性能表上所查得的该泵的允许吸上真空度，m；

p_0，p_1——储槽液面和泵入口处的绝对压力，Pa；

ρ——液体密度，kg/m^3。

将式（1-46）代入式（1-45），得泵的安装高度

$$H_g=H_{允}-\frac{u_1^2}{2g}-h_{损} \tag{1-47}$$

式（1-47）中的 $H_{允}$ 由泵的生产厂家通过实验测定，$H_{允}$ 测定的实验条件是大气压为 $10mH_2O$ 柱，293K 清水为工作介质。如泵使用条件与实验条件不同，则 $H_{允}$ 应换算成操作条件下的 $H_{允}$ 值，换算关系式如下。

① 输送与实验条件不同的清水时，换算式为

$$H'_{允}=H_{允}+(H_a-10)-(H_v-0.24) \tag{1-48}$$

式中　$H_{允}$——从泵性能表上所查得的该泵的允许吸上真空度，m；

H_a——泵工作地区的大气压力，mH_2O，此值与当地海拔高度有关；

H_v——操作条件下水的饱和蒸气压，mH_2O；

10——实验条件下的大气压力，mH_2O；

0.24——实验温度（293K）下水的饱和蒸气压，mH_2O。

② 输送与实验条件不同的液体时，先按式（1-48）求得 $H'_{允}$ 值，再用下式计算允许吸上真空度 $H''_{允}$

$$H''_{允}=H'_{允}\times\frac{\rho_{H_2O}}{\rho} \tag{1-49}$$

式中　ρ_{H_2O}——操作温度下水的密度，kg/m^3；

ρ——操作温度下被输送液体的密度，kg/m^3。

（3）允许汽蚀余量

指为防止汽蚀现象发生，离心泵入口处液体的静压头 $\frac{p_1}{\rho g}$ 与动压头 $\frac{u_1^2}{2g}$ 之和必须超出操作温度下液体的饱和蒸气压头 $\frac{p_V}{\rho g}$ 的某一指定最小值，用符号 Δh 表示，单位为 m。

$$\Delta h=\left(\frac{p_1}{\rho g}+\frac{u_1^2}{2g}\right)-\frac{p_V}{\rho g} \tag{1-50}$$

将式（1-50）代入式（1-45）得

$$H_g=\frac{p_0}{\rho g}-\frac{p_V}{\rho g}-\Delta h-h_{损} \tag{1-51}$$

式中　p_0——储槽液面处的绝对压力，Pa；

p_V——操作温度下液体的饱和蒸气压，Pa；

Δh——允许汽蚀余量，m；Δh 也是由实验测得的，使用时也应根据操作条件进行校正。

由式（1-47）和式（1-51）计算求得的 H_g 值均为泵允许安装高度的最大值，为安全起

见，泵的实际安装高度应比 H_g 值小 0.5～1.0m。

【例 1-16】 用 3B55 型泵从敞口容器中将水送到它处，其输送流量范围为 45～55 m^3/h，在最大流量下吸入管路的压头损失为 1m，液体在吸入管路中的动压头可忽略。试计算：

① 输送 20℃水时，泵的安装高度；

② 若改为输送 60℃的水时，泵的安装高度。

已知 3B55 泵的性能数据如下（泵安装地区的大气压力为 $10mH_2O$）：

流量/(m^3/h)	扬程/m	转速/(r/min)	允许吸上真空度/m
30	35.5		7.0
45	32.6	2900	5.0
55	28.8		3.0

解 ① 输送 20℃水时，根据式（1-47）

$$H_g=H_{允}-\frac{u_1^2}{2g}-h_{损}$$

因 $h_{损}=1m$，$\frac{u_1^2}{2g}=0$，泵的安装高度应以能保证安全运转不发生汽蚀现象的 $H_{允}$ 为准，取最大流量时所对应的 $H_{允}=3.0m$，泵使用条件（温度 20℃、压力为 $10mH_2O$）与测定 $H_{允}$ 时的条件相符。

所以 $$H_g=H_{允}-\frac{u_1^2}{2g}-h_{损}=3.0-0-1=2m$$

为安全起见，泵的安装高度应为 2−0.5=1.5m，即泵应安装在水槽液面上方 1.5m 以下。

② 输送 60℃的水时，由于表中所列 $H_{允}$ 是水温 20℃时测定的，现水温为 60℃，所以需按式（1-48）进行换算，即

$$H'_{允}=H_{允}+(H_a-10)-(H_v-0.24)$$

式中 $H_{允}=3m$

$H_a=\frac{p_a}{\rho g}=10mH_2O$,

60℃时水的饱和蒸气压及密度为 $p_V=1.99\times10^4Pa$，$\rho=983.2kg/m^3$

$$H_v=\frac{p_V}{\rho g}=\frac{1.99\times10^4}{983.2\times9.81}=2.06m$$

所以 $H'_{允}=3+(10-10)-(2.06-0.24)=1.18m$

根据式（1-47）计算泵的安装高度 $H_g=1.18-0-1=0.18m$

为安全起见，泵的安装高度应为 0.18−0.5=−0.32m，即泵应安装在水槽液面下方 0.32m 以下。

4. 离心泵的工作点及工作点的调节

液体输送系统由离心泵和管路系统组成，安装在某一管路系统中的离心泵其工作流量、扬程等参数值不仅要符合泵本身的性能，还要满足管路系统要求，即泵的实际工作点是由泵的特性曲线和管路特性曲线共同决定的。

(1) 管路特性曲线

管路特性曲线是指某特性管路所需要的外加压头与流量之间的关系，其关系式为

$$H=\Delta z+\frac{\Delta p}{\rho g}+\Delta\frac{u^2}{2g}+h_{损}$$

对于一定的管路系统，储液槽与受液槽的截面都很大，则 $\Delta\frac{u^2}{2g}\approx 0$，且 $\Delta z+\frac{\Delta p}{\rho g}$ 为定值，令

$$A=\Delta z+\frac{\Delta p}{\rho g}$$

因　$h_{损}=\left(\lambda\frac{l}{d}+\sum\xi\right)\frac{u^2}{2g}=\left(\lambda\frac{l}{d}+\sum\xi\right)\frac{\left(\frac{4q_V}{\pi d^2}\right)^2}{2g}=\left(\lambda\frac{l}{d}+\sum\xi\right)\frac{8}{\pi^2 gd^4}q_V^2$

令 $B=\left(\lambda\frac{l}{d}+\sum\xi\right)\frac{8}{\pi^2 gd^4}$，则 $h_{损}=Bq_V^2$

所以　$H=A+Bq_V^2$　(1-52)

式 (1-52) 即为管路特性曲线方程，将式 (1-52) 在压头、流量坐标图上进行标绘，即得图 1-50（曲线Ⅰ）的 H-q_V 线，称为管路特性曲线，该曲线由管路铺设情况及操作条件确定，与离心泵的性能无关。图 1-50（曲线Ⅱ）为安装在管路上的离心泵的特性曲线(H-q_V 线)。

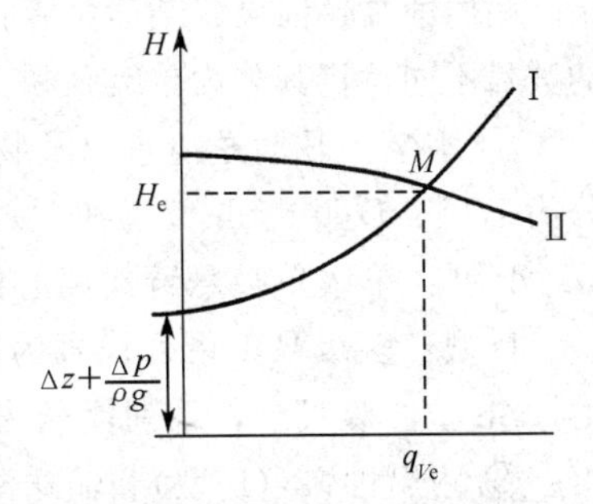

图 1-50　离心泵的工作点

(2) 离心泵的工作点

离心泵工作时泵所提供的压头和流量必须与管路所需的压头和流量相等，所以将泵的性能曲线 H-q_V 线（曲线Ⅱ）与其所在的管路特性曲线 H-q_V 线（曲线Ⅰ）用同样的比例尺标绘在同一张坐标图上，如图 1-50 所示。两线交点 M 所对应的流量 q_{Ve} 和扬程 H_e，既能满足管路系统的要求又是离心泵所提供的，M 点就是泵在此管路中的工作点，它表示泵安装在此管路中实际输送液体的流量和所提供的压头。

(3) 离心泵工作点的调节

离心泵在一定的管路系统中工作时，会出现工作点偏离高效区或生产任务变化等情况，经常需要调节流量，即改变离心泵的工作点。因离心泵的工作点是由泵特性曲线和管路特性曲线决定的，所以流量调节可采用改变两曲线之一的方法实现。

① 改变管路特性曲线。常用的改变管路特性曲线的方法是调节离心泵出口处管路阀门的开度来增加或减少流量，如图 1-51 所示，离心泵的原工作点为 M，加大阀门开度可使流量由原 q_V 增加到 q_{V_2}，泵的工作点由 M 移至 M_2；相反，减小阀门开度可使流量由 q_V 减少到 q_{V_1}，泵的工作点由 M 移至 M_1。这种方法的优点是方法简便、灵活，应用范围广。缺点

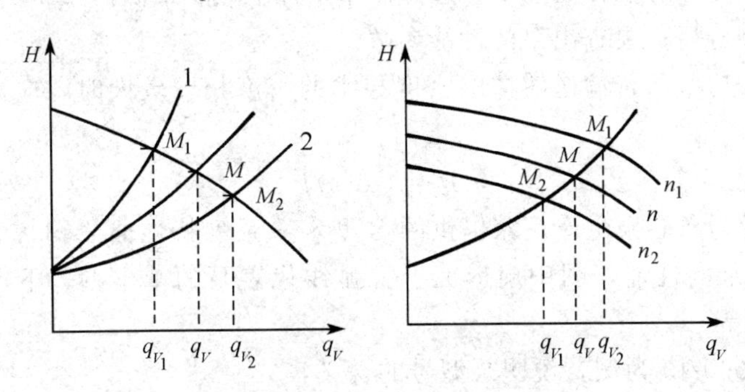

图 1-51　离心泵工作点的调节

1—改变管路特性曲线；2—改变泵的特性曲线

是局部阻力损失大，易导致泵效率降低，经济上不合理。

② 改变泵的特性曲线。前已述及与泵性能参数有关的因素除被输送液体的物理性质外，还有构成泵的叶轮的直径及叶轮的转速，因此改变泵的转速或切削叶轮均可以改变泵的特性曲线。同理，当泵的转数由 n 增加到 n_1（或泵的叶轮直径由 D 增加到 D_1）时，流量由 q_V 增加到 q_{V_1}，工作点由 M 移至 M_1。此方法适于生产中调节幅度较大且调节后稳定周期较长的情况。

5. 离心泵的类型和选用

（1）离心泵的类型

离心泵因其应用范围广，所以其类型多种多样。按所输送的液体性质不同，将其分为水泵、耐腐蚀泵、油泵、杂质泵等；按叶轮的吸入方式不同，将其分为单吸泵和双吸泵；按叶轮的数目不同，将其分为单级泵和多级泵。现就生产中常用的各类型离心泵的特点做简要介绍。

① 水泵。凡输送清水以及物理、化学性质与水接近的清洁液体，都可选用水泵。水泵分为 B 型、D 型、Sh 型三种。

B 型：单级单吸悬臂式离心清水泵，系列代号为“B”，又称 B 型水泵，应用范围广泛。

D 型：多级泵，系列代号为“D”，适用于输送液体所需压头高而流量小的情况。

Sh 型：双吸泵，系列代号为“Sh”，适用于输送液体所需流量大而压头低的情况。

② 耐腐蚀泵（F 型）。输送酸、碱等不含颗粒的腐蚀性液体。

③ 油泵（Y 型）。输送石油产品，为防止易燃、易爆物的泄漏，密封性要好。

④ 杂质泵（P 型）。输送含有固体颗粒的悬浮液及稠厚的浆液。

（2）离心泵的选用

选用离心泵时，既要考虑生产任务要求又要了解泵制造厂所供应的泵的类型、规格、性能、材质和价格等。在满足工艺要求的前提下，力求做到经济合理。通常按下列步骤进行选泵。

① 根据所输送的液体的性质确定泵的类型。

② 确定输送系统的流量和所需外加压头。流体的流量（输送量）由生产任务规定，根据输送系统的管路安排，用管路特性方程计算出此流量下管路所需外加压头。

③ 确定泵的型号。按规定的流量和计算的外加压头，从泵产品目录中选出合适的泵，确定泵的型号时要注意以下几项。

a. 查泵的性能表或性能曲线时，要使泵的扬程、流量与管路需求相适应；

b. 在泵的流量适用范围内，与满足要求的流量相对应的泵的扬程应等于或稍大于外加压头，以保证泵工作安全；

c. 若满足生产要求的泵有几个，应选择操作条件下效率最高的泵；

d. 确定泵的型号后，要查出泵的性能参数。

④ 核算泵的轴功率。若输送液体的密度与水的密度相差较大时，应对泵的轴功率进行校正，校正式为

$$P'=(\rho'/\rho)P \tag{1-53}$$

如图 1-52 所示为离心泵生产厂家提供的 B 型水泵系列特性曲线图，曲线上黑点指该泵效率最高点对应的泵的性能，图中扇形面上方弧线代表泵的基本型，下方弧线表示泵的变型，如 A 型、B 型等。

现以 4B91A-2900-40 为例，说明泵型号的含义：

式中　4——泵的吸入口直径为 4 英寸，即 4×25＝100mm；

　　B——单级单吸悬臂式离心水泵；

91——泵的扬程，m；

A——泵的叶轮直径比基本型号（4B91）小一级，即叶轮外缘经过了一次切割；

2900——泵轴转速，r/min；

40——电动机功率，kW。

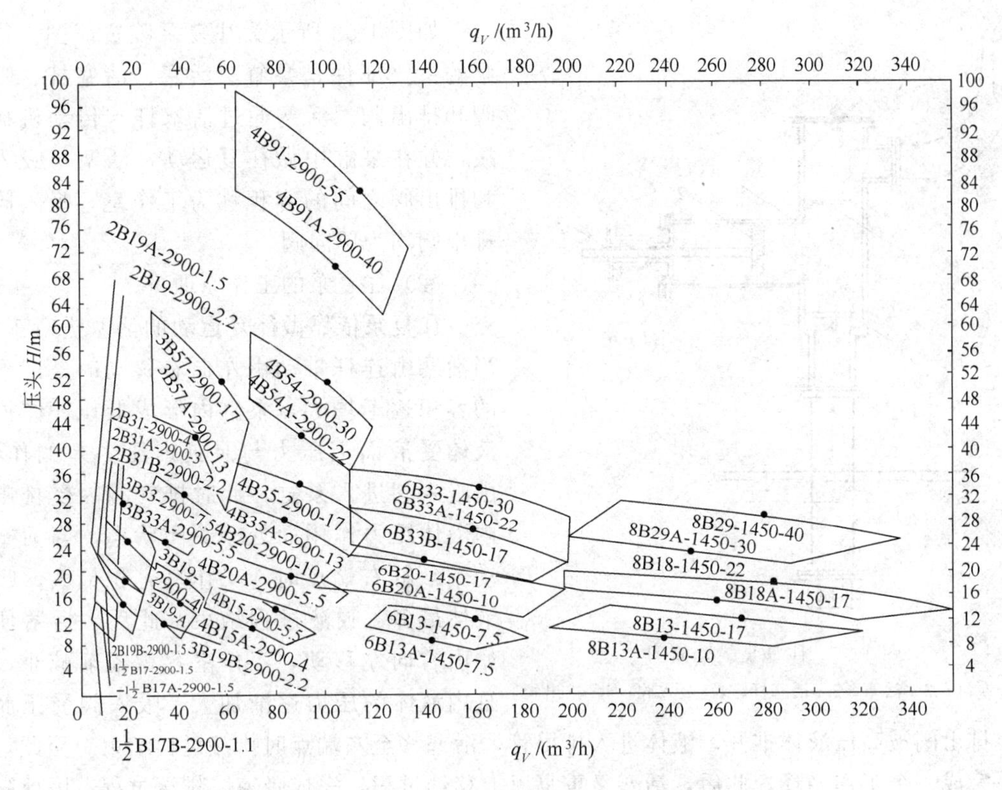

图 1-52　B 型水泵系列特性曲线图

【例 1-17】 用泵将水从江中打入一蓄水池。水由池底进入，池中水面高出江面 20m，所用管路为内径 100mm 的钢管，管路总长（包括局部阻力的当量长度）为 50m，水在管内流速为 1.5m/s。管路的摩擦因数取 0.02。试选出适合的离心泵。

解　输送液体为水，应选水泵。

① 根据已知条件计算所需外加压头

根据伯努利方程式　$H=(z_2-z_1)+\dfrac{p_2-p_1}{\rho g}+\dfrac{u_2^2-u_1^2}{2g}+h_{损}$

已知　$z_2-z_1=20\text{m}$，$p_2-p_1=0$，$u=1.5\text{m/s}$，

$d=100\text{mm}=0.1\text{m}$，$\lambda=0.02$，$l+\sum l_e=50\text{m}$，

$$h_{损}=h_{直}+h_{局}=\lambda\frac{l+\sum l_e}{d}\times\frac{u^2}{2g}=0.02\times\frac{50}{0.1}\times\frac{1.5^2}{2\times9.81}=1.1\text{m}$$

则　$H=20+0+0+1.1=21.1\text{m}$

② 计算流量

$$q_V=\frac{\pi}{4}d^2u=\frac{3.14}{4}\times0.1^2\times1.5=1.18\times10^{-2}\text{m}^3/\text{s}=42.4\text{m}^3/\text{h}$$

查离心水泵性能表得，3B33A 符合要求。

3B33A 泵在最高效率时的性能如下：流量 45 m^3/h，扬程 22.5m，轴功率 3.87 kW，效

率 71.2%，允许吸上真空度 5.0 mH_2O 。

(二) 其他类型泵

1. 往复泵

(1) 往复泵的结构

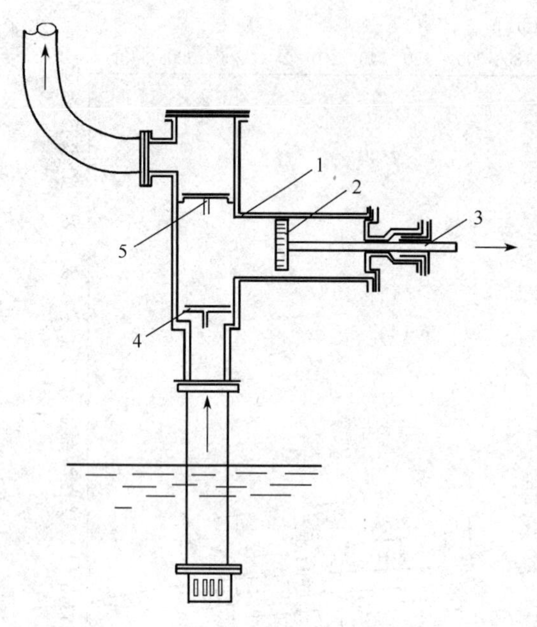

图 1-53 往复泵装置简图

1—泵缸；2—活塞；3—活塞杆；4—吸入阀；5—排出阀

如图 1-53 所示为往复泵装置简图。往复泵的主要部件是泵缸、活塞、活塞杆、吸入阀和排出阀。活塞通过活塞杆与传动机械连接，并在泵缸中做往复运动，活塞与吸入阀和排出阀之间的容积称为工作室，吸入阀和排出阀均为单向阀。

(2) 往复泵的工作原理

往复泵依靠做往复运动的活塞进行工作，当活塞由连杆带动由左向右移动时，工作室的容积逐渐增大，泵缸内形成低压，储槽内液体受液面上压力与泵缸内压力差的作用，由吸入阀进入泵缸，此时排气阀因受排出管内液体压力作用而处于关闭状态，当活塞移动到泵缸右端点时，工作室容积最大，吸入液体最多，吸液过程结束。此后，活塞便开始由右向左移动，工作室容积逐渐减小，泵缸内液体的压力逐渐加大，吸入阀受压而关闭，排出阀被高压液体推开，液体进入排出管，活塞移至左端点时排液过程结束。至此，活塞泵完成一个工作循环，此后，活塞又重复以上移动过程，完成吸液、排液过程。因此随着活塞往复运动，将液体不断地交替吸入和排出。

(3) 往复泵的种类

往复泵按照活塞的构造不同分为活塞泵、柱塞泵和隔膜泵；按照吸液和排液是否连续可分为单动泵和双动泵，单动泵吸液和排液是间断的，双动泵吸液和排液是连续的。

(4) 往复泵的应用范围

往复泵适用于压头高且流量大的液体输送，可用于输送黏度很大的液体，也可用于输送固定流量的液体（计量泵），其工作效率为 70%～90%。

2. 旋转泵

旋转泵依靠泵内一个或多个转子的旋转来吸入和排出液体，又称为转子泵。旋转泵的形式很多，现就食品厂常用的齿轮泵和螺杆泵介绍如下。

(1) 齿轮泵

① 齿轮泵的构造。按齿轮啮合方式不同，将齿轮泵分为外啮合泵和内啮合泵两种，食品工厂中主要用外啮合泵，如图 1-54 所示，它主要由主动齿轮、从动齿轮、泵体和泵盖组成，泵体、泵盖和齿轮的各个齿间槽形成密封的工作室。

② 齿轮泵的工作原理。齿轮泵互相啮合的两个齿轮，其中一个是主动齿轮，由电动机带动旋转；另一个从动齿轮与主动齿轮相啮合着以相反的方向旋转，当两齿轮的齿互相拨开，工作室的容积逐渐增大，形成了低压而将液体经吸入管吸入，吸入的液体沿泵体壁被齿

轮挤压推入排出管。主动、从动齿轮不断旋转，泵便不断地吸入和排出液体。

③ 齿轮泵的适用范围。齿轮泵的扬程较高而流量小，适用于输送黏度较大而不含固体颗粒的液体。

(2) 螺杆泵

① 螺杆泵的构造。螺杆泵由泵壳和一根或几根螺杆构成。螺杆泵有单螺杆、双螺杆和多螺杆等几种。按螺杆轴向安装装置，可分为卧式和立式两种。食品厂多用单螺杆卧式泵，如图1-55所示。

② 单螺杆泵的工作原理。单螺杆泵是一种内啮合的密闭式泵。螺杆在有内螺旋的壳内偏心转动，改变泵内工作空间，靠挤压作用将料液吸入并沿轴向推进挤压到排出口。单螺杆泵能均匀连续地输送液体。

③ 单螺杆泵的适用范围。单螺杆泵可用于高黏度液体及带有固体物料的浆液的输送，如番茄酱生产线上常用这种泵。

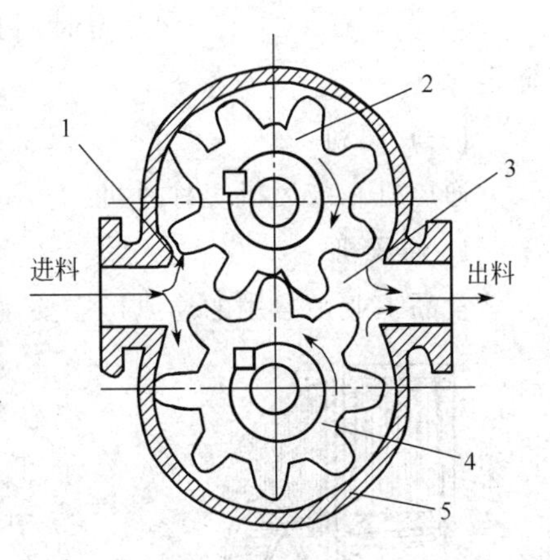

图1-54　外啮合齿轮泵

1—吸入腔；2—主动齿轮；3—排出腔；4—从动齿轮；5—泵外壳体

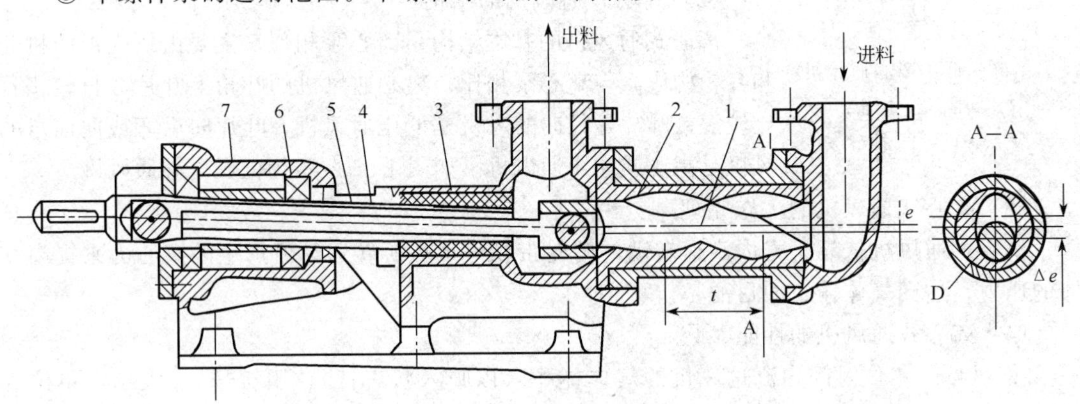

图1-55　单螺杆卧式泵

1—螺杆；2—螺腔；3—填料函；4—平行销连杆；5—套轴；6—轴承；7—机座

二、气体输送与压缩机械

气体输送与压缩机械在食品生产中应用广泛，主要用于以下几方面。

① 通风。多用于车间通风换气或某些设备的通风制冷等，常用的设备是通风机和鼓风机。

② 产生高压气体。用于喷雾干燥中的气流雾化和蒸汽压缩式制冷、固体物料输送等，所用设备为压缩机。

③ 产生真空。某些蒸馏、蒸发、干燥、物料输送等有时要在减压下进行，所用设备是真空泵。

气体输送与压缩机械按其终压（出口压力）或压缩比（气体加压后与加压前的压力比）分成四类：

① 通风机。终压 p_2 不大于15kPa（表压），压缩比在1～1.15之间。

② 鼓风机。终压 p_2 在15～300kPa（表压）之间，压缩比小于4。

③ 压缩机。终压 p_2 大于300kPa（表压），压缩比大于4。

④ 真空泵。终压 p_2 为当时当地的大气压力，压缩比范围很大，根据所需的真空度而定。

(一) 风机

通风机和鼓风机统称风机。

1. 通风机

食品工业中常用的通风机主要是离心式通风机。

(1) 离心式通风机的分类

离心式通风机按所产生的风压不同，分类如下。

① 低压离心通风机。出口风压不大于 1kPa（表压）；

② 中压离心通风机。出口风压为 1～3kPa（表压）；

③ 高压离心通风机。出口风压为 3～15kPa（表压）。

中、低压离心通风机主要作为车间通风换气用，高压离心通风机主要用于气体输送。

(2) 离心式通风机的结构

离心式通风机的基本结构与离心泵相似，主要由蜗壳形的机壳和叶轮构成。与离心泵相比，离心通风机的叶轮上叶片数目较多且比较短，叶片是径向的风机是低压通风机，叶片向后弯或向前弯的风机是高压或中压通风机。如图 1-56 所示为低压离心通风机。

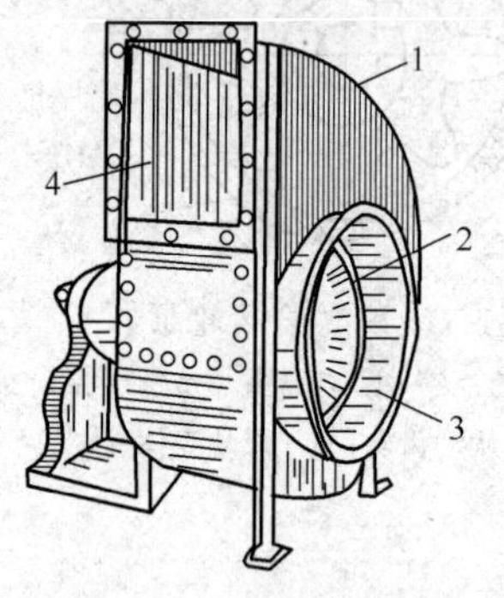

图 1-56 低压离心通风机

1—机壳；2—叶轮；3—吸入口；4—排出口

(3) 离心式通风机的工作原理

离心式通风机依靠机壳内高速转动的叶轮带动气体做旋转运动所产生的离心力来提高气体的压力，达到气体输送的目的。

(4) 离心式通风机的性能参数

① 风量。单位时间内流过风机的气体体积（以吸入状态计），用符号 q_V 表示，单位为 m^3/s 或 m^3/h 。

② 风压（也称全风压）。单位体积气体流过风机时所获得的能量，用符号 p 表示，单位为 Pa。

③ 轴功率和效率

$$P=\frac{pq_V}{\eta} \tag{1-54}$$

式中 P——离心式通风机的轴功率，W；

p——离心式通风机的全风压，Pa；

q_V——离心式通风机的风量，m^3/s；

η——离心式通风机的效率。

(5) 离心式通风机的选用

根据任务要求的风量、风压从产品目录中查得风机类型，由于离心式通风机的性能参数是由实验测得的，因此，如果操作条件与实验条件不同，需将实际操作条件下的风压 p' 换算成出厂前风机实验条件下的风压 p，换算式为

$$p=p'\frac{1.2}{\rho} \tag{1-55}$$

式中 ρ——气体在实际操作条件下的密度，kg/m^3；

1.2——实验条件下空气的密度，kg /m^3。

2. 鼓风机

常用的鼓风机有离心鼓风机和旋转鼓风机两种。

(1) 离心鼓风机

离心鼓风机根据叶轮的个数不同分为单级离心鼓风机和多级离心鼓风机。单级离心鼓风机的出口表压力不超过30kPa，多级离心鼓风机出口表压力可达300kPa。离心鼓风机的结构、工作原理、选用方法及适用场合与离心通风机相似。

(2) 旋转鼓风机

旋转鼓风机的出口风压不超过80kPa（表压），常用的旋转鼓风机是罗茨鼓风机。罗茨鼓风机由机壳和两个渐开摆线形的转子构成。其依靠两个转子不断旋转，使机壳内形成两个空间，即低压区和高压区，气体由低压区进入，从高压区排出。罗茨鼓风机主要用在风压恒定、需调节风量的场合。

(二) 压缩机

食品生产中经常用到压缩空气或其他压缩气体。如奶粉、奶油粉、蛋粉等产品的生产要采用气流雾化方法进行喷雾干燥、食品冷冻制冷等均需要压缩机。压缩机主要有往复式压缩机、离心式压缩机和螺杆式压缩机，其中离心式压缩机构造及工作原理与离心式鼓风机相似，只是叶轮个数增多，气体终压较高。螺杆式压缩机构造与螺杆泵相似，是一种新型的制冷压缩机。目前食品厂所用压缩机多为活塞式（往复式）压缩机，原因是其结构简单、制造容易、操作稳定、维护方便。下面主要对往复式压缩机予以介绍。

1. 往复式压缩机的结构

往复式压缩机的基本构造及工作原理与往复泵相似，其主要工作部件也是汽缸、活塞、吸气阀和排出阀。与往复泵不同的是往复式压缩机在汽缸外壁装有冷却装置以降低气体的温度；在压出阶段结束时，必须控制活塞与汽缸端盖之间的间隙容积以防止活塞与汽缸端盖碰撞。

2. 往复式压缩机的工作原理

往复式压缩机依靠做往复运动的活塞，使汽缸的工作容积增大或减小，因而汽缸即交替地吸进低压气体和排出高压气体，达到气体压缩的目的。

如图1-57所示是单动往复式压缩机工作循环曲线，该曲线表示汽缸内气体的压力 p 与容积 V 之间的关系，故称为压容图。

往复式压缩机每一个工作循环包括四个阶段，即吸气阶段、压缩阶段、排气阶段和膨胀阶段。现以单动往复式压缩机为例加以讨论。首先，为防止活塞在排气终了时碰撞汽缸盖，活塞的极限位置与缸盖间必须留有余隙，即汽缸的余隙体积，用 V_3 表示。

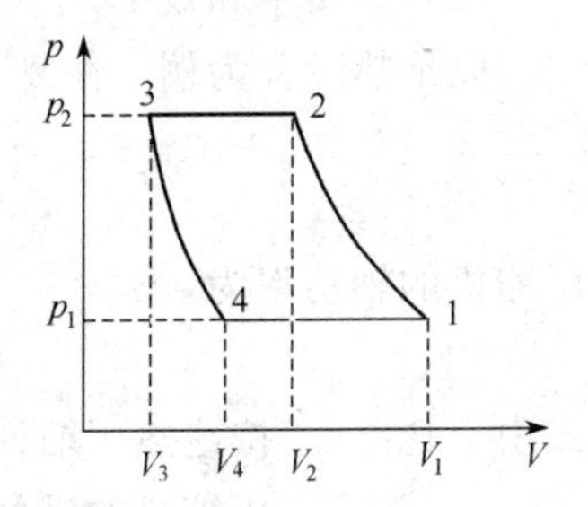

图1-57　单动往复式压缩机工作循环曲线

(1) 压缩过程

见图1-57中1→2过程。吸气结束后，活塞位于右死点（端点），汽缸中气体体积为 V_1（称为汽缸的工作容积），压力为 p_1，汽缸内气体相应状态点为点1（V_1，p_1）；当活塞从右死点向左移动时，吸入阀关闭，汽缸内气体被压缩，压力逐渐升高，直至缸内气体体积减为 V_2，压力增至等于排出管中的压力 p_2 为止，汽缸内气体相应状态点为点2（V_2，p_2）。

(2) 排气过程

见图1-57中2→3过程。压缩过程结束时，汽缸内气体压力已达p_2，活塞再继续向左移动，汽缸内气体压力将大于p_2，故排气阀打开进行恒压排气，至活塞到达左死点为止。此时汽缸内气体的体积为V_3，压力为p_2，气体相应状态点为点3（V_3，p_2）。

（3）膨胀过程

见图1-57中3→4过程。排气过程结束时，汽缸内气体达到左死点（状态点为点3，活塞由左死点右移，排出阀自动关闭，因汽缸余隙容积中气体的压力大于吸入管内的压力，吸入阀仍处于关阀状态。余隙容积中的气体随活塞向右移动而逐渐膨胀至V_4，同时压力降低至p_1，汽缸内气体对应状态点为点4（V_4，p_1）。

（4）吸气过程

见图1-57中4→1过程。活塞由状态点4继续右移，气体体积增大，当汽缸内气体的压力略低于吸入管中的压力p_1时吸入阀自动开启，气体在恒压p_1下进入汽缸，至活塞到达汽缸右死点为止，汽缸内气体的状态点为点1（V_1，p_1）。

综上所述，活塞往复一次，完成了一个实际工作循环，每一个工作循环均由吸气、压缩、排气和余隙气体膨胀四个过程组成，其工作过程在p-V图上可由封闭曲线1-2-3-4-1表示。

3. 往复压缩机的主要性能参数（以单动往复压缩机为例）

（1）排气量

指压缩机在单位时间内排出的气体体积，其数值按吸入状态计算，又称为压缩机的生产能力。用符号q_V表示，单位为m^3/s或m^3/h。

$$q_V=\frac{\pi}{4}\lambda D^2 SnZ \tag{1-56}$$

式中　q_V——单动往复式压缩机排气量，m^3/s；

D——活塞直径，m；

S——活塞冲程，m；

n——活塞往复次数，1/s；

Z——压缩机汽缸数；

λ——送气系数，由实验测得或取自经验数据，一般数值为0.7～0.9。

（2）轴功率和效率

以绝热过程为例，往复式压缩机的理论功率为

$$P_{理}=\frac{\kappa}{\kappa-1}p_1 q_V\left[\left(\frac{p_2}{p_1}\right)^{\frac{\kappa}{\kappa-1}}-1\right] \tag{1-57}$$

压缩机的轴功率为

$$P=P_{理}/\eta \tag{1-58}$$

式中　$P_{理}$——按绝热压缩计的压缩机的理论功率，W；

p_1——压缩机的进气压力，Pa；

q_V——压缩机的排气量，m^3/s；

κ——等熵指数，是气体的质量定压热容与质量定容热容之比。单原子气体$\kappa=5/3$，双原子气体$\kappa=7/5$，三原子气体$\kappa=9/7$；

P——压缩机的轴功率，W；

η——绝热总效率，$\eta=0.7\sim0.9$。

【例1-18】 某单级单动往复压缩机，其活塞直径为200mm，冲程为150mm，活塞往复

次数为240次/min，送气系数为0.7，求其生产能力（m^3/h）。若其进气压力为大气压力1atm，排气压力为4.5atm（表压），绝热总效率为0.8，求此压缩机的轴功率。

解 ① 由式（1-56），$q_V=\frac{\pi}{4}\lambda D^2 SnZ$

已知 $\lambda=0.7$，$D=200\text{mm}=0.2\text{m}$，$S=150\text{mm}=0.15\text{m}$，

$n=240$次/分$=4\text{Hz}$，$Z=1$，$\eta=0.8$

则 $q_V=\frac{\pi}{4}\lambda D^2 SnZ=\frac{3.14}{4}\times0.7\times0.2^2\times0.15\times4\times1=0.0132\text{m}^3/\text{s}=47.52\ \text{m}^3/\text{h}$

② 由式（1-57）及式（1-58）进行计算

$$P_{理}=\frac{\kappa}{\kappa-1}p_1 q_V\left[\left(\frac{p_2}{p_1}\right)^{\frac{\kappa}{\kappa-1}}-1\right]$$

已知 $\kappa=0.8$，$p_1=1\text{atm}=98.07\times10^3\ \text{Pa}$，$p_2=5.5\text{at}$，$q_V=0.0132\ \text{m}^3/\text{s}$

则 $$P_{理}=\frac{0.8}{0.8-1}\times98.07\times10^3\times0.0132\times\left[\left(\frac{5.5}{1}\right)^{\frac{0.8}{0.8-1}}-1\right]=5.2\text{kW}$$

轴功率 $$P=P_{理}/\eta=\frac{5.2}{0.8}=6.5\text{kW}$$

4. 往复式压缩机的类型和选用

(1) 往复式压缩机的类型

往复式压缩机的分类方法通常有以下几种。

① 按压缩机吸、排气方式分类。分为单动式（压缩机只有活塞一侧吸排气）、双动式（压缩机在活塞两侧均吸排气）往复式压缩机。

② 按气体被压缩的次数分类。分为单级、双级和多级往复式压缩机。

③ 按压缩气体的终压分类。分为低压（980kPa以下）、中压（980～9800kPa）、高压（9800～98000kPa）和超高压（98000kPa以上）往复式压缩机。

④ 按压缩机的生产能力分类。分为小型（10 m^3/min以下）、中型（10～30m^3/min）和大型（30m^3/min以上）往复式压缩机。

⑤ 按压缩气体种类分类。分为空气压缩机、氨压缩机、氟利昂压缩机等。

⑥ 按汽缸的放置方式分类。分为立式、卧式、角式往复式压缩机。

(2) 往复式压缩机的选用步骤

① 根据压缩气体的性质，确定使用压缩机的种类。

② 根据厂房的具体条件选定压缩机结构形式，如立式、卧式或角式。

③ 根据生产任务要求的排气量和出口的排气压力，在产品目录中选择合适的型号。

(三) 真空泵

随着食品行业的迅猛发展，真空技术越来越得到广泛的应用，实现真空技术的主要设备——真空泵，是利用机械方法或物理化学吸附方法进行抽气或吸附气体以获得真空的机械，主要用于真空输送、真空过滤、真空蒸发、真空干燥及真空包装等食品生产过程。

1. 真空泵的分类

(1) 往复式真空泵

往复式真空泵的构造及工作原理与往复式压缩机基本相同，也是依靠汽缸内活塞的往复运动，达到吸气、排气目的。只是真空泵在低压下操作，汽缸内、外压差很小，要求真空泵

的吸入阀、排出阀必须更为轻巧，以便及时启动；此外汽缸内余隙中气体对吸气有很大影响，要求真空泵余隙必须很小。为降低余隙的影响，在汽缸左右两端之间设有平衡气道，活塞排气结束时平衡气道相通，在很短时间内，余隙中的气体从活塞一侧流至另一侧。往复式真空泵其极限压力为5kPa，常用于食品真空浓缩、真空干燥等。

（2）旋转式真空泵

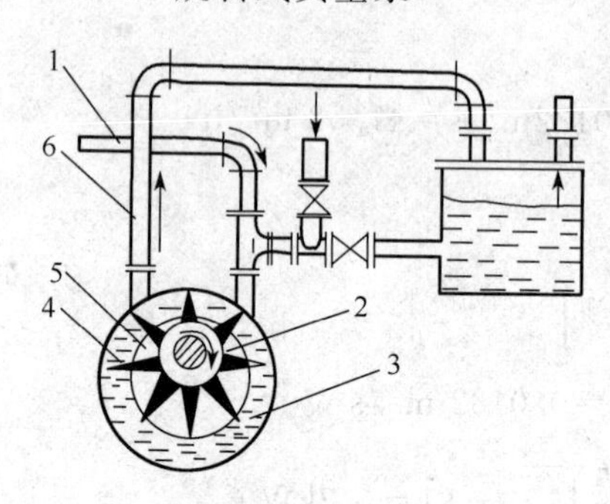

图1-58　水环式真空泵

1—吸入管；2—吸入口；3—水环；4—叶轮；5—排出口；6—排出管

用于真空封罐和真空浓缩。是利用叶轮或转子的旋转使泵腔内工作容积大小发生变化而产生吸气作用达到真空的目的。下面以食品厂最常用的水环式真空泵为例说明旋转式真空泵的工作原理，如图1-58所示，泵壳内安有偏心叶轮，叶轮上有辐射状的叶片，泵内充有适量的水（约为泵壳内容积的一半），当叶轮旋转时，水受离心力作用被抛向泵壳壁形成一个偏心的密封水环，此水环与叶片间形成许多小室，当叶轮旋转时，小室容积由小变大，于是产生真空并吸气，叶轮继续旋转，此空间又由大变小，气体被压缩并由排出管排出。

（3）喷射真空泵

是利用流体流动时动能和静压能相互转化达到吸、送流体的目的。生产中常用于抽气以造成真空，故称为喷射真空泵。

① 蒸汽喷射真空泵。如图1-59所示为单级蒸汽喷射泵。工作蒸汽在高压下以很高的流速（1000～1400m/s）从喷嘴喷出，蒸汽的静压能转变为动能，产生低压使气体由吸入口吸入，吸入的气体与蒸汽混合后进入扩散管，动能逐渐减小，静压能逐渐增加，最后从排出口排出。蒸汽喷射泵构造简单、适应性强，但效率低、蒸汽耗量大，单级蒸汽喷射泵可产生13.3kPa（绝压）左右的压力，若要得到更高的真空度，可采用多级喷射泵。

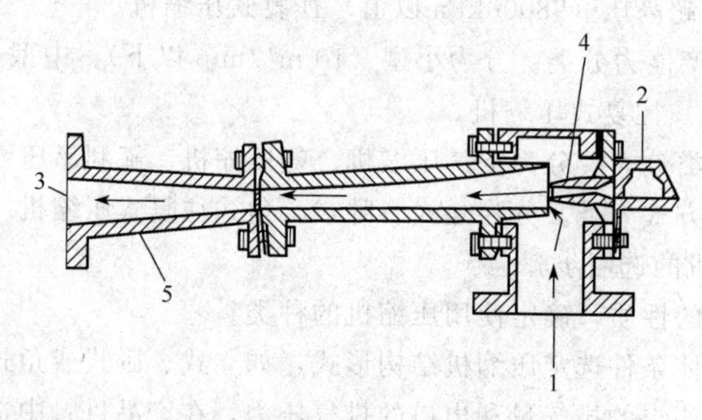

图1-59　单级蒸汽喷射真空泵

1—气体吸入口；2—蒸汽吸入口；3—排出口；4—喷嘴；5—扩散管

② 水喷射真空泵。其工作原理与蒸汽喷射真空泵相同，只是此时的工作流体是水，因水的喷入速度较低（15～30m/s），所以产生的真空度较低，但由于它兼有冷凝蒸汽的能力，可既做冷凝器又做真空泵，故也称为水喷射冷凝器，广泛用于真空蒸发系统。

2. 真空泵的性能参数

（1）极限真空度

指真空泵吸入口处所能达到的最低压力，单位为kPa。

（2）抽气速率

指在一定条件（温度、压力）下，单位时间内泵所吸入的气体的体积，亦即真空泵的生产能力，单位为 m^3/h。

3. 真空泵的选用

根据真空泵的性能参数，选择适合真空系统需求的真空泵，有关真空泵的型号及选型步骤可查阅相关手册。

自测题

1. 已知汽油、煤油的密度分别为 $700kg/m^3$ 和 $760\ kg/m^3$，此两种油品混合物中汽油的质量分数为30%。求此混合物的密度。

2. 若空气的压力为 $2MN/m^2$，温度为373K。试问其密度是多少？

3. 空气中，氮气的体积分数为79%，氧气的体积分数为21%。求此空气在273K和1atm时的密度。

4. 某水泵进口管处真空表的读数为500mmHg，出口管处压力表读数为2.0atm。试求该水泵前后的压力差（分别以atm、mH_2O、Pa及mmHg表示）？

5. 当大气压力是760mmHg时，问位于水面下10m深处的绝对压力、表压力各是多少？（设水的密度为 $1000kg/m^3$）

6. 用U形管压差计测定管道两点的压力差。管中气体的密度为 $2.5kg/m^3$，压差计中指示液为水（设水的密度为 $1000kg/m^3$），压差计中指示液读数为400mm。试计算此管道两测点的压力差。

7. 某水管的两端设置一水银U形管压差计以测量管内的压差，指示液的读数最大值为2cm。现因读数值太小而影响测量的精确度，拟使最大读数放大30倍左右，试问应选择密度为多少的液体为指示液。

8. 如图1-60所示，测压管分别与三个水槽A、B、C相连通。连通管的下部是水银，三个水槽内液面在同一水平面上。问：

(1) 1、2、3三处的压力是否相等；

(2) 4、5、6三处的压力是否相等；

(3) 若 $h_1=120mm$，$h_2=180mm$，设备A与大气相通（大气压力为760mmHg），求B、C两设备内水面上方的压力。

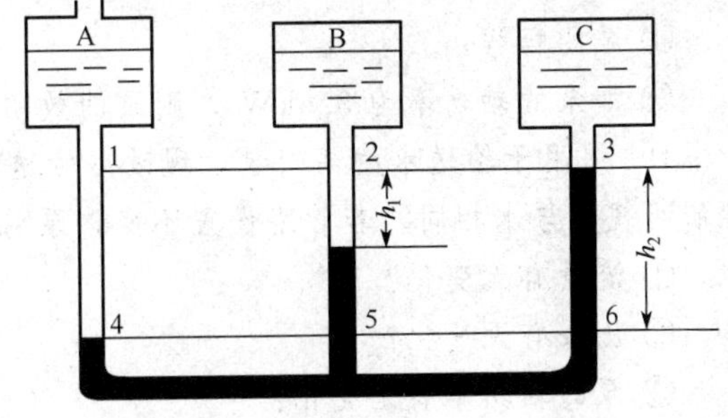

图1-60　习题8附图

9. 由一根内管及外管组合成的套管换热器中，已知内管为 $\phi25mm\times2.5mm$，外管为 $\phi45mm\times2mm$。套管环隙间通以冷却盐水，其流速为3m/s，密度为 $1150kg/m^3$，黏度为1.2cP。试计算盐水的体积流量、质量流量并判断盐水的流动形态。

10. 套管冷却器由 $\phi89mm\times2.5mm$ 和 $\phi57mm\times3.5mm$ 的钢管构成。空气在细管内流动，流速为1m/s，平均温度为353K，绝对压力是2atm。水在环隙内流动，流速为2m/s，平均温度为303K。试求：

① 空气和水的质量流量；

② 空气和水的流动形态。

11. 某种油的黏度是40mPa·s，在内径20mm的水平管内做层流流动，流速为1.3m/s。试求油从管道一端流至相距3m的另一端的压力降。

12. 某糖液（黏度 60mPa·s，密度 1280kg/m³），从加压容器经内径 6mm 的短管流出。当液面高出流出口 2m 时，糖液流出的体积流量多少？[假定无摩擦损失，液面上的压力为 70.1kPa（表压），出口为大气压]

13. 用虹吸管从高位牛奶储罐向下方配料槽供料。高位槽和配料槽均为常压开口式。今要求牛奶在管内以 1m/s 的流速流动，牛奶在管内的能量损失为 20J/kg，试求高位槽液面至少要在虹吸管出口以上几米？

14. 稀奶油密度为 1005kg/m³，黏度为 12mPa·s。若稀奶油以流速 2.5m/s，流经长 100m、规格为 ϕ38mm×2.5 mm 的塑料管，求直管阻力。

15. 水经过内径为 200mm 的管子由水塔内流向各用户。水塔内的水面高于排出管端 20m，且维持水塔中水位不变。设管路全部能量损失为 25mH₂O，试求由管子排出的水量。

16. 一高位牛奶储槽通过管子向下面的配料槽供料。槽内液面在管出口以上 2.5m，管路由 ϕ38mm×2.5mm 的无缝钢管组成，管路全长 40m，其间有 2 个 90°弯头，一个截止阀调节流量。管壁粗糙度为 0.15mm，求牛奶流量。牛奶的密度为 1030kg/m³，黏度为 2.12mPa·s。

17. 某溶液流经 ϕ88.5mm ×4mm 的钢管，为测定其流量，在管路中装有孔板流量计，以 U 形管压差计（指示剂为水银）测定孔板两侧的压强差，要求压差计的最大读数不超过 400mm。已知溶液的密度为 1600kg/m³，黏度为 2mPa·s。溶液的最大流量为 500L/min，试计算孔板的孔径（取 c_0＝0.65）。

18. 用泵将水池中的水打入高位槽中，槽内压力为 0.6atm（表压），流量为 30 m³/h，槽内水面较水池水面高 15m，泵的吸入管路阻力为 2mH₂O，压出管路阻力（包括出口阻力）为 3mH₂O。试求：

① 泵的扬程；

② 如泵的轴功率为 3.6kW，则泵的效率为多少？（当地大气压力为 750mmHg）

19. 原用于输送水的离心泵，现改用输送密度为水的 1.2 倍的水溶液，水溶液其他物理性质可视为与水相同。若管路设置不变，泵前后两个容器的液面间的垂直距离不变，问：

① 流量有无变化？

② 压头有无变化？

③ 泵的轴功率有无变化？

20. 要将某减压精馏塔塔釜中的液体产品用离心泵送至高位槽，釜中真空度为 500mmHg（其中液体处于沸腾状态，即其饱和蒸气压等于釜中绝对压力）。泵位于地面上，吸入管总阻力为 2m 液柱，液体的密度为 986 kg/ m³。已知该泵的允许汽蚀余量为 4.2m。试问该泵的安装位置是否合适？如不合适应如何重新安排？

21. 某工厂车间排出的热水平均温度为 65℃，先汇集于热水池中，然后用离心泵以 50 m³/h 的流量输送到凉水塔顶，并经喷头喷出而落入凉水池中，以达到冷却目的。已知水在进入喷头之前需要维持 0.5atm 的表压力。喷头入口位置较热水池水面高 5m。吸入管路和排出管路中压头损失分别为 1m 和 2m，管路中的动压头可以忽略不计。试选用合适的离心泵，并确定泵的安装高度。当地大气压力按 760mmHg 计。

22. 在内径为 100mm，总长度(包括当量长度）为100m 的管路中输送清水。设整个管路出口与入口的静压头与位压头之差共为 20mH₂O，摩擦因数为 0.03。写出该管路特性曲线方程式。如在上述管路中安装一台 4B35 清水泵，则泵的工作流量和扬程各为多少？并根据曲线说明如何提高泵的流量？

23. 向某一常压干燥器系统输送18℃的空气，所需风量为30t/h。若按18℃空气计所需的全风压为380mmH_2O。试计算所选风机的风量及风压。

24. 一单级单动往复压缩机，其流量为40m^3/h，活塞冲程为200mm，往复频率为2Hz，送气系数为0.75，求活塞的直径。

项目小结

流体输送是食品生产过程中最普遍应用的单元操作，本项目从食品加工中常见的输送任务、输送方法引入，以液体输送为重点，详细介绍了流体输送机械（包括管路、管件、阀件的选择）及流体输送理论知识。

项目二　非均相混合物的分离

【学习目标】

1. 重点掌握流体与颗粒相对运动的基本规律、沉降速度的意义及其计算方法；过滤操作的基本概念、过滤常数的测定方法。

2. 了解筛分方法、特性及应用；常用分离设备的结构、操作方法及相关计算方法。

工业生产中的混合物大致可分为均相混合物和非均相混合物两大类。凡混合物内部均匀且没有相界面者称为均相混合物或均相物系，若混合物内部存在一个以上的相，且相界面两侧的物料性质有差别者为非均相混合物或非均相物系。

溶液和混合气体属均相混合物，含尘、含雾的气体以及悬浮液、乳浊液、泡沫液都属于非均相混合物。非均相系统中处于分散状态的物质（例如：气体中的尘粒、悬浮液中的颗粒、乳油液中的液滴等）称为分散相，包围着分散物质而处于连续状态的物质（例如：悬浮液中液体）称为分散介质或连续相。

根据连续相的不同，非均相物系可分为液体非均相物系和气体非均相物系。根据分散相不同，液体非均相物系可分为悬浮液（固体）、乳浊液（液体）和泡沫（气体）；气体非均相物系可分为烟或尘（固体）和雾（液体）。

任务一　筛　分

一、粉碎

1. 粉碎方法及粉碎力

（1）粉碎机械的作用

固体物料在机械力的作用下，克服内部的凝聚力，分裂为尺寸更小的颗粒，这一过程称为粉碎操作。粉碎操作在食品加工中占有非常重要的地位，主要表现在以下几个方面。

① 满足某些产品消费的需要。如小麦磨成面粉、稻谷碾成白米后才能食用。

② 增加固体的表面积，以利于干燥、溶解等进一步加工。如蔬菜、水果等干燥前大多切成小块。

③ 组分的物料粉碎后混合，以利于提高混合的均匀度，满足工艺要求。如工程化、功能性食品的生产以及配合塑料的制造，原料粉碎是不可缺少的工艺。

（2）粒度

颗粒的大小称为粒度，是表示固体粉碎程度的代表性尺寸。粉碎后的颗粒，不仅形状不一致，大小也不一致。球形颗粒的粒度以其直径表示。对于粒度不一致的非球形颗粒群体，只能用平均粒度来表示。平均粒度的计算方法因粒度及粒度分布的测定方法不同而不同。

（3）粉碎力和粉碎方法

物料粉碎时受到的机械作用力通常有挤压力、冲击力和剪切力。根据施力种类与方式的不同，物料粉碎的基本方法包括压碎、劈裂、折断、磨削和冲击破碎等形式。

各种粉碎机械所产生的粉碎力不是某一种单纯的力，而是几种力的组合。但对某一特定的设备，则可以是某一种力为主要的粉碎力。一般情况下，挤压力常用于坚硬物料的粗粉碎，如坚果的破壳。冲击力则作为常用的粉碎力用于食品原料的粉碎。剪切力则被广泛用于韧性物料的粉碎，如食品加工。

2. 粉碎设备

（1）干法粉碎机械

① 锤式粉碎机械适用于中等硬度和脆性物料的中碎和细碎，一般原料粒径不能大于10mm，产品粒度可通过更换筛板来调节，通常不得细于200目（目是英制中表示孔密度的规格，200目就是每英寸长度有200个孔，下同），否则由于成品太细易堵塞筛孔。

② 辊式粉碎机械是食品工业中使用最广泛的粉碎设备，它能适应食品加工和其他工业对物料粉碎操作的不同要求。辊式磨粉机广泛用于小麦制粉工业，也用于酿酒厂的原料破碎等工序。精磨机用于巧克力的研磨。

③ 气流式粉碎机械在精细化工行业应用较广，适用于药物和保健品的超微粉碎。它用于低熔点和热敏性物料的粉碎工艺，也用于粉碎和干燥、粉碎和混合等联合操作中。

④ 振动式粉碎机械只要用于微粉碎和超微粉碎，它既可用于干法处理，也可用于湿法处理。

（2）湿法粉碎机械

① 高压均质机设备应用广泛，可以处理流动液态物料，并且在高黏性和低黏性产品之间转换时，无需更换工作部件。应用于奶、稀奶油、酸奶及其他乳制品、冰激凌、果汁、番茄制品、豆浆、调味品、布丁等食品加工中。

② 胶体磨设备应用于果酱、花生蛋白、巧克力、牛奶、豆浆、调味酱料加工。

（3）果蔬破碎机械

① 果蔬打浆机械用于果酱诸如苹果酱、番茄酱的生产流水线中。

② 果蔬榨汁机械是利用压力把固态物料中所含的液体压榨出来的固液分离机械。

③ 果蔬切割机械是使物料和切刀产生相对运动，达到将物料切断、切碎的目的。

（4）肉类绞切和粉碎机械

（5）超微粉碎机械

二、筛分

1. 筛分操作原理

用筛面将颗粒大小不同的物料分成若干级别的操作称为筛分。用于筛分物料的机械称为筛分机械。筛分机械种类很多，按其运动方式，分为摇动筛、振动筛和回转筛等几种。

（1）筛分效率

筛分效率是评价筛分操作质量好坏的指标。它是指筛分时实际筛下的筛下级别物料质量与原物料含同一级别物料质量之比。

$$\eta=\frac{b-c}{b(1-c)}\times100\% \tag{2-1}$$

式中 b——筛分前物料中可筛过物的质量分数；

c——筛后筛上物料中可筛过物的质量分数。

实际计算时，只要在筛分物料和筛上物料中分别取样，精确测定其筛下级别的含量，即可算出筛分效率。

影响筛分效率的因素如下。

① 筛面上物料层厚度。料层越薄，筛下颗粒通过此层的时间越短，每一颗粒接触到筛孔的机会越多，筛分效率就越高。

② 筛下颗粒质量分数、颗粒级别和形状。筛下颗粒的质量分数越高，物料被筛落的速度越快，料层减薄得越快，筛分效率就越高。筛下颗粒中粒度小于筛孔直径 3/4 的易筛粒越多，难筛粒越少，筛分效率就越高。球形颗粒比扁平、不规则的颗粒容易筛落。若颗粒过于细微，由于凝聚力、附着力作用，筛分效率很低。

③ 物料含水量。物料不够干时，粉状颗粒受凝聚力、附着力作用，易结成团堵塞筛孔，筛分效率大降。但当含水量超过一定值，使干粉料变为湿泥浆而达到湿筛条件时，筛分效率便超过干筛。

此外，筛孔形状、筛面种类、筛分机械的运动方式、加料量的多少及均匀程度也直接影响筛分效率。

(2) 筛面和筛制

用于筛分操作的筛面，按其构造不同分为三种，即栅筛、板筛和编织筛。

① 栅筛。栅筛由许多钢质棒组成，中间穿以若干根带螺栓的钢条，在栅棒之间套上一定尺寸的支隔横管，以保持栅棒间的间隙大小。栅筛结构简单，通常用于物料的去杂粗筛。

② 板筛。板筛是由薄钢板冲孔制成的，薄钢板的厚度常为 0.5～1.5mm，孔的形状有圆形、长圆形和方形等几种。筛孔最好是上小下大，呈锥形，这样可以减少堵塞。筛孔多采用交错排列，以提高筛分效率。板筛的优点是孔眼固定不变，分级准确，同时坚固、刚硬，使用期限长。

③ 编织筛。编织筛又称筛网，它是由筛丝编织而成的。制作筛丝的材料要耐腐蚀，有较好的强度和柔软性。常用的编织筛由低碳镀锌钢丝编织而成，筛网通常为方孔或矩形孔，最小孔径可达 300 目以上。一般 120 目以下的金属丝编织的筛网可以用平纹织法，超过 120 目就必须用斜纹织法，编织筛网不仅用于粉粒料筛分，也常用于过滤作业。编织筛的优点是轻便价廉，筛面利用系数大，同时由于筛丝的交叠，表面凹凸不平，有利于物料的离析，颗粒通过能力强。主要缺点是刚度、强度差，易于变形破裂，只适用于负荷不大的场合。使用编织筛时，周围还需有张紧结构。

筛网规格的表示方法有两种：一种以每英寸长度内的筛孔数表示，称为网目数，简称网目，以 M 表示；另一种以每厘米长度内的筛孔数表示，称为筛网的号数，简称筛号，以 N 表示。两者之间有如下近似关系

$$N=\frac{M}{2.54} \tag{2-2}$$

2. 筛分设备

(1) 摇动筛

① 工作原理。摇动筛是在重力、惯性力以及物料与筛面之间的摩擦力的作用下，物料与筛面之间产生不对称的相对运动而进行连续筛分。按筛面的运动规律不同，摇动筛可分为

直线摇动筛、平面摇晃筛和差动筛。

② 摇动筛的特点。由于筛面是平面的，因而全部筛面都在工作，工作效率较高，同时结构简单，制造和安装比较容易，更换筛面方便，适于多种物料的分级。其缺点是动力平衡较差、运行时连杆机构易损坏、噪声较大等。

(2) 振动筛

振动筛是由筛机产生高频振动而实现筛分操作的。由于振动筛筛面具有强烈的高频振动，筛孔几乎完全不会被物料堵塞，故筛分效率高，生产能力大，筛面利用率高。振动筛结构也简单，占地面积小，质量轻，动力消耗低，价格低，应用范围较广，特别适用于细粒物料和浆料的筛分操作。应用较多的是惯性振动筛、偏心振动筛和电磁振动筛。下面介绍惯性振动筛。

① 振动筛的构造和工作原理。筛框安装在弹簧上，带有圆盘的主轴由安装在筛框上的一对轴承座支撑，圆盘共有两只，其上装有偏心轮，构成筛机的振动器。当主轴旋转时，由于离心力的作用，使整个传动机构随筛框一起振动，从而使物料在筛面上产生剧烈的相对运动，实现筛分目的。

② 振动筛的使用。

a. 刚安装的新筛和长期搁置未用的振动筛在使用前必须检验电动机的绝缘是否良好。

b. 筛网一定要在筛框上均匀地张紧，使筛网能和筛框以相同的频率和振幅振动而不发生抖动和筛网的局部下垂，这样可保证良好的筛分效果，同时又可延长筛网的使用寿命。

c. 要随时清除筛网上的杂物，下班前要将筛网清理干净。经常检查筛网，发现筛网变形及破损应及时修整、更换。

d. 注意进口处物料的分布，尽量减小物料对筛网的冲击，延长筛网使用寿命。

(3) 回转筛

回转筛是一种筛面做回转运动的筛分机械。

任务二 重力沉降

沉降分离是工业生产中经常采用的非均相物系分离方法之一，它是利用分散相和连续相之间的密度差，使分散相相对于连续相运动而实现分离的单元操作。通过沉降操作，可以除去流体中的粒子，得到不含杂质的净化液体，或者是从废液中回收产品；对悬浮在流体中的颗粒进行分组，还可获得大小不同、密度不同的颗粒部分以及应用于悬浮液增稠、废气净化等。根据受力性质的不同可把沉降分为重力沉降、离心沉降和惯性沉降，重力沉降适用于分离较大的颗粒，离心沉降可以分离较小的颗粒。

在重力作用下使流体与颗粒之间发生相对运动而得以分离的操作，称为重力沉降。重力沉降既可分离含尘气体，也可分离悬浮液。

一、重力沉降理论

1. 重力沉降原理

颗粒沉降运动中的受力分析如下。

(1) 重力和离心力

当固体处于流体中时，只要两者的密度有差异，则在重力场中颗粒将在重力方向与流体做相对运动；在离心力场中与流体在离心力方向上做相对运动。

直径为 d 的球形颗粒受到的重力为$\frac{\pi}{6}d^3\rho_s g$，其中 ρ_s 为颗粒密度。

直径为 d 的球形颗粒受到的离心力为$\frac{\pi}{6}d^3\rho_s a_r=\frac{\pi}{6}d^3\rho_s\frac{u_t^2}{r}$，其方向是从圆心指向外。

（2）浮力

颗粒处于流体中，无论运动与否，都会受到浮力。

流体处于重力场中，颗粒受到的浮力等于$\frac{\pi}{6}d^3\rho g$，其中 ρ 为流体介质的密度。

流体在离心力场中，颗粒也要受到一个类似于重力场中浮力的力$\frac{\pi}{6}d^3\rho\frac{u_t^2}{r}$。

（3）阻力

颗粒做沉降运动时受到两种阻力，即表皮阻力和形体阻力。当颗粒运动速度很小时，流体对球的运动阻力主要是黏性摩擦或表皮阻力。若速度增加，便有旋涡出现，即发生边界层分离，表皮阻力让位于形体阻力。

阻力大小的计算仿照管路阻力的计算，即认为阻力与相对运动速度的平方成正比。对于直径为 d 的球形颗粒阻力为$\zeta\frac{\rho u_0^2}{2}\frac{\pi d^2}{4}$，其中 ζ 为阻力系数，ρ 为流体介质的密度，u_0 为粒子与介质的相对运动速度。

2. 重力沉降速度

（1）重力沉降速度

重力场中，颗粒在流体中受到重力、浮力和阻力的作用，这些力会使颗粒产生一个加速度，根据牛顿第二定律：重力－浮力－阻力＝颗粒质量×加速度。当颗粒在流体中做匀速运动时

$$\frac{\pi}{6}d^3\rho_s g-\frac{\pi}{6}d^3\rho g-\zeta\frac{\rho u_0^2}{2}\frac{\pi d^2}{4}=0 \tag{2-3}$$

事实上，颗粒从静止开始做沉降运动时，分为加速和匀速两个阶段。速度越大，阻力越大，加速度越小；加速度为零时颗粒便做匀速运动，其速度称为沉降速度。一般而言，对小颗粒，加速阶段时间很短，通常忽略，可以认为沉降过程是匀速的。令颗粒所受合力为零，便可解出沉降速度

$$u_0=\sqrt{\frac{4d(\rho_s-\rho)g}{3\rho\zeta}} \tag{2-4}$$

上述计算沉降速度的方法，是在下列条件下建立的：颗粒为球形；颗粒沉降时彼此相距较远，互不干扰；容器壁对沉降的阻滞作用可以忽略；颗粒直径不能小到受流体分子运动的影响。

（2）阻力系数

使用式（2-4）计算沉降速度首先要知道阻力系数，通过量纲分析法可知它是颗粒与流体相对运动雷诺数的函数：$\zeta=f(Re_0)$，而 $Re_0=\frac{du_0\rho}{\mu}$。计算 Re_0 时 d 应为足以表征颗粒大小的长度，对球形颗粒而言，就是它的直径。

根据实验结果做出的阻力系数与雷诺数的关系如图 2-1 所示，其变化规律可以分成四

段，用不同的公式表示。第一段的表达式是准确的，其他几段是近似的。

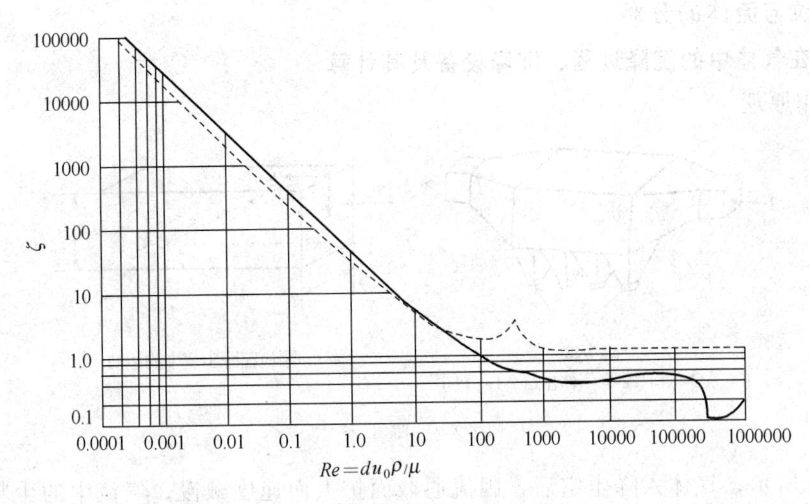

图 2-1　球形颗粒沉降阻力系数

① 层流区。$Re_0<1, \zeta=\dfrac{24}{Re_0}$，

$$u_0=\frac{d^2(\rho_s-\rho)g}{18\mu} \tag{2-5}$$

沉降操作中所涉及的颗粒一般都很小，Re_0 通常在 0.3 以内，故式（2-5）很常用。

② 过渡区（Allen 区）。$1<Re_0<10^3$，$\zeta=\dfrac{18.5}{Re_0^{0.6}}$，

$$u_0=0.269\sqrt{\frac{gd(\rho_s-\rho)Re_0^{0.6}}{\rho}} \tag{2-6}$$

③ 湍流区（牛顿区）。$10^3<Re_0<2\times10^5$，$\zeta=0.44$。

$$u_0=1.74\sqrt{\frac{gd(\rho_s-\rho)}{\rho}} \tag{2-7}$$

④ $\zeta=0.1$ 区。$Re_0>2\times10^5$ 后，ζ 骤然下降，在 $Re_0=(3\sim10)\times10^5$ 范围内可近似取 $\zeta=0.1$。

（3）公式（2-4）使用方法

① 如果根据已知条件能够确定沉降处在哪个区，则可直接用该区的公式进行计算。

② 如果不能确定流动处在哪个区，则应采用试差法：即先假定流动处于层流区，用式（3-5）求出沉降速度 u_0，然后再计算雷诺数 Re_0；如果 $Re_0>1$，便改用相应的公式计算 u_0，新算出的 u_0 也要检验，直到确认所用的公式正确为止。

③ 通过实验整理数据得到

$$Re_0=\frac{Ar}{18+0.6\sqrt{Ar}} \tag{2-8}$$

式中，Ar 称为阿基米德数，$Ar=\dfrac{d^3\rho(\rho_s-\rho)g}{\mu^2}$。计算时先根据已知条件计算 Ar，然后由式（2-8）计算 Re_0，最后根据 Re_0 反算出沉降速度 u_0。

④ 上述公式，若将重力加速度改为离心加速度，则都可用于离心力场中沉降速度的

计算。

二、颗粒与流体的分离

1. 颗粒在气体中的沉降过程、沉降设备及其计算

（1）工作原理

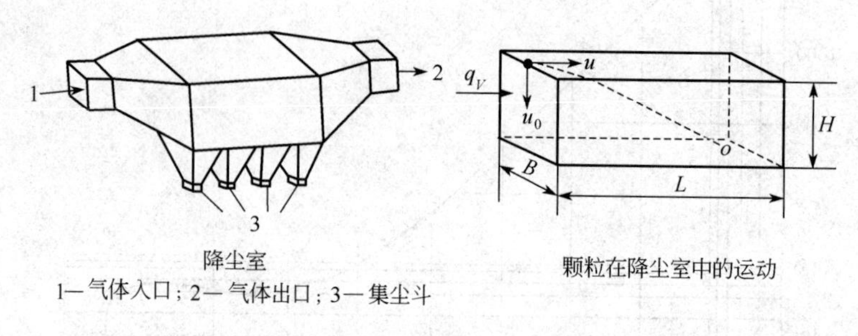

图 2-2　降尘室

如图 2-2 所示，气体入降尘室后，因流通截面扩大而速度减慢。气流中的尘粒一方面随气流沿水平方向运动，其速度与气流速度 u 相同；另一方面在重力作用下以沉降速度 u_0 垂直向下运动。只要气体在降尘室内所经历时间大于尘粒从室顶沉降到室底所用时间，尘粒便可分离出来。

（2）能被除去的最小颗粒直径

显然，粒子直径越大，越容易被除去。下面讨论如何确定能被除去的最小颗粒直径。前已述及，某一粒径的粒子能 100％被除去的条件是其从室顶沉降到室底所需要时间小于气流在室内的停留时间，前者可用该粒子所在降尘室的室高除以沉降速度而得；而后者由室长除以气流速度而得

$$\frac{H}{u_0}\leqslant\frac{L}{u}，即\ u_0\geqslant\frac{Hu}{L}=\frac{HBu}{LB}=\frac{q_V}{A_0} \tag{2-9}$$

式中　q_V——以气体体积流量表示的处理量，m^3/s；

A_0——降尘室的底面积，m^2。

式（2-9）给出了颗粒能被除去的条件，即其沉降速度要大于处理量与底面积之比。显然，该式取等号时对应着能被除去的最小颗粒（因为讨论的是最小颗粒直径，所以可以认为沉降运动处于层流区）。

$$u_0=\frac{gd_{\min}^2(\rho_s-\rho)}{18\mu}=\frac{q_V}{A_0}$$

$$d_{\min}=\sqrt{\frac{18\mu}{g(\rho_s-\rho)}\frac{q_V}{A_0}} \tag{2-10}$$

显然，能被 100％除去的最小颗粒尺寸不仅与颗粒和气体的性质有关，还与处理量和降尘室底面积有关。

（3）最大处理量

含尘气体的最大处理量是指某一粒径及大于该粒径的颗粒能被 100％除去时的最大气体量。

由式（2-9）可知，$q_V\leqslant A_0u_0$

所以含尘气体的最大处理量为

$$q_V = A_0 u_0 \tag{2-11}$$

可见，最大的气体处理量不仅与粒径相对应，还与降尘室底面积有关，底面积越大处理量越大，但处理量与高度无关，为此，降尘室都做成扁平形。为提高气体处理量，室内以水平隔板将降尘室分割成若干层，称为多层降尘室。隔板的间距应考虑出尘的方便。

说明：

① 气体在降尘室内流通截面上的均匀分布非常重要，分布不均必然有部分气体在室内停留时间过短，其中所含颗粒来不及沉降而被带出室外。为使气体均匀分布，降尘室进出口通常都做成锥形。

② 为防止操作过程中已被除下的尘粒又被气流重新卷起，降尘室的操作气速往往很低；另外，为保证分离效率，室底面积也必须较大。因此，降尘室是一种庞大而低效的设备，通常只能捕获大于 50μm 的粗颗粒。要将更细小的颗粒分离出来，就必须采用更高效的除尘设备。

2. 悬浮液中颗粒的沉降过程、沉降设备及其计算

（1）沉降过程与沉降设备

将颗粒从悬浮液中分离出来的重力沉降设备称为沉降器。如图 2-3 所示为连续沉降槽。它是底部略成锥状的大直径浅槽，料浆经中央进料口送到液面以下 0.3～1.0m 处，在尽可能减小扰动的条件下，迅速分散到整个横截面上，液体向上流动，清液经由槽顶端四周的溢流堰连续流出，称为溢流；固体颗粒下沉至底部，槽底有徐徐旋转的齿耙将沉渣缓慢地聚拢到底部中央的排渣口连续排出。排出的稠浆称为底流。

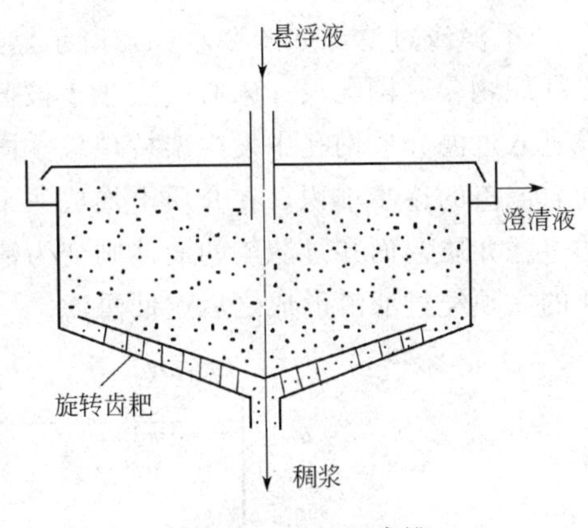

图 2-3　连续沉降槽

（2）最大生产能力

要保证颗粒从悬浮液中分离出来，必须使颗粒的沉降时间小于澄清液在沉降槽内的停留时间，与降尘室的最大处理量计算原理相同，即沉降槽的最大生产能力可由下式计算

$$q_V = u_0 A \tag{2-12}$$

式中　q_V——以单位时间内所得澄清液体积计算的最大生产能力，m^3/s；

u_0——颗粒沉降速度，m/s；

A——沉降槽的底面积，m^2。

任务三　过　　滤

过滤分离操作简称过滤，与沉降分离一样，过滤分离也是用来分离液体非均相物系的一种单元操作。过滤是利用多孔介质达到分离目的，此多孔介质称为过滤介质，滤浆过滤后得到的固体称为滤饼，澄清液体称为滤液。

与沉降分离相比，过滤分离具有操作时间短、分离比较完全等特点。尤其是当液体非均相物系含液量较少时，沉降法已不大适用，而适合采用过滤的方法进行分离。此外，在气体净化中，若颗粒微小且浓度极低，也适宜采用过滤操作，过滤是以某种多孔物质为介质，在外力作用下使连续相流体通过介质的孔道，而分散相颗粒被截留，从而实现分离操作。与沉降相比，过滤的分离更迅速、更彻底。过滤在食品工业上应用主要有以下三个方面。

作为一般固-液系统的分离手段，如在食用油的浸取和精炼上，板框压滤机和加压叶滤机既可用于过滤除去种子碎片和组织细胞，也可用于油类脱色后滤去漂白土或啤酒厂过滤麦芽汁和发酵后回收酵母等。

作为澄清设备使用，例如，陶制管滤机和流线式过滤机已广泛应用于澄清啤酒、葡萄酒、酵母浸出液等液体食品。

用过滤法除去微生物，例如：管滤机常用于葡萄酒、啤酒、果汁和酵母浸出液的过滤，以降低微生物（酵母和某些细菌）的数目。

一、过滤的基本理论

1. 过滤的基本概念

（1）过滤

是利用可以让液体通过而不能让固体通过的多孔介质，将悬浮液中的固、液两相进行分离的操作。

（2）过滤方式

① 滤渣过滤。如图 2-4（a）所示，过滤时悬浮液置于过滤介质的一侧。过滤介质常用多孔织物，其网孔尺寸未必一定小于被截留的颗粒直径。在过滤操作开始阶段，会有部分颗粒进入过滤介质网孔中发生架桥现象［图 2-4（b）］，也有少量颗粒穿过介质而混入滤液中。随着滤渣的逐步堆积，在介质上形成一个滤渣层，称为滤渣。不断增厚的滤渣才是真正有效的过滤介质，而穿过滤渣的液体则变为清净的滤液。通常，在操作开始阶段所得到滤液是浑浊的，须经过滤渣形成之后返回重滤。

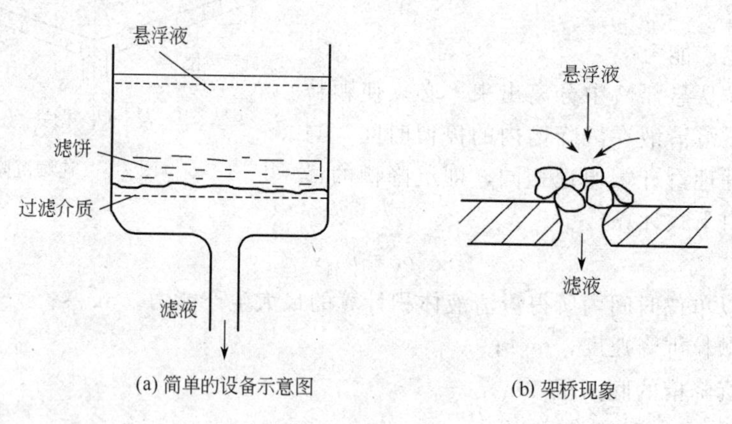

图 2-4　滤渣过滤

② 深层过滤。如图 2-5 所示，颗粒尺寸比介质孔道小得多，孔道弯曲细长，颗粒进入孔道后容易被截留。同时由于流体流过时所引起的挤压和冲撞作用，颗粒紧附在孔道的壁面上。介质表面无滤渣形成，过滤是在介质内部进行的。

（3）过滤介质

① 织物介质。即棉、毛、麻或各种合成材料制成的织物，也称为滤布。

② 粒状介质。如细纱、木炭、碎石等。

③ 多孔固体介质（一般要能够再生的才行）。如多孔陶瓷、多孔塑料、多孔玻璃等。

(4) 助滤剂

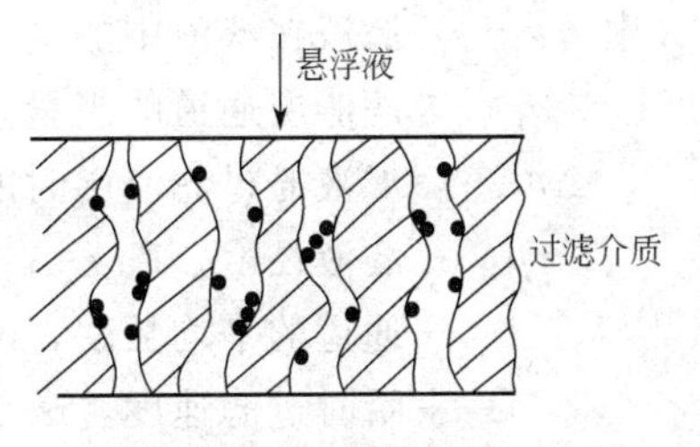

图 2-5　深层过滤

若悬浮液中颗粒过于细小将会使通道堵塞，或颗粒受压后变形较大，滤渣的孔隙率大为减小，造成过滤困难，往往加助滤剂以增加过滤速度。

助滤剂的添加方法有以下两种。

① 直接以一定比例加到滤浆中一起过滤。若过滤的目的是回收固体物，此法便不适用。

② 将助滤剂预先涂在滤布上，然后再进行过滤，此法称为预涂。

助滤剂是一种坚硬而形状不规则的小颗粒，能形成结构疏松而且几乎是不可压缩的滤渣。常用作助滤剂的物质有硅藻土、珍珠岩、炭粉、石棉粉等。

(5) 过滤速度的定义

过滤速度指单位时间内通过单位过滤面积的滤液体积，即

$$u=\frac{dV}{A\,d\theta} \tag{2-13}$$

式中　u——瞬时过滤速度，$m^3/(s\cdot m^2)$，m/s；

V——滤液体积，m^3；

A——过滤面积，m^2；

θ——过滤时间，s。

说明：

①随着过滤过程的进行，滤渣逐渐加厚。可以想到，如果过滤压力不变，即恒压过滤时，过滤速度将逐渐减小。因此上述定义为瞬时过滤速度。

② 过滤过程中，若要维持过滤速度不变，即维持恒速过滤，则必须逐渐增加过滤压力或压差。

总之，过滤是一个不稳定的过程。

(6) 过滤速度

上面给出的只是过滤速度的定义式，为计算过滤速度，首先应该掌握过滤过程的推动力和阻力。

① 过程的推动力。过滤过程中，在上游和下游之间需维持一定的推动力，比如一定的压差，过滤过程才能进行。推动力用来克服滤液通过滤渣层和过滤介质层的微小孔道时的阻力，通常过滤推动力越大，过滤速度越快。

② 滤液通过滤渣层时的阻力。滤液在滤渣层中流过时，由于通道的直径很小，阻力很大，因而流体的流速很小，可视为层流，压力降与流速的关系服从 Poiseuille 定律

$$u_1=\frac{d_e^2\Delta p_1}{32\mu l} \tag{2-14}$$

$$u_1=\frac{u}{\varepsilon}$$

$$d_e=\frac{4\varepsilon}{S_0(1-\varepsilon)}$$

$$l=K_0L$$

式中　u_1——滤液在滤渣中的真实流速，m/s；

d_e——滤渣层通道的当量直径，m；

Δp_1——滤液通过滤渣层时的压力降，Pa；

μ——滤液黏度，Pa·s；

l——通道的平均长度，m；

u——瞬时过滤速度，m/s；

ε——滤渣层的空隙率，ε=滤渣层空隙体积/滤渣层总体积；

S_0——颗粒比表面积，S_0=颗粒表面积/颗粒体积，1/m；

K_0——比例常数；

L——滤饼厚度，m。

根据上述公式，可出导出过滤速度的表达式

$$\frac{V}{A\mathrm{d}\theta}=u=u_1\varepsilon=\frac{\varepsilon d_e^2\Delta p_1}{32\mu K_0 L}=\frac{\varepsilon^3\Delta p_1}{2K_0S_0^2(1-\varepsilon)^2\mu L}=\frac{\Delta p_1}{r\mu L}=\frac{\text{推动力}}{\text{阻力}}$$

式中，$\dfrac{1}{r}=\dfrac{\varepsilon^3}{2K_0S_0^2(1-\varepsilon)^2}$，称为滤渣的比阻，其值完全取决于滤渣的性质。

说明：过滤速度等于滤渣层推动力/滤渣层阻力，其中滤渣层阻力由两方面因素决定，一是滤渣层的性质及其厚度，二是滤液的黏度。

③ 滤液通过过滤介质时的阻力。对介质的阻力做如下近似处理：认为它的阻力相当于厚度为 L_e 的一层滤渣层的阻力，于是介质阻力可以表达为 $r\mu L_e$。

滤渣层与介质层为两个串联的阻力层，通过两者的过滤速度应该相等，即

$$\frac{\mathrm{d}V}{A\mathrm{d}\theta}=\frac{\Delta p_1}{\mu rL}=\frac{\Delta p_2}{\mu rL_e}=\frac{\Delta p}{\mu(rL+rL_e)}=\frac{\Delta p}{\mu(R+R_e)} \tag{2-15}$$

式中，$R=rL$，$R_e=rL_e$。

④ 过滤速度的微分表达形式。滤渣层的体积为 AL，它应该与获得的滤液量成正比，设比例系数为 c，于是 $AL=cV$。由 $c=AL/V$，可知 c 的物理意义是获得单位体积的滤液量能得到的滤渣的体积。

由前面的讨论可知：$R=rL=rcV/A$，$R_e=rL_e=rcV_e/A$。其中 V_e 为滤出体积为 AL_e 或厚度为 L_e 的滤渣层所获得的滤液体积。但这部分滤液并不存在，而只是一个虚拟量，其值取决于过滤介质和滤渣的性质。于是

$$\frac{\mathrm{d}V}{\mathrm{d}\theta}=\frac{A^2\Delta p}{\mu rc(V+V_e)} \tag{2-16}$$

又设，获得的滤渣层的质量与获得的滤液体积成正比，即 $W=c'V$。其中 c' 为获得单位体积的滤液能得到的滤渣质量。

由 $R=rL=r\dfrac{\text{滤饼体积}}{\text{滤饼面积}}$可知，$R$ 与单位面积上的滤渣体积成正比，也有理由认为它与单位面积上的滤渣质量成正比，只是比例系数需要改变，即

$$R=r'\frac{\text{滤饼质量}}{\text{滤饼面积}}=r'W/A=r'c'V/A；\ R_e\propto W_e/A$$

于是可以得到与式（2-16）形式相同的微分方程

$$\frac{dV}{d\theta}=\frac{A^2\Delta p}{\mu r'c'(V+V_e)} \tag{2-17}$$

由获得这一方程的过程可知 $rc=r'c'$。

式（2-16）和式（2-17）均为过滤速度的微分表达式。

（7）恒压过滤方程式

前已述及，过滤操作可以在恒压变速或恒速变压的条件下进行，但实际生产中还是恒压过滤占主要地位。下面的讨论都限于恒压过滤。

对式（2-16）或式（2-17）分离变量，积分［以下以式（2-16）为例］，式中的 μ 取决于流体的性质，滤渣比阻 r 取决于滤渣的性质，c 取决于滤浆的浓度和颗粒的性质，积分时可将这三个与时间无关的量提到积分号外，而 V_e 可以作为常数放在微分号内，即

$$\int_{V_e}^{V+V_e}(V+V_e)d(V+V_e)=\frac{\Delta pA^2}{\mu rc}\int_0^\theta d\theta$$

积分，可得

$$V^2+2VV_e=KA^2\theta \tag{2-18}$$

式中　V——滤液体积，m^3；

V_e——过滤介质的当量滤液体积，m^3；

A——过滤面积，m^2；

θ——过滤时间，s；

K——过滤常数，$K=\frac{2\Delta p}{\mu rc}=\frac{2\Delta p}{\mu r'c'}$，$m^2/s$。

式（2-18）还可以写成如下形式

$$q^2+2qq_e=K\theta \tag{2-19}$$

式中　q——单位过滤面积得到的滤液体积，$q=V/A$，同理 $q_e=V_e/A$，m^3/m^2。

式（2-18）、式（2-19）为恒压过滤方程式的两种表达形式。

说明：

①恒压过滤方程式给出了过滤时间与获得的滤液量之间的关系。这一关系为抛物线，如图 2-6 所示。值得注意的是，图中标出了两个坐标系，积分时横坐标采用了 $0\sim\theta$，纵坐标采用了 $V_e\sim V+V_e$，但实际得到的滤液量仍是 V。图中的 θ_e 为得到 V_e 这一虚拟滤液量所需要的时间，因而也是一个虚拟时间。

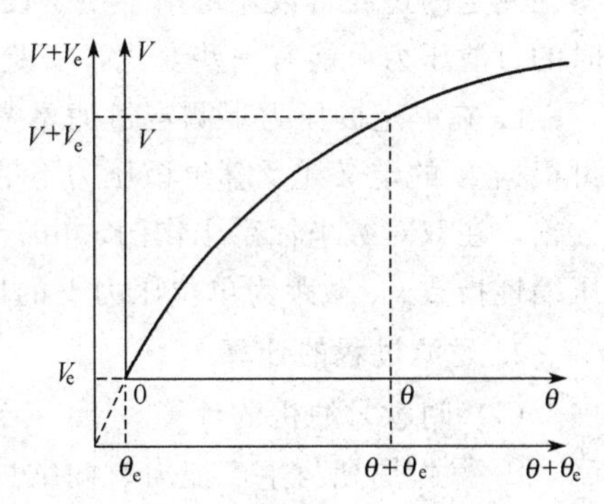

图 2-6　恒压过滤时过滤时间与获得的滤液量之间的关系

② 由比阻 r 的定义可以看出，其值与滤渣的空隙率 ε 及比例系数 K_0 有关。如果滤渣不可压缩，则这两个量与压力无关，比阻亦与压力无关，于是过滤常数 K 便与压力无关。如果滤渣可压缩，则 ε，$K_0\rightarrow r\rightarrow K$，$q_e$ 与压力有关，则在某一压力下测定的 r、K、q_e 不能用于其他压力下的过滤计算。

③ 平均比阻与压力之间有如下经验关系。$r=r_0p^s$ 或 $r'=r'_0p^s$，其中 s 称为压缩性指数，其值取决于滤渣的压缩性，若不可压缩，则 $s=0$，r_0 或 r'_0 为不随压力而变的常数。将此关系代入过滤常数的定义式可得：$K=\frac{2p^{1-s}}{\mu cr_0}=\frac{2p^{1-s}}{\mu c'r'_0}$。

另外，介质的阻力 $R_e = rL_e = r_0 p^s \dfrac{cV_e}{A} = r_0 p^s c q_e =$ 常数，所以 $q_e \propto p^{-s}$。

（8）过滤常数的实验测定

过滤计算必须在过滤常数具备的条件下才能进行。过滤常数 K、q_e（或 V_e）的影响因素很多，包括：操作压力、滤渣及颗粒的性质、滤浆的浓度、滤液的性质、过滤介质的性质等，因此从理论上直接计算过滤常数比较困难，应该用实验的方法测定。

① 方法一。将式（2-19）进行微分可得 $2(q+q_e)\mathrm{d}q = K\mathrm{d}\theta$，整理得

$$\frac{\mathrm{d}\theta}{\mathrm{d}q} = \frac{2}{K}q + \frac{2q_e}{K}$$

将该式等号左边的微分用增量代替

$$\frac{\Delta\theta}{\Delta q} = \frac{2}{K}q + \frac{2q_e}{K} \tag{2-20}$$

式（2-20）为一直线方程，它表明：对于恒压下过滤待测定的悬浮液，在实验中测出连续时间 θ 及以单位面积计的滤液累积量 q，并算出一系列 $\Delta\theta$ 与 Δq 的对应值，在直角坐标系中以 $\Delta\theta/\Delta q$ 为纵坐标，以 q 为横坐标进行标绘，可得一条直线。这条直线的斜率为 $2/K$，截距为 $2q_e/K$。

② 方法二。将式（2-19）两边同除以 Kq 可得

$$\frac{\theta}{q} = \frac{1}{K}q + \frac{2q_e}{K} \tag{2-21}$$

实验测定变量与方法一相同，即测出连续时间 θ 及以单位面积计的滤液累积量 q，以 θ/q 为纵坐标，以 q 为横坐标，在直角坐标系中可得一条直线，该直线的斜率为 $1/K$，截距为 $2q_e/K$。

③ 讨论。

a. 前已述及，过滤常数与诸多因素有关，只有当实际生产条件与实验条件完全相同时，实验测定的过滤常数才可用于生产设备的计算。这里最需要注意的就是操作压力，实际生产时的过滤压力可能有一些变化，实验应该在不同的压力下测定过滤常数。

b. 在一定的压力下测定过滤常数 K，并直接测出滤液的黏度和悬浮液的 c 或 c' 后，还可根据 K 的定义式反算出该压力下的比阻。多次进行这样的过程，可以得到一系列（r，p）数据，在双对数坐标系中作图，由 $r = r_0 p^s$ 关系可知，应该得到一条直线，该直线的斜率为压缩性指数 s，截距为单位压力下的比阻 r_0。压缩性指数和比阻才是过滤理论研究的对象。

2. 过滤过程的计算

（1）间歇过滤机的计算

① 操作周期与生产能力。间歇过滤机的特点是在整个过滤机上依次进行一个过滤循环中的过滤、洗涤、卸渣、清理、装合等操作。在每一操作循环中，全部过滤面积只有部分时间在进行过滤，但是过滤之外的其他各步操作所占用的时间也必须计入生产时间内。一个操作周期内的总时间为

$$\theta_C = \theta_F + \theta_W + \theta_R \tag{2-22}$$

式中 θ_C——1 个操作周期内的总时间，s；

θ_F——1 个操作周期内的过滤时间，s；

θ_W——1 个操作周期内的洗涤时间，s；

θ_R——1 个操作周期内的卸渣、清理、装合所用的时间，s。

间歇过滤机的生产能力计算和设备尺寸计算都应根据 θ_C 而不是 θ_F 来定。间歇过滤机的生产能力定义为一个操作周期中单位时间内获得的滤液体积或滤渣体积：

$$Q=\frac{V_F}{\theta_C}=\frac{V_F}{\theta_F+\theta_W+\theta_R} \tag{2-23}$$

$$Q'=\frac{cV_F}{\theta_C}=\frac{cV_F}{\theta_F+\theta_W+\theta_R} \tag{2-24}$$

② 洗涤速度和洗涤时间。洗涤的目的是回收滞留在颗粒缝隙间的滤液，或净化构成滤渣的颗粒。当滤渣需要洗涤时，洗涤液的用量应该由具体情况来定，一般认为洗涤液用量与前面获得的滤液量成正比。即 $V_W=JV_F$。

洗涤速度定义为单位时间的洗涤液用量。在洗涤过程中，滤渣厚度不再增加，故洗涤速度恒定不变。将单位时间内获得的滤液量称为过滤速度。在研究洗涤速度时做如下假定：洗涤液黏度与滤液相同；洗涤压力与过滤压力相同。

a. 叶滤机的洗涤速度和洗涤时间。此类设备采用置换洗涤法，洗涤液流经滤渣的通道与过滤终了时滤液的通道完全相同，洗涤液通过的滤渣面积也与过滤面积相同，所以终了过滤速度与洗涤速度相等。由式（2-16）可得

$$\left(\frac{dV}{d\theta}\right)_{终了}=\left(\frac{dV}{d\theta}\right)_W=\frac{A^2P}{\mu rc(V_{终了}+V_e)}=\frac{A^2K}{2(V_{终了}+V_e)} \tag{2-25}$$

用洗涤液总用量除以洗涤速度，就可得到洗涤时间

$$\theta_W=V_W\Big/\left(\frac{dV}{d\theta}\right)_W=\frac{\mu_W rc(V_{终了}+V_e)V_W}{A^2p}=\frac{2(V_{终了}+V_e)V_W}{A^2K} \tag{2-26}$$

b. 板框压滤机的洗涤速度和洗涤时间。板框压滤机过滤终了时，滤液通过滤渣层的厚度为框厚的一半，过滤面积则为全部滤框面积之和的两倍。但由于其采用横穿洗涤，洗涤液必须穿过两倍于过滤终了时滤液的路径，所以 $L_W=2L$；而洗涤面积为过滤面积的1/2，即 $A_W=A/2$，由 c 的定义可知 $c_W=c$。

将洗涤过程看成是滤渣厚度不再增加的过滤过程，则单位时间内通过滤渣层的洗涤液量

$$\left(\frac{dV}{d\theta}\right)_W=\frac{A_W^2p}{\mu rc_W(V_{终了}+V_e)}=\frac{(A/2)^2p}{\mu rc(V_{终了}+V_e)}=\frac{1}{4}\frac{A^2K}{2(V_{终了}+V_e)} \tag{2-27}$$

式（2-27）说明，采用横穿洗涤的板框式压滤机其洗涤速率为最终过滤速率的1/4。

$$洗涤时间\ \theta_W=V_W/\left(\frac{dV}{d\theta}\right)_W=\frac{8(V_{终了}+V_e)V_W}{A^2K} \tag{2-28}$$

③ 最佳操作周期。在一个操作循环中，过滤装置卸渣、清理、装合这些工序所占的辅助时间往往是固定的。可变的就是过滤时间和洗涤时间。若采用较短的过滤时间，由于滤渣较薄而具有较大的过滤速度，但非过滤操作时间在整个周期中所占的比例较大，使生产能力较低；相反，若采用较长的过滤时间，非过滤时间在整个操作周期中所占比例较小，但因形成的滤渣较厚，过滤后期速度很慢，使过滤的平均速度减小，生产能力也不会太高。

综上所述，在一操作周期中过滤时间应该有一个使生产能力达到最大的最佳值。可以证明，当过滤与洗涤时间之和等于辅助时间时，达到一定生产能力所需要的总时间最短，即生产能力最大。板框压滤机的框厚度应据此最佳过滤时间内生成的滤渣厚度来决定。

（2）连续过滤机的计算

① 操作周期与过滤时间。转筒过滤机的特点是过滤、洗涤、卸渣等操作是在过滤机分区域同时进行的。任何时间内都在进行过滤，但过滤面积中只有属于过滤区的那部分才有滤

液通过。连续过滤机的操作周期就是转筒旋转一周所经历的时间。设转筒的转速为每秒钟 n 次，则每个操作周期的时间

$$\theta_C = 1/n \tag{2-29}$$

转筒表面浸入滤浆中的分数为 ϕ=浸入角度/360。于是一个操作周期中的全部过滤面积所经历的过滤时间为该分数乘以操作周期长度

$$\theta_F = \phi\theta_C = \phi/n \tag{2-30}$$

如此，将一个操作周期中所有时间但部分面积在过滤转换为所有面积但部分时间在过滤。这样，转筒过滤机的计算方法便与间歇过滤机取得一致。

② 生产能力。转筒过滤机是在恒压下操作的。设转筒面积为 A，一个操作周期中（即旋转一周）单位过滤面积的所得滤液量为 q，则转筒过滤机的生产能力为

$$q_V = 3600qA/\theta_C = 3600nqA$$

而 q 可由恒压过滤方程求得

$$q^2 + 2qq_e = K\theta_F = K\phi/n$$

解上式可得

$$q = \sqrt{q_e^2 + \frac{\phi}{n}K} - q_e$$

于是

$$q_V = 3600nqA = 3600n\left(\sqrt{V_e^2 + \frac{\phi}{n}KA^2} - V_e\right) \tag{2-31}$$

当滤布的阻力可以忽略时，$V_e=0$，式（2-31）可以变为

$$q_V = 3600A\sqrt{K\phi n} \tag{2-32}$$

式（2-31）和式（2-32）可用于转筒过滤机生产能力的计算。

说明：转筒过滤机的生产能力首先取决于转筒的面积；对于特定的过滤机，提高转速和浸入角度均可提高其生产能力。但浸入角度过大会引起其他操作的面积减小，甚至难以操作；若转速过大，则每一周期中的过滤时间很短，使滤渣太薄，难于卸渣，且功率消耗也很大。合适的转速需要通过实验来确定。

【例 2-1】 在试验装置中过滤钛白（TiO_2）的水悬浮液，过滤压力为 $3kgf/cm^2$（表压），求得过滤常数如下：$K=5\times10^{-5}m^2/s$，$q_e=0.01m^3/m^2$。又测出滤渣体积与滤液体积之比 $c=0.08m^3/m^3$。现要用工业压滤机过滤同样的料液，过滤压力及所用滤布亦与实验时相同。压滤机型号为 BMY33/810-45。原机械工业部标准 TH39-62 规定：B 代表板框式，M 代表明流，Y 代表采用液压压紧装置。这一型号设备滤框空处长与宽均为 810mm，厚度为 45mm，共有 26 个框，过滤面积为 $33m^2$，框内总容量为 $0.760m^3$。试计算：

① 过滤进行到框内全部充满滤渣所需要的过滤时间；

② 过滤后用相当于滤液量 1/10 的清水进行横穿洗涤，求洗涤时间；

③ 洗涤后卸渣、清理、装合等共需要 40min，求该压滤机的生产能力（以每小时平均可得多少 TiO_2 滤渣计）。

解 ①一个操作周期可得滤液体积 $V_F=\frac{滤饼体积}{c}=\frac{框内总容量}{c}=\frac{0.76}{0.08}=9.5m^3$

虚拟滤液体积 $V_e=q_eA=0.01\times33=0.33m^3$

由过滤方程式 $V_F^2+2V_FV_e=KA^2\theta_F$ 可求得过滤时间为

$$\theta_F = \frac{V_F^2+2V_FV_e}{KA^2} = \frac{9.5^2+2\times9.5\times0.33}{5\times10^{-5}\times33^2} = 1772.6s$$

② 最终过滤速度由过滤方程式微分求得

$$\left(\frac{dV}{d\theta}\right)_{终了}=\frac{A^2K}{2(V_F+V_e)}=\frac{33^2\times5\times10^{-5}}{2(9.5+0.33)}=2.77\times10^{-3}\,m^3/s$$

洗涤速度为最终过滤速度的 1/4，洗涤水量为：$V_W=0.1V_F=0.95m^3$。

洗涤时间 $$\theta_W=\frac{4V_W}{(dV/d\theta)_{终了}}=\frac{4\times0.95}{2.77\times10^{-3}}=1372s$$

③ 操作周期为 $\theta_C=\theta_F+\theta_W+\theta_R=1772.6+40\times60+1372=5544.6s$

生产能力 $q_V=3600V_F/\theta_C=6.2m^3$ 滤液/h；

$$q'_V=q_V\cdot c=6.2\times0.08=0.496m^3\ 滤饼/h$$

二、过滤设备

1. 重力过滤设备

(1) 工作原理

滤液直接通过静止的床层，液体在重力的作用下通过滤渣，而悬浮液中的固体颗粒被截留在滤渣上，从而实现固-液的分离。

(2) 主要优缺点

无需外力完全依靠液体的自身重力，从而节约能源和设备。但是过滤速度慢，过滤时间长，无法进行大批量生产。

2. 真空过滤机

常见的真空过滤机是转筒式真空过滤机（见图 2-7）。

(1) 结构与工作原理

设备的主体是一个转动的水平圆筒，其表面有一层金属网作为支撑，网的外围覆盖滤布，筒的下部浸入滤浆中。圆筒沿径向被分割成若干扇形格，每格都有管与位于筒中心的分配头相连。凭借分配头的作用，这些孔道依次分别与真空管和压缩空气管相连通，从而使相应的转筒表面部位分别处于被抽吸或吹送的状态。这样，在圆筒旋转一周的过程中，每个扇形表面可依次顺序进行过滤、洗涤、吸干、吹松、卸渣等操作。转筒式真空过滤机操作示意如图 2-8 所示。

图 2-7　转筒式真空过滤机

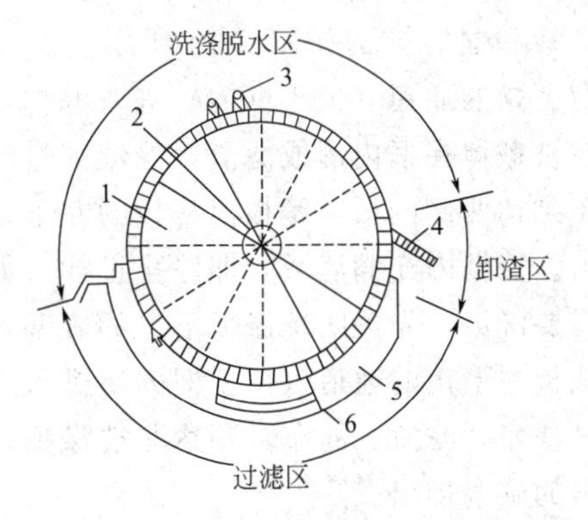

图 2-8　转筒式真空过滤机操作示意图

1—转筒；2—分配头；3—洗涤液喷嘴；4—刮刀；5—滤浆槽；6—摆式搅拌器

分配头是关键部件，由固定盘和转动盘构成（图 2-9），两者借弹簧压力紧密贴合。转动盘与转筒一起旋转，其孔数、孔径均与转筒端面的小孔相一致，固定盘开有 5 个槽（或

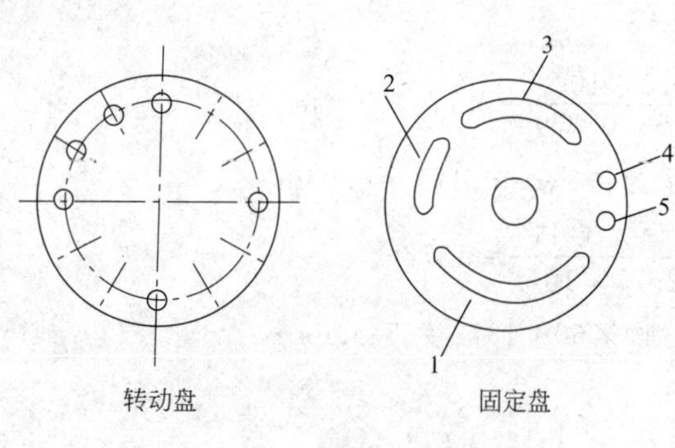

图 2-9 分配头示意图

1，2—与真空过滤罐相通的槽；

3—与真空洗涤液罐相通的槽；

4，5—与压缩空气相通的圆孔

孔），槽 1 和 2 分别与真空滤液罐相通，槽 3 和真空洗涤液罐相通，孔 4 和孔 5 分别与压缩空气管相连。转动盘上的任一小孔旋转一周，都将与固定盘上的 5 个槽（孔）连通一次，从而完成不同的操作。

当转筒中的某一扇形格转入滤浆中时，与之相通的转动盘上的小孔也与固定盘上的槽 1 相通，在真空状态下抽吸滤液，滤布外侧则形成滤饼；当转至与槽 2 相通时，该格的过滤面已离开滤浆槽，槽 2 的作用是将滤饼中的滤液进一步吸出；当转至与槽 3 相同时，该格上方有洗涤液喷淋在滤饼上，并由槽 3 抽吸至洗涤液罐。当转至与孔 4 相通时，压缩空气将由内向外吹松滤饼，迫使滤饼与滤布分离，随后由刮刀将滤饼刮下，刮刀与转筒表面的距离可调；当转至与孔 5 相通时，压缩空气吹落滤布上的颗粒，疏通滤布空隙，使滤布再生。然后进入下一周期的操作。

（2）主要优缺点

转筒过滤机的突出优点是自动化操作，对处理量大而容易过滤的料浆特别适宜。其缺点是转筒体积庞大而过滤面积相形之下显小；用真空吸液，过滤推动力不大，悬浮液温度不能高。

3. 加压过滤器

常见的加压过滤器是板框式过滤器。

（1）结构与工作原理

由多块带凸凹纹路的滤板和滤框交替排列于机架而构成。板和框一般制成方形，其角端均开有圆孔，这样板、框装合，压紧后即构成供滤浆、滤液或洗涤液流动的通道。框的两侧覆以滤布，空框与滤布围成了容纳滤浆和滤渣的空间。

板和框的结构如图 2-10 所示。悬浮液从框右上角的通道（位于框内）进入滤框，固体颗粒被截留在框内形成滤渣，滤液穿过滤渣和滤布到达两侧的板，经板面从板的左下角旋塞排出。待框内充满滤渣，即停止过滤。如果滤渣需要洗涤，先关闭洗涤板下方的旋塞，洗液从洗板左上角的通道（位于框内）进入，依次穿过滤布、滤渣、滤布，到达非洗涤板，从其下角的旋塞排出。

图 2-10 板和框的结构

如果将非洗涤板编号为 1、框为 2、洗涤板为 3，则板框的组合方式服从 1-2-3-2-1-2-3 的规律。组装之后的过滤和洗涤原理如图 2-11 所示。

滤液的排出方式有明流和暗流之分，若滤液经由每块板底部的旋塞直接排出，则称为明流（显然，以上讨论以明流为例）；若滤液不宜暴露于空气中，则需要将各板流出的滤液汇集于总管后送走，称为暗流。

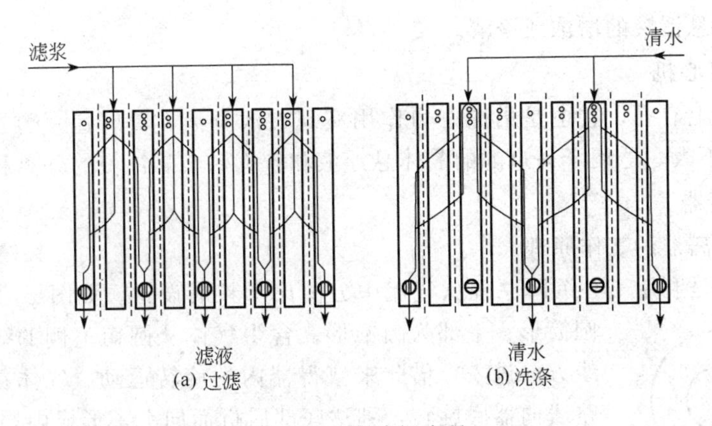

图 2-11　压滤机流程

说明：

①板框压滤机的操作是间歇的，每个操作循环由装合、过滤、洗涤、卸渣、整理五个阶段组成。

②上面介绍的洗涤方法称为横穿洗涤法，其洗涤面积为过滤面积的 1/2，洗涤液穿过的滤渣厚度为过滤终了时滤液穿过厚度的 2 倍。若采用置换洗涤法，则洗涤液的行程和洗涤面积与滤液完全相同。

(2) 主要优缺点

板框压滤机构造简单，过滤面积大而占地小，过滤压力高，便于用耐腐蚀材料制造，操作灵活，过滤面积可根据产生任务调节。主要缺点是间歇操作，劳动强度大，生产效率低。

任务四　离心分离

一、离心分离原理

重力沉降是依靠非均相物系中颗粒自身的重力实现颗粒与流体分离的目的，由于颗粒的沉降速度较慢，因此重力沉降的分离效率很低，如果用离心力场的离心力代替重力场中的重力，则可使分离效率大大提高。离心分离就是利用离心力的作用使非均相物系分离的操作。

二、离心机的分类及应用

离心机是利用惯性离心力进行固-液、液-液或气-固离心分离的机械。离心机的主要部件是安装在竖直或水平轴上的快速旋转的转鼓。当鼓壁上无孔且分离的料液是悬浮液时，则密度较大的颗粒沉于鼓壁，而密度较小的流体集中于中央并不断引出，此称为离心沉降。若在有孔的鼓内壁面覆盖滤布，则流体甩出而颗粒被截留在鼓内，此称为离心过滤。离心沉降和离心过滤统称为离心分离。现将常用的离心机介绍如下。

1. 沉降式离心机

其鼓壁上无孔，它是借离心力作用使料液按密度大小进行分层，达到分离目的。在食品加工中，主要是用于回收动植物蛋白，分离可可、咖啡、茶等的滤浆及鱼油去杂和鱼油的制取。它的典型设备是螺旋卸料沉降式离心机，常用于分离不易过滤的悬浮液。

2. 分离式离心机

其鼓壁上也无孔，但转速极大，为 4000r/min 以上，分离因数为 3000 以上，主要用于乳浊液的分离和悬浮液的增浓或澄清。

3. 过滤式离心机

此机的鼓壁上有孔，它也是借离心力作用实现过滤分离，其转速一般在 1000～1500r/min，分离因数不大，适用于易过滤的晶体悬浮液和较大颗粒悬浮液的分离和物料脱水。

4. 旋风分离器

(1) 旋风分离器的工作原理

旋风分离器是利用离心沉降原理从气流中分离出颗粒的设备。如图 2-12 所示，上部为圆筒形、下部为圆锥形；含尘气体从圆筒上侧的矩形进气管以切线方向进入，借此来获得器内的旋转运动。气体在器内按螺旋形路线向器底旋转，到达底部后折而向上，形成内层的上旋的气流，称为气芯，然后从顶部的中央排气管排出。气体中所夹带的尘粒在随气流旋转的过程中，由于密度较大，受离心力的作用逐渐沉降到器壁，碰到器壁后落下，滑向出灰口。

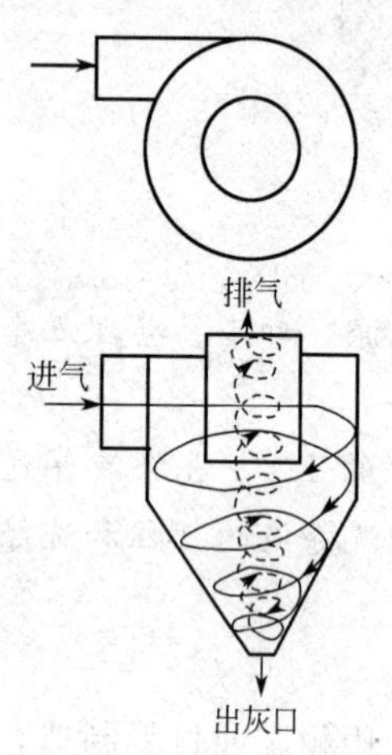

图 2-12　旋风分离器

旋风分离器各部分的尺寸都有一定的比例，只要规定出其中一个主要尺寸，如圆筒直径 D 或进气口宽度 B，则其他各部分的尺寸亦确定。

(2) 旋风分离器的性能

① 临界直径 d_c。临界直径是指能被分离出的最小颗粒直径。假定颗粒与气体在旋风分离器内的切线速度 u_t 恒定，与所在位置无关，且等于在进口处的速度 u_i；颗粒沉降过程中所穿过的最大气层厚度等于进气口宽度 B；颗粒与气流的相对运动为层流。

在第三个假设条件下，颗粒沉降速度仍可用 Stokes 公式表示，只是需要将其中的重力加速度换为离心加速度。考虑到气体的密度远小于颗粒的密度，并以气体进口速度 u_i 代替切线速度 u_t，旋转半径取平均值 r_m，则沉降速度可表示为

$$u_r=\frac{d^2\rho_s u_i^2}{18\mu r_m} \tag{2-33}$$

根据第二条假设

$$沉降时间=\frac{B}{u_r}=\frac{18\mu r_m B}{d^2\rho_s u_i^2}$$

令气体进入气芯以前在器内旋转的圈数为 N，由运行距离为 $2\pi r_m N$，可得气体在器内的有效停留时间为

$$停留时间=\frac{2\pi r_m N}{u_i}$$

某一粒径的颗粒能 100% 地被分离出来的条件是：该粒径的颗粒穿过最大气层厚度所需要的时间小于等于气体在器内的有效停留时间，即

$$\frac{B}{u_r}=\frac{18\mu r_m B}{d^2\rho_s u_i^2}\leqslant\frac{2\pi r_m N}{u_i};d\geqslant\sqrt{\frac{9\mu B}{\pi N u_i \rho_s}} \tag{2-34}$$

上式如果取等号，就是恰好能 100% 被分离出来的颗粒直径，以 d_c 表示。其中气体在器内的旋转圈数 N 经常取 5。

可见，临界直径不仅与颗粒和气体的性质有关，而且与旋风分离器的结构和处理量有关。处理量越小（u_i 越小）、颗粒密度越大、进口越窄、长径比越大（N 越大），则临界直

径越小，越容易分离。

② 分离效率。粉尘中含有大小不同的颗粒，通过旋风分离器后，各种大小不同的颗粒被分离出的百分数各不相同，按颗粒大小分别表示出各自被分离的质量分数，此即粒级效率。

显然，直径大于临界直径的颗粒粒级效率均为1。

假设颗粒进入器内时分布完全均匀，则与器壁距离小于B'的各种直径的颗粒所占的质量分数应为B'/B。

有些颗粒，虽然直径小于临界直径，但进入器内时它们与器壁的距离小于B，故也可能被分离。由式（2-34）可知，能被分离出的颗粒直径与此颗粒距器壁的距离的1/2次幂成正比。于是$\frac{d}{d_c}=\sqrt{\frac{B'}{B}}$，该式的含义是：进入时离器壁为$B'$的颗粒中，直径等于$d$的都能被分离，即$\eta=B'/B$。于是

$$\eta=\left(\frac{d}{d_c}\right)^2 \tag{2-35}$$

式中　η——直径等于d的颗粒的粒级效率。

进入旋风分离器的全部粉尘中实际上能被分离出来的总质量分数，称为总效率η_O。总效率不仅与旋风分离器的粒级效率有关，还与进入粉尘的粒度、浓度等有关。

总效率与粒级效率的关系为：$\eta_O=\sum a_i\eta_i$

③ 压降。气体经过旋风分离器时，由于进气管和排气管及主体器壁所引起的摩擦阻力、流动时的局部阻力以及气体做旋转运动所产生的能量损失等，都将造成气体的压降。旋风分离器的压降大小是评价其性能好坏的重要指标。气体通过旋风分离器的压降应尽可能小。通常压降用入口气体动能的倍数来表示

$$\Delta p=\zeta\frac{\rho u_i^2}{2} \tag{2-36}$$

式中，阻力系数按以下经验公式计算

$$\zeta=\frac{16AB}{D_1^2}$$

5. 旋液分离器

分离液态非均相物系的旋液分离器又称水力旋流器，是利用离心沉降原理从悬浮液中分离出固体颗粒的设备，其结构和作用原理与旋风分离器相类似。旋液分离器不能将固体颗粒与液体介质完全分开，悬浮液经入口管切向进入圆筒，向下做螺旋运动，增浓液从底部排出管排出，称为底流，清液或含有细微颗粒的液体成为上升的内旋流，从顶部中心管排出，称为溢流，内层旋流中心还有一个空的空气芯。调节旋液分离器底部出口的开度，可以调节底流量与溢流量的比例，从而使几乎全部或者仅使一部分固体颗粒从底流送出，使小直径颗粒从液流中送出的操作称为分级。底流量与溢流量之比的调节，还可以控制两部分中颗粒大小的范围。

由于固液间密度差较小，所以旋液分离器与旋风分离器相比，其结构特点是直径小而圆锥部分长。在一定的切向进口速度下，小直圆筒有利于增大惯性离心力，可以提高沉降速度；锥形部分加长，可增大液流的行程，延长悬浮液在器内的停留时间。

旋液分离器既可用于悬浮液增浓，也可用于不同粒径的颗粒或不同密度的颗粒分级。旋

液分离器往往是很多个做成一组来使用的，它可从液流中分出直径为几微米的小颗粒，但它作为分级设备的应用更广泛。根据增浓或分级的要求不同各部分尺寸比例也有相应的变化。同时旋液分离器还可用于不互溶液体的分离、气液分离以及传热、传质和雾化等操作中，因此，广泛应用于工业领域中。旋液分离器中，由于圆筒直径小，液体进口速度大（可达10m/s），故阻力损失很大。另外，颗粒沿壁面快速运动时，对旋液分离器内壁产生严重磨损，故旋液分离器应采用耐磨材料制造或采用耐磨材料做内衬。

自测题

1. 何谓均相物系？何谓非均相物系？

2. 何谓重力沉降？何谓重力沉降速度？

3. 写出计算重力沉降速度的斯托克斯公式，并说明公式应用条件。

4. 流体向上的流速为 u，流体中颗粒的沉降速度为 u_t，若已知 $u>u_t$，试问此颗粒是否能沉降下来，为什么？

5. 在斯托克斯区域内，温度升高后，同一固体颗粒在液体和气体中的沉降速度增大还是减小？为什么？

6. 怎样理解降尘室的生产能力与降尘室的高度无关？

7. 离心沉降与重力沉降相比，有什么特点？

8. 何谓离心沉降速度？与重力沉降速度相比有何不同？

9. 什么叫滤浆、滤渣、滤液、过滤介质和助滤剂？

10. 简述恒压过滤的特点。

11. 简述板框式压缩机的简单结构、操作和洗涤过程及应用。

12. 影响转筒真空过滤机的生产能力的因素有哪些？

13. 用于离心沉降和离心过滤的离心机在结构上有什么不同？

14. 试计算一直径为60μm、密度为2600kg/m^3 的石英颗粒在20℃水中的沉降速度。

15. 试计算一直径为60μm、密度为2600kg/m^3 的石英颗粒在20℃空气中的沉降速度。

16. 密度为2000kg/m^3 的球形颗粒在50℃空气中沉降，试求服从斯托克斯定律的最大颗粒直径。

17. 有一降尘室，长4m、宽1.8m、高4m，内部用隔板分成40层。在操作温度下某含尘气体的密度为0.8kg/m^3、黏度为0.05mPa·s，尘粒的密度为3500kg/m^3。欲在此降尘室中除去80μm以上的尘粒，试计算该降尘室的生产能力。

18. 在一直径为300mm的标准旋风分离器中分离空气中的尘粒。空气温度为300℃，处理量为800m^3/h，尘粒的密度为2000kg/m^3。试计算：

① 分离尘粒的临界直径；

② 旋风分离器的压力降。

19. 某悬浮液在一台过滤面积为0.4m^2 的板框压滤机中进行恒压过滤。2h后得滤液30m^3，若过滤介质阻力不计，试计算：

① 其他情况不变，过滤1h所得滤液量；

② 其他情况不变，过滤2h后用3m^3 清水洗涤滤渣，洗涤时间为多少。

20. 在一过滤面积为0.01m^2 的小型板框压滤机中，对悬浮液进行过滤实验，以测得过滤常数 K 和 q_e。实验测得数据见附表。

过滤压差 Δp/kPa	过滤时间 θ/s	滤液体积 V/m^3
120	100	4.5×10^{-3}
	600	18×10^{-3}

项目小结

非均相混合物中两相的物理性质（如密度、颗粒形状、尺寸等）的差异，使两相之间发生相对运动而使其分离。非均相混合物分离达到以下三个目的。

1. 回收有用的分散相

收集粉碎机、沸腾干燥器、喷雾干燥器等设备出口气流中夹带的物料；收集蒸发设备出口气流中带出的雾滴；回收结晶器中晶浆中夹带的颗粒；回收催化反应器中气体夹带的催化剂，以循环应用等。

2. 净化连续相

除去液体中无用的混悬颗粒以便得到澄清液体，将结晶产品与母液分开；除去空气中的灰尘颗粒以便得到清洁空气；除去催化反应原料气中的杂质，以保证催化剂的活性等。

3. 环境保护与安全生产

近年来，工业污染对环境的危害愈来愈明显，利用机械分离的方法处理工厂排出的废气、废液，使其浓度符合规定的排放标准，以保护环境；去除容易构成危险隐患的漂浮粉尘以保证安全生产。

项目三　混合乳化

【学习目标】

1. 熟练地掌握混合、乳化的定义及操作机理。
2. 了解混合、乳化所用设备及工作原理。
3. 掌握混合乳化操作。

在食品生产中为了得到均相混合物或实现传质、传热目的，经常要对固体与固体、固体与液体、液体与液体进行混合或乳化操作。

任务一　混　　合

混合是借助机械方法或物理方法将两种或两种以上不同物料互相混杂，使各组分浓度达到一定的均匀度。混合的结果得到混合物，食品生产中的许多物料都是以各种组分的混合物的形式出现的。混合物分为两类，即均相混合物和非均相混合物，其状态可能是气相，也可能是液相或固相。混合操作主要用于制备均相混合物（如溶液），其制备方法简单，只需搅拌甚至可能不用搅拌而仅依靠分子间的扩散与自然对流相结合的方法即能实现。

一、混合的基本理论

1. 混合机理

两种或两种以上物质由局部到整体均匀的混合状态，这一混合过程的机理有三种。

（1）对流混合

依靠外力作用，使混合器运动部件与物料发生相对运动，促使混合物各组分发生强烈位移，最终达到均匀混合的目的；如搅拌器的搅拌混合即属于对流混合。

（2）扩散混合

随着混合过程的进行，混合物中的组分以分子扩散形式由浓度高处向浓度低处运动，此过程称为扩散混合，对于液体混合物的混合，对流混合的同时，常伴有分子扩散混合。与对流混合相比，扩散混合速度较慢。

（3）剪力混合

对黏度高的物料，由于其流动性差，只能通过剪力作用使其团状或厚层状组分相互滑动，并拉成越来越薄的料层，增加组分间的接触面达到混合的目的，此过程称为剪力混合。如绞肉机、和面机就是通过挤压破碎达到剪切混合效果的。

上述三种混合机理可能同时存在，但常以一种形式为主。

2. 混合物的混合程度及混合要求

混合操作的最终结果是使混合物达到一定的均匀度。均匀度是指一种或几种组分经过混合所达到的分散的均匀程度。混合物的混合程度是以均匀度来衡量的，而均匀度的表征参数有以下两个。

（1）分离尺度

以混合后各局部区域某组分的体积的平均值来表示混合物的均匀性，称为分离尺度。

（2）分离强度

以混合后各局部区域某组分的浓度与该组分在混合物中的平均浓度之间的偏离程度来表示混合物的均匀性，称为分离强度。

分离尺度越小、分离强度越小，表明该混合越均匀，反之，混合效果越差。

二、混合操作在食品生产中的应用

混合操作在食品生产中的应用主要有以下两项。

① 制备均相混合物。食品多由若干成分配制而成，这些成分均需均匀混合。

② 混合作为辅助操作，有利于传热、传质。混合操作可使物料之间有良好的接触，促进传热、传质等物理过程的进行。如醪液的加热或冷却、糖的溶解、活性炭脱色等。

三、常用的混合设备

1. 液体的搅拌混合设备

液体的搅拌混合操作是通过机械搅拌使物料发生湍动，从而使混合物各组分趋于均匀的操作。如图 3-1 所示为典型的液体搅拌混合设备。该混合设备一般包括：

① 圆筒形容器，称为搅拌槽；

② 机械搅拌器，称为叶轮；

③ 其他部件，如搅拌轴、测温装置、取样装置等。

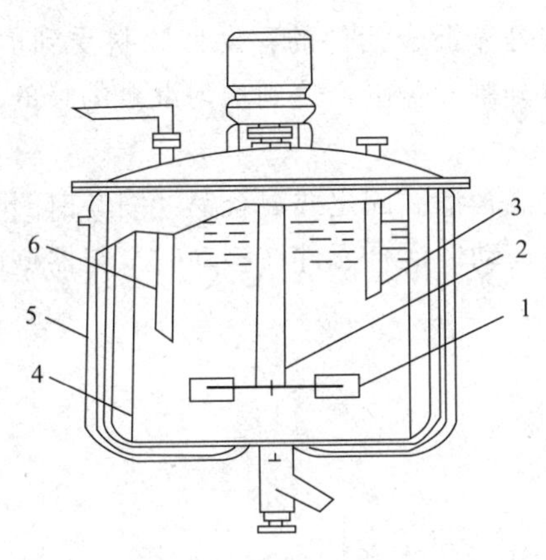

图 3-1　液体混合设备

1—浆叶；2—搅拌轴；3—温度计插套；4—挡板；5—进料管；6—夹套

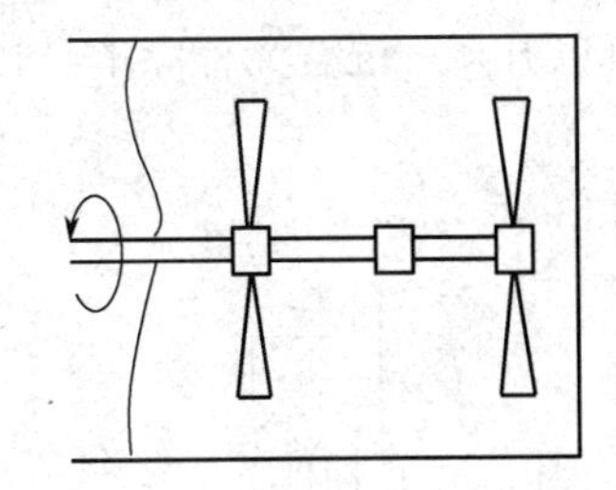

图 3-2　平浆式搅拌器

2. 液体搅拌混合常用搅拌装置

搅拌系统中最主要的部件是搅拌叶轮。常用的搅拌器根据叶轮构造不同可分为三类，即平桨式搅拌器、旋桨式搅拌器和涡轮式搅拌器。

① 平桨式搅拌器。如图 3-2 所示，平桨式搅拌器属于低速搅拌器，转速为20～80r/

min。通过搅拌使流体沿直径方向的流动（亦称为径向流动）较强，而沿轴向方向的流动（亦称为轴向流动）较弱，为此常在容器内加挡板来强化轴向流动效果。平桨式搅拌器构造简单，应用广泛，适用于黏稠液体及一般液体物料的搅拌。

② 旋桨式搅拌器。如图 3-3 所示，旋桨式搅拌器属于高速搅拌器，其转速最高可达1500r/min。这种搅拌器主要使流体产生轴向流，为强化混合效果可使桨叶倾斜一定角度或在容器内加挡板。该搅拌器适用于对中、低黏度液体及互不相溶物系的搅拌。

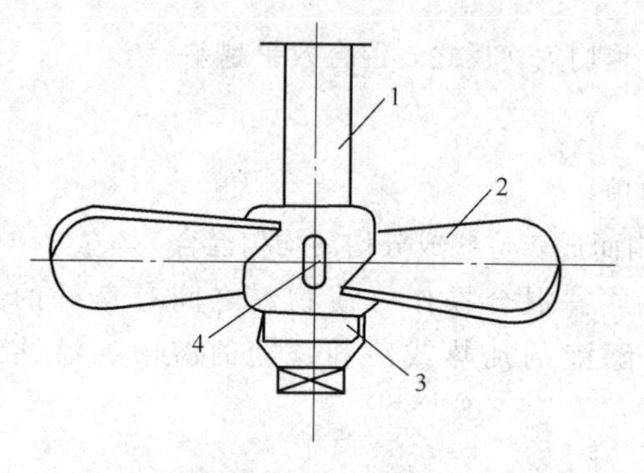

图 3-3　旋桨式搅拌器

1—轴；2—桨叶；3—螺母；4—键

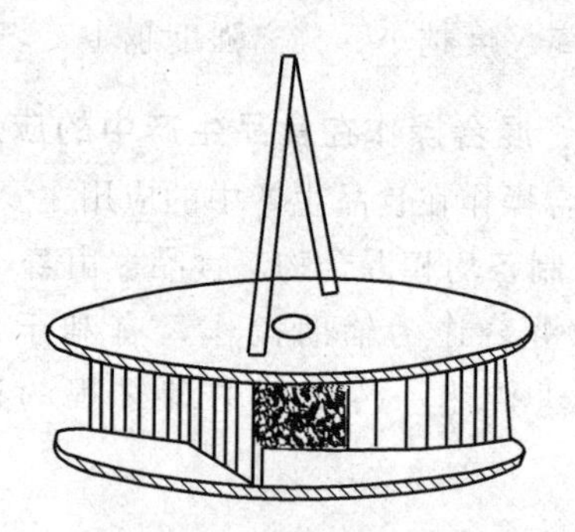

图 3-4　涡轮式搅拌器

③ 涡轮式搅拌器。如图 3-4 所示，涡轮式搅拌器与平桨式搅拌器相似，只是叶片多而短。其转速较高，转速为 30～500r/min。这种搅拌器可使流体产生较强的径向流和切向流，如再加设挡板又会强化轴向流动，因此，涡轮式搅拌器搅拌效率较高，但其制造复杂，价格较高。涡轮式搅拌器适用于中等黏度液体的混合。

3. 浆体的混合及塑性固体的捏合设备

浆体的混合及塑性固体捏合的基本原理是靠混合元件的移动使物料受到剪力而被拉伸、撕裂和折叠，从而使新物料被已混合物料所分割和包围，达到均匀混合的目的。

(1) 混合设备——混合锅

混合锅有两种类型，即固定式和转动式混合锅。固定式混合锅［图 3-5(a)］锅体不动但可以升降，混合元件除本身转动外兼做行星运动。混合元件在移动时，与器壁的间隙很小，

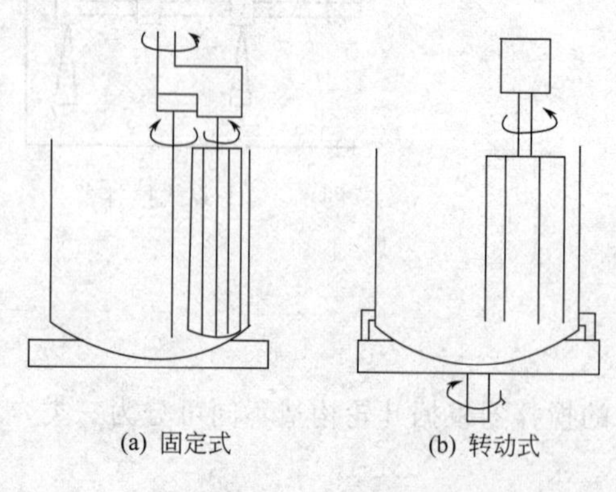

图 3-5　混合锅

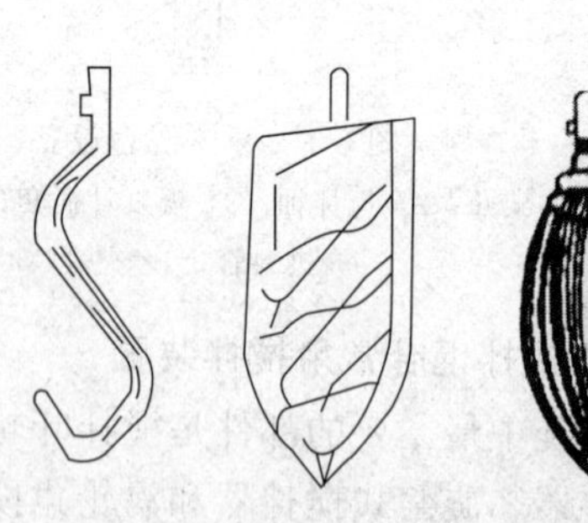

图 3-6　混合锅常用的混合元件

搅拌作用可遍及所有物料。转动式混合锅［图 3-5(b)］的锅体安装在转动盘上，随转动盘进行转动，其混合元件偏心安装于靠近锅壁处做固定半径的转动。转动式混合锅是由转动盘带动锅体做圆周运动，而将物料带到混合元件的作用范围之内，从而起到局部混合的作用。

混合锅的混合元件有多种形式，常用的有框式、叉式及桨叶做成扭曲状（图 3-6）。

(2) 捏合机

捏合机是利用位于器内的两个转动原件的若干混合动作的结合，尽可能达到物料局部移动、捏合、拉延和折叠等效果的一种混合器，如图 3-7 所示，它由容器、搅拌桨叶、传动装置和支架等部件组成，其中搅拌桨叶以 z 式最为普遍。

混合锅和捏合机广泛应用于焙烤食品加工和面糖制品加工中多种原料的混合。

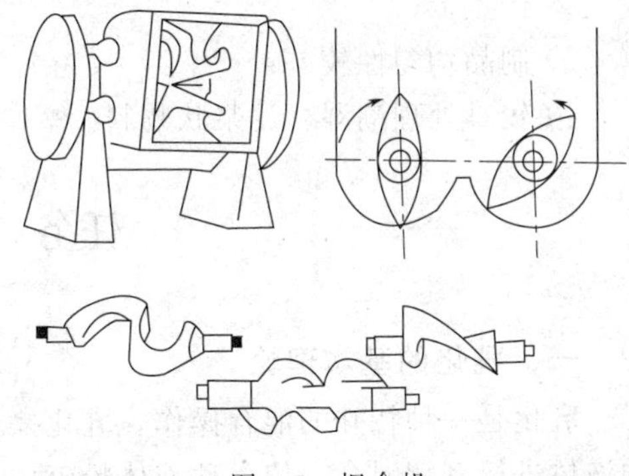

图 3-7　捏合机

4. 固体物料的混合器

在食品加工中，固体混合操作常遇到的有谷物的混合、面粉混合、面粉中加辅料和添加剂、干制食品中加入添加剂以及汤粉的制造等。

固体混合的机理和捏合一样，也是对流、扩散和剪力同时作用的过程。影响固体混合均匀度的主要因素有：固体物料的性质、设备特性、操作条件等。要实现固体均匀混合，主要是防止分离现象发生：相对密度差和力度差较大者易发生分离，混合器内存在速度梯度的部分因粒子群的移动易起分离作用，另外对干燥的颗粒，由于长时间混合而带电，也易发生分离。

常用的固体混合设备有旋转筒式混合器、螺带式混合槽和螺旋式混合器。

(1) 旋转筒式混合器

旋转筒式混合器最简单型为一水平圆筒绕其轴旋转，但混合效率不高，通常所用为其变形，其中广泛应用的有双锤混合器和双联混合筒。

双锤混合器是由两个锤筒和一段短圆筒连接而成。这种混合器克服了水平单筒中物料水平运动的缺点，转动时物料产生强烈的滚动作用，且由于流动断面的变化，产生了良好的横流。其主要特点是：

①对流动性强的食品物料，混合较快，功率较低；

②选用恰当的构材，适宜于不能受到污染的材料。

双联混合筒是由两段圆柱互成一定的角度呈 V 形连接而成，旋转轴为水平轴。其作用原理与双锤混合器相似。由于设备的不对称性，操作时，因物料时聚时散，产生了比双锤混合器更好的混合作用。

(2) 螺带式混合槽

螺带式混合槽的原理是利用水平槽内的转动元件所产生的纵向和横向运动的混合作用。在混合槽的同一轴上装有方向相反的螺带，一螺带使物料向一段移动，而另一螺带则使之向相反一段移动。如果两相反螺带使物料移动的速度有快有慢，则物料与物料之间就有净位移，而设备即可做成连续式。否则，设备则只能是间歇式。通常螺带与器底的间隙较小，因此易发生颗粒磨碎现象。螺带式混合槽对稀浆体和流动性差的粉体是一种有效的混合设备，而功率消耗则属中等。

（3）螺旋式混合器

螺旋式混合器的原理是在立式容器内将易流动的物料利用螺旋输送器提到上部并进行循环。与螺带式相比，其优点是：

① 投资费用低；

② 功耗少；

③ 占地面积小等。

缺点是：

① 混合时间长；

② 产量低；

③ 制品均匀性较差；

④ 较难处理潮湿、泥浆状物料。

任务二　乳　　化

一、乳化的基本理论

乳化是一种特殊的混合操作，乳化操作包含粉碎和混合操作。乳化是使两种通常不互溶的液体进行密切混合，使一种液体粉碎成小球滴后分散到另一种液体之中的操作过程。乳化操作的产物称为乳化液，乳化液是一种不稳定体系，为得到所需类型的乳化体系和必要的体系稳定性，乳化时除必要的机械力使液滴破碎（即均质）和操作条件控制外，一般还要加适当的助溶剂，即乳化剂。

乳化操作在食品工业中应用很广泛。应用乳化技术可使天然存在的食品乳化液更加稳定。如牛奶经均质、乳化处理后可避免奶油和脱脂奶分层现象，提高了感官质量。

二、乳化液的类型和稳定性

1. 乳化液的类型

食品乳化液通常有两种类型，即以油为分散相、水为连续相的水包油型（O/W）和以水为分散相、油为连续相的油包水型（W/O）。牛奶和冰淇淋为典型的水包油型乳化体系，乳酪和人造奶油是典型的油包水型乳化产品。乳化液中分散液滴的直径一般在 0.1～1.0μm 之间。

2. 乳化液的稳定性

由于油、水密度不同且不互溶，致使乳化液不稳定，即它在重力场或其他力场中迟早会分层，亦即轻相（油）上浮，重相（水）沉降。乳化液的稳定性是相对的，通常以乳化液中分散相的分层和聚合速度来衡量乳化液的稳定性。分散相液滴的沉降或上浮速度可由斯托克斯定律讨论，其计算式如下

$$u_0=\frac{d^2(\rho-\rho_0)g}{18\mu} \tag{3-1}$$

式中　u 0——液滴的沉降（上浮）速度，m/s；

ρ，ρ_0——分散相（液滴）、连续相的密度，kg/m^3；

d——液滴的直径，m；

μ——连续相的黏度，Pa·s。

液滴的沉降（上浮）速度是乳化液产生分层现象的直接原因，由式（3-1）知，u_0与d^2成正比，为使沉降速度变小，必须使d减小，即使分散相的液滴微粒化，这样才能使乳化液在足够长的时间内基本保持产品的原状，但分散相液滴始终存在互相凝聚成大液滴的趋势，也同样会出现分层。因此，为了增加乳化液的稳定性，除使分散相液滴充分微滴化（均质）以外，常需加入第三种物质（即乳化剂），以消除两相间存在的界面张力。

三、乳化剂的作用

乳化剂的作用主要有以下三方面。

① 降低两相间的界面张力，使两相接触面积增加，促进乳化液微粒化、均质化。

② 利用离子性乳化剂与液滴的吸附作用，使液滴带上同种电荷，加强了液滴间的相互排斥力，从而阻止液滴的凝聚。

③ 乳化剂具有亲水性和亲油性，在液滴油水界面形成吸附层，对液滴起保护作用。

四、乳化液的制备及乳化设备

1. 乳化液的制备

乳化液制备方法主要有凝聚法和分散法两种。凝聚法是将以分子状态分散的液体凝聚成适当大小的液滴的方法。分散法是将一种液体加到另一种液体中同时进行强烈搅拌而生成乳化分散物的方法，它是以机械力强制作用使大液滴群不断分裂为微滴群的过程，工业上主要应用此法。

2. 乳化设备

在工业生产中乳化液的制备多采用分散法，即借助机械力（搅拌力、剪切力等）作用对两种不互溶液体进行乳化分散的方法。常用的乳化设备有高速搅拌器、均质机、胶体磨、超声波乳化器等。

（1）高速搅拌器

它是依靠搅拌器的搅拌力进行乳化分散的设备，其原理与搅拌设备原理相同。

（2）均质机

生产中常用的均质机为高压均质机，它是利用高压的作用，使料液中的大液滴破碎成微滴，从而达到料液的组成均匀一致。

① 均质机的结构及工作原理。高压均质机的主要部件是高压泵和均质阀。高压泵采用柱塞式往复泵，为保证料液连续均匀排出，通常采用三柱塞式往复泵，其排液量如图3-8所示。均质阀安装在高压泵的排出管路上，由调节手柄控制螺旋弹簧对阀芯的压力，达到调节流体压力的作用，均质阀处料液通道是环形通道，环形通道的间隙很小，可以达到液滴破碎及均匀分散的目的。如图3-9所示为双级均质阀工作示意图，在第一级中，流体压力为200～250atm，其作用是使液滴破碎，第二级流体压力为35atm左右，可以使液滴分散。原料经高压泵加压后，由排出管道进入均质阀，在均质阀处由于压差很大及料液通道小等原因使流体发生湍流流动，产生强烈的撞击及剪切作用，使液滴破裂达到乳化效果。

② 均质机的适用范围。均质机适用于黏度较低的物料的乳化。

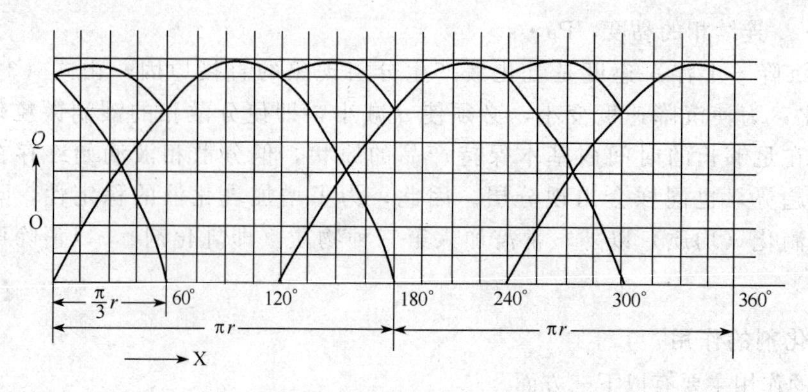

图 3-8　三柱塞式往复泵排液量

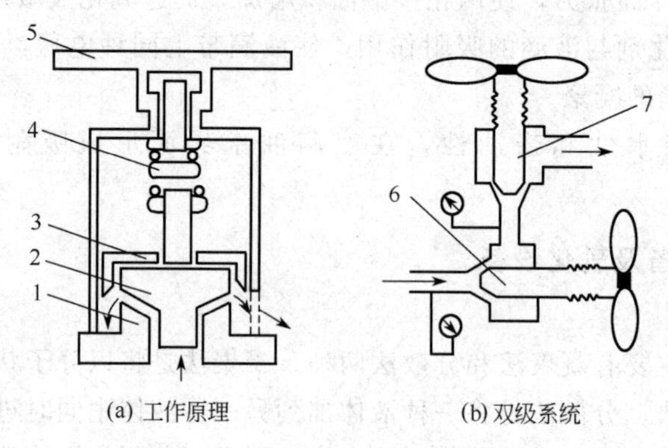

图 3-9　双级均质阀工作示意

1—阀座；2—阀盘；3—挡板环；4—弹簧；5—调节手柄；6—第一级阀；7—第二级阀

3. 胶体磨

胶体磨是一种主要依靠剪力作用，使流体物料得到精细粉碎和微粒处理的设备。其主要部件是固定件和转动件，两者之间的间隙可以调节。工作时，料液由间隙流入，并由转动件带动进行高速旋转，使物料产生强烈的湍动并产生剪切作用，达到液滴破碎及乳化效果。胶体磨适用于黏度较高的物料的乳化，其结构如图 3-10 所示。

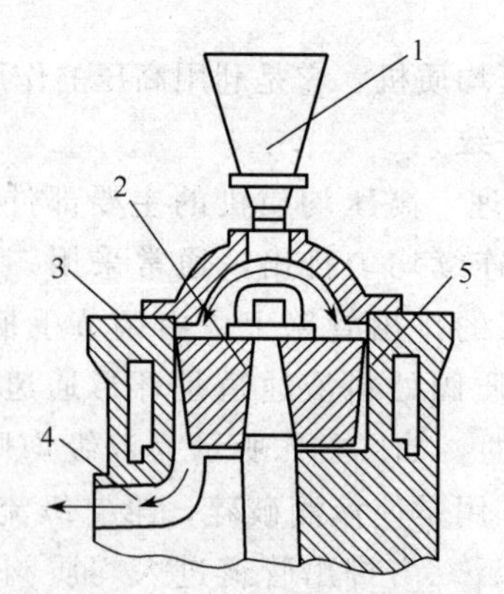

图 3-10　立式胶体磨结构

1—进料口；2—转动件；3—紧固件；

4—出料口；5—固定件

4. 超声波乳化器

超声波乳化器是将频率为20～25kHz的超声波发生器与待乳化的料液接触，依靠超声波发生器上簧片的振动带动料液振动，使液滴分散成细的液滴。

超声波通常由机械系统产生，称为机械式超声波发生器，其原理如图3-11所示。它有一楔形的簧片置于喷嘴的前方。液体被泵送经矩形缝隙射向簧片，簧片因受到冲击而发生振动并产生共振，将超声波传给液体，液体由于振动而破碎，达到乳化目的。

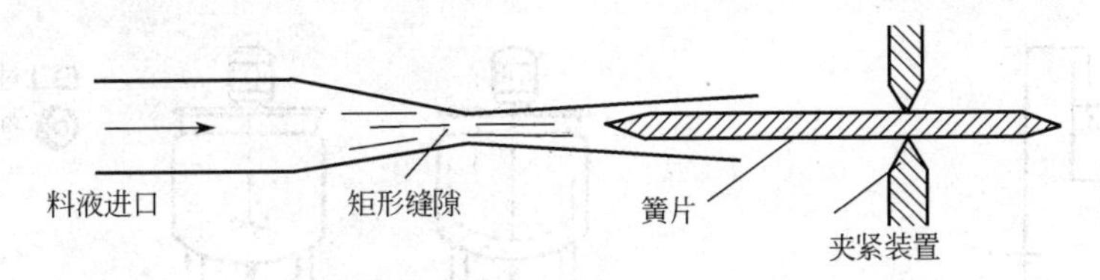

图3-11　机械式超声波发生器原理

任务三　混合乳化操作

一、间歇式乳化系统

间歇式乳化系统如图3-12所示。此系统主要由油相和水相的预混合罐和乳化罐及搅拌、均质、后处理设施组成。油相物料与水相物料分别在油锅及水锅内预先混合、加热及保温，水锅、油锅中的物料通过输送管道可在真空状态下直接进入乳化锅，在乳化锅内进行混合乳化，通过夹层内的加热及冷却介质进行加热保温及冷却，温度可根据设定自动控制。乳化物料可继续进行均质、后处理等加工过程。

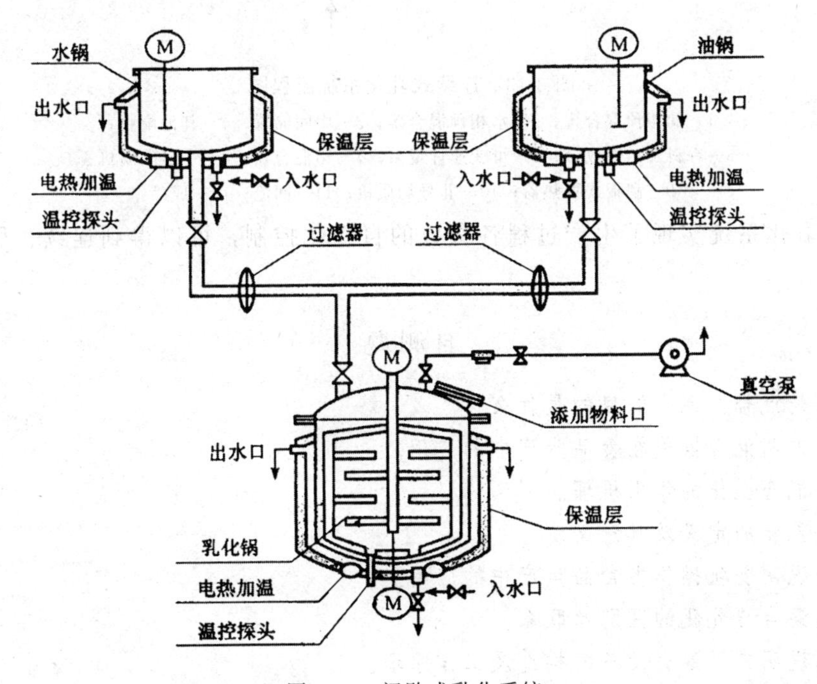

图3-12　间歇式乳化系统

二、连续式乳化系统

连续式乳化系统如图 3-13 所示。油相物料及水相物料分别在预混合罐 1、2 中进行预混合，之后经计量泵送入中间储罐 3 进行暂存，其他配料也泵送入中间储罐暂存，香料及活性成分、油相及水相物料通过可变速计量泵在预混合器 7 中混合乳化，之后通过 8 均质，9 进行加热，再次通过 10 进行二次均质，与 11 构成回流通道，充分进行乳化混合加工，直至达到乳化效果。

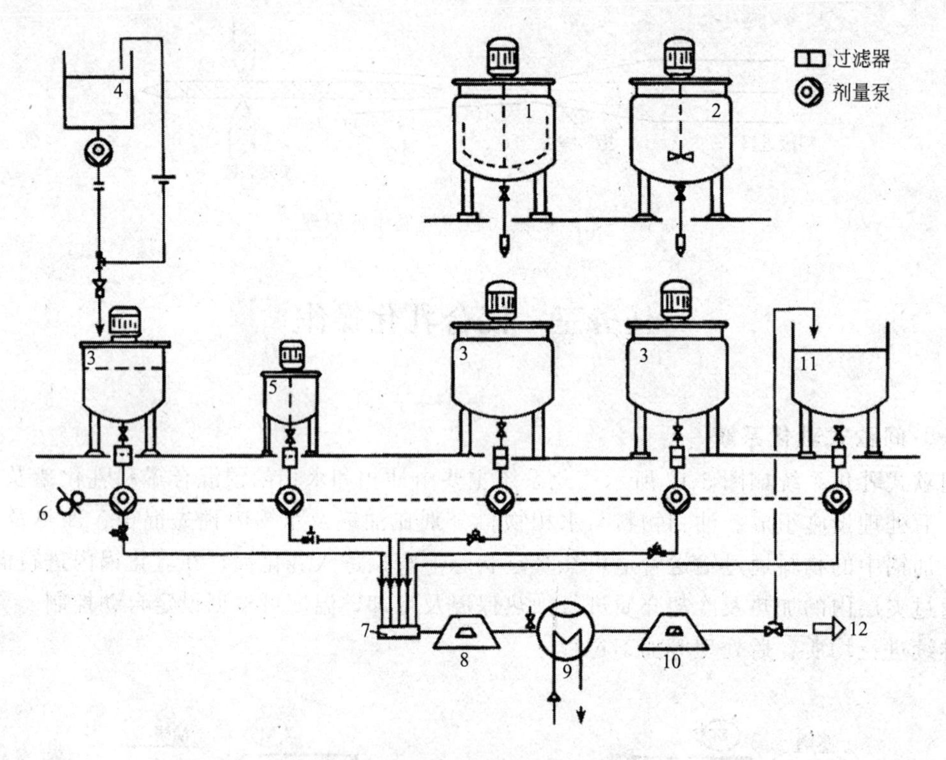

图 3-13　连续式乳化系统流程图

1—油相预混合罐；2—水相预混合罐；3—中间储罐；4—其他配料；
5—香料及活性成分；6—可变速计量泵；7—预混合器；8—Ⅰ号均质机；
9—刮板式换热器；10—Ⅱ号均质机；11—回流；12—成品

连续式乳化系统实现了生产过程各参数的自动化控制，可以得到连续、稳定的最终产品。

自测题

1. 什么是混合？混合的目的是什么？
2. 举例说明混合操作在食品生产中的应用。
3. 简述混合操作的作用机理。
4. 简述乳化的定义及其意义。
5. 举例说明乳化操作在食品生产中的应用。
6. 简述混合与乳化的区别及联系。
7. 图示说明常用混合设备的构造及工作原理。
8. 图示说明均质机的构造及工作原理。

9. 图示说明胶体磨的构造及工作原理。

10. 图示说明超声波乳化器的构造及工作原理。

项目小结

混合是借助机械方法或物理方法将两种或两种以上不同物料互相混杂，使各组分浓度达到一定的均匀度，混合的结果得到混合物；乳化是一种特殊的混合操作，乳化操作包含粉碎和混合操作，乳化操作的结果得到乳化液。混合乳化是食品工业中一项重要的单元操作。本项目从混合乳化在食品生产中的应用、混合乳化设备及其原理、混合乳化操作等方面进行了详细的介绍。

项目四　热量传递

【学习目标】

1. 掌握传热的基本方式及计算。
2. 了解换热器的结构及工作原理。

传热即热量传递。传热现象在自然界普遍存在。传热学就是研究热量传递的一门科学。本章主要介绍传热的一些基本概念，分析传热速率及其影响因素，寻求控制热量传递快慢的一般规律，从而根据生产要求运用这些规律来强化或削弱热量传递，提高热交换率。

任务一　热量传递理论

一、传热在食品工业中的应用

传热是指不同温度的两个物体之间或同一物体的两个不同温度部位之间所进行的热的传递。

在食品工业上，大多数生产过程都需要控制在一定的温度下进行，为了达到或保持所需要的温度，通常需要对物料进行加热或冷却。并且，这种热交换作为单元操作，总是与其他单元操作结合在一起，或作为其他单元操作的一部分。例如对食品进行加热、冷却等，起到杀菌，便于保藏的作用；食品原料在加工中完成生化变化；液体食品的浓缩、干制食品的脱水等均离不开传热。

食品生产中对传热过程的要求有以下两种情况：一种是强化传热过程，要求设备传热性能良好，以挖掘传热设备的潜力或缩小设备的尺寸；另一种是削弱传热过程，以减少热损失，节约能源，维持操作稳定，改善操作人员的劳动条件等。

二、传热的基本方式

热量的传递是由于物体内部或物体之间的温度不同而引起的。根据传热机理的不同，传热的基本方式有热传导、热对流、热辐射三种。

1. 热传导

它是内能由物体的一部分传递给另一部分或从一个物体传递给另一个物体，同时无物质质点迁移的传热方式。物体中温度较高的分子（或原子、自由电子等）因振动而与相邻温度较低的分子（或原子、自由电子等）发生碰撞，并将能量的一部分传给后者。热传导的特点是物体中的分子或质点不发生宏观的迁移。热传导通常发生在固体中，静止的液体或气体中也常常发生热传导。在层流流体中，传热方向与流向垂直时亦为传导。在流体中导热的作用并不明显。

2. 热对流

热对流是流体各部分发生相对位移而引起的传热现象。对流传热时，伴随着流体质点相对运动，不同温度的质点因相互混合而交换热量。若流体的运动是由于受到外力（如机械搅拌）的作用所引起，则称为强制对流；若流体的运动是由于流体内部冷、热部分的密度不同引起的，则称为自然对流。

3. 热辐射

热辐射既不依靠流体质点的移动，又不依靠分子之间的碰撞，而是借助各种不同波长的电磁波来传递能量的。热辐射的特点是不仅产生能量的转移，而且还伴随着能量形式的转换。当两个物体以热辐射的方式进行热能传递时，放热物体的热能先转化为辐射能，并以电磁波的形式向周围空间发射，当遇到另一物体时，电磁波的辐射能将部分或全部地被该物体吸收，又转变为热能。任何物体都能把热能以电磁波的形式辐射出去，也能吸收别的物体辐射出的电磁波而转变成热能。当物体的温度越高，则以辐射形式传递的热量就越多。

实际上，上述三种基本方式，在传热过程中很少单独存在，往往是互相伴随着同时出现。例如在焙烤食品时，在食品的烘烤区域范围内，兼有热辐射、热对流、热传导三种传热方式，并且是以热辐射为主。所以，三种基本传热方式在某种场合下是以某种方式为主而已。

三、工业上的换热方式

在食品生产中，由于换热的目的和工作条件不同，换热方式可分为以下三类。

1. 间壁式换热

间壁式换热是通过固体壁面将冷、热两种流体隔开，热流体先将热量传给固体壁面，再以热传导的方式通过固体壁面，然后由固体壁面将其所吸收的热量传给被加热的冷流体以达到换热的目的。它是食品工业中应用最广泛的一种换热形式。

2. 混合式换热

混合式换热是冷、热流体直接接触而进行传热的一种方式。此类换热器只能用于允许冷、热流体直接混合的场合。常见的换热器有凉水塔、混合冷凝器等。

3. 蓄热式换热

蓄热式换热是在蓄热器内，冷、热流体交替流过填充物。当热流体流过时，填充物温度升高，储存热量。而后冷流体流过，填充物中储存的热量再传递给冷流体，使自身降温。就这样反复进行换热过程。因此蓄热式换热是反复利用固体填充物积蓄和释放热量而使冷、热两股流体换热的一种方法。

任务二 间壁式换热过程及其计算

一、热传导

（一）热传导的基本定律

固体中的热量传递主要是热传导；气体和液体因具有流动性，热传导和热对流总是同时出现，热传导虽然会发生，但通常不起主要作用。

傅里叶定律是反映热传导规律的基本定律，它表示导热速率与温度梯度及传热面积成正比，即

$$Q=-\lambda A\frac{\mathrm{d}t}{\mathrm{d}x} \tag{4-1}$$

式中 Q——导热速率，单位时间内传导的热量，其方向与温度梯度相反，W；

A——传热面积，垂直于导热方向的截面积，m^2；

$\frac{dt}{dx}$——温度梯度，K/m；

λ——材料的热导率，W/（m·K）；

“−”——表示热流方向与温度梯度的方向相反。

傅里叶定律不是根据基本原理推导得到的，它与牛顿黏性定律相类似，热导率 λ 与黏度 μ 一样，也是粒子微观运动特性的表现。

（二）热导率

热导率又称导热系数，是表示物质导热能力的物性参数。热导率值越大，物质的导热能力越强。不同物质的热导率各不同，同一物质，其热导率随该物质的组成、结构、密度、温度和压力等而变化。工程计算中所用的各种物质的热导率，其值都是由实验测定的。一般说来，金属的热导率最大，固体非金属次之，液体较小，气体最小。

1. 固体的热导率

在所有的固体物质中，金属是最好的导热体。其热导率 $\lambda=2.5\sim420$W/(m·K)。随着金属纯度降低，其热导率会降低。非金属材料的 $\lambda=0.06\sim3$W/(m·K)，其中 $\lambda<0.23$W/(m·K) 的固体材料可用来做保温材料。

2. 液体的热导率

液体的热导率的范围一般为 0.09～0.7W/(m·K)。液态金属的热导率比一般液体高。在液态金属中，钠的热导率较高。在非金属液体中，水的热导率最大。水溶液的热导率随浓度增高而降低。多数液体的热导率随温度升高而降低。

3. 气体的热导率

气体的热导率一般随温度升高而增大，随压力变化很小。其值的范围为 0.0058～0.58W/(m·K)。气体的热导率很小，对导热不利，但有利于保温、绝热。工业上用的玻璃棉、泡沫塑料等就是因为其间隙有气体而被作为绝热材料。

（三）平壁的热传导

1. 单层平壁的热传导

单层平壁的热传导如图 4-1 所示。假设平壁材料均匀，热导率不随温度而变，平壁内的温度仅沿垂直于壁面的方向变化。两侧表面积为 A，壁厚为 δ。两侧的温度分别为 t_1、t_2，若 $t_1>t_2$，热量以热传导的方式传递，其导热速率为

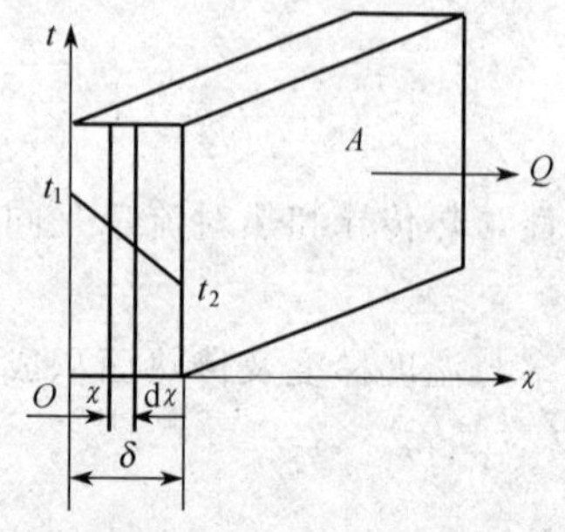

图 4-1 单层平壁热传导

$$Q=\lambda A\frac{t_1-t_2}{\delta}=\frac{t_1-t_2}{\frac{\delta}{\lambda A}}=\frac{t_1-t_2}{R}=\frac{\Delta t}{R} \tag{4-2}$$

式中 δ——平壁厚度，m；

R——导热热阻，$R=\frac{\delta}{\lambda A}$，K/W。

实际上，物体内部不同位置上的温度并不相同，因而热导率也随之不同。但在工程计算中，对于各处温度不同的物体，其热导率可以用固体两侧面温度下的 λ 值求得算术平均

值，或取两侧面温度的算术平均值下的λ值。

式（4-2）表明导热速率与传热推动力成正比，与热阻成反比；导热距离越大，传热面积和热导率越小，热阻越大。

2. 多层平壁的热传导

生产中常见的是多层平壁的热传导，如用耐火砖、保温砖和青砖等构成的三层炉壁。如图 4-2 所示，其中各层壁厚依次为δ_1、δ_2、δ_3，材料的热导率为λ_1、λ_2、λ_3，壁面温度依次为t_1、t_2、t_3、t_4。根据傅里叶定律，各层的导热速率可写成

$$Q_1=\frac{t_1-t_2}{\frac{\delta_1}{\lambda_1 A}}=\frac{t_1-t_2}{R_1}=\frac{\Delta t_1}{R_1}$$

$$Q_2=\frac{t_2-t_3}{\frac{\delta_2}{\lambda_2 A}}=\frac{t_2-t_3}{R_2}=\frac{\Delta t_2}{R_2}$$

$$Q_3=\frac{t_3-t_4}{\frac{\delta_3}{\lambda_3 A}}=\frac{t_3-t_4}{R_3}=\frac{\Delta t_3}{R_3}$$

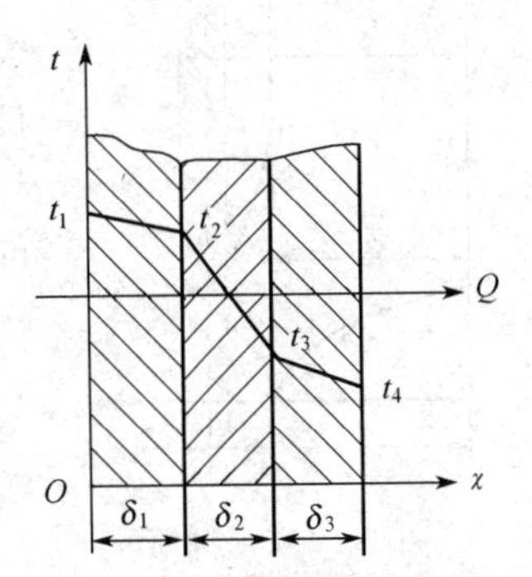

图 4-2　多层平壁的热传导

在稳定传热条件下，$Q=Q_1=Q_2=Q_3$。应用加合定律可得

$$Q=\frac{t_1-t_4}{\frac{\delta_1}{\lambda_1 A}+\frac{\delta_2}{\lambda_2 A}+\frac{\delta_3}{\lambda_3 A}}=\frac{\Delta t_1+\Delta t_2+\Delta t_3}{R_1+R_2+R_3} \qquad (4\text{-}3)$$

式（4-3）为三层平壁的导热速率方程。对于n层平壁，其导热速率方程可表示为

$$Q=\frac{t_1-t_{n+1}}{\sum_{i=1}^{n}\frac{\delta_i}{\lambda_i A}}=\frac{\sum\Delta t}{\sum R} \qquad (4\text{-}4)$$

由此可见，多层平壁热传导的导热速率与热传导总推动力成正比，与总热阻成反比，总推动力为各层平壁温差之和，总热阻为各层平壁热阻之和。

【例 4-1】 锅炉钢板壁厚$\delta_1=20\text{mm}$，其热导率$\lambda_1=58.2\text{W/(m}\cdot\text{K)}$，若黏附在锅炉内壁的水垢厚度$\delta_2=1\text{mm}$，其热导率$\lambda_2=1.162\text{W/(m}\cdot\text{K)}$。已知锅炉钢板外表面温度$t_1=523\text{K}$，水垢内表面温度$t_3=473\text{K}$，求锅炉每平方米表面积的导热速率，并求钢板内表面的温度t_2。

解　由式（4-3）得

$$\frac{Q}{A}=\frac{t_1-t_3}{\frac{\delta_1}{\lambda_1}+\frac{\delta_2}{\lambda_2}}=\frac{523-473}{\frac{0.02}{58.2}+\frac{0.001}{1.162}}=4.15\times10^4\,\text{W/m}^2$$

$$t_2=t_1-\frac{Q}{A}\times\frac{\delta_1}{\lambda_1}=523-4.15\times10^4\times\frac{0.02}{58.2}=508.7\text{K}$$

（四）圆筒壁的热传导

1. 单层圆筒壁的热传导

生产中常遇到流体通过管壁和圆筒形设备壁的导热。它与平壁导热的本质相同。不同点在于圆筒壁导热时，导热面积随着管半径r的变化逐渐变化，而平壁导热时沿传热方向导热面积是不变的。

如图 4-3 所示是一个单层圆筒壁，设其内半径为 r_1，外半径为 r_2，长度为 L。其内外壁温度分别为 t_1、t_2，且 $t_1>t_2$。应用傅里叶定律，进行积分得到通过该圆筒壁的导热速率方程为

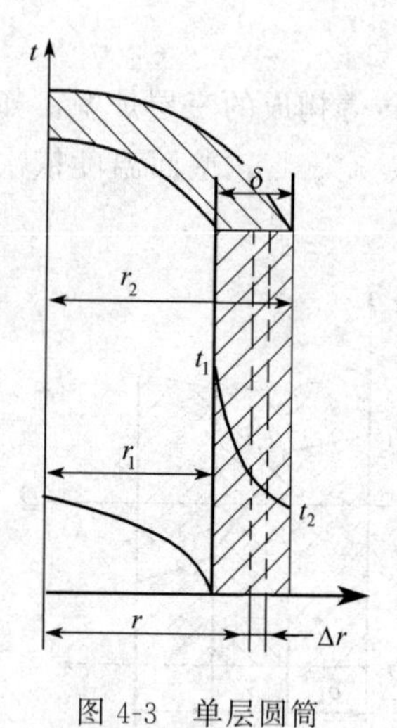

图 4-3 单层圆筒壁的热传导

$$Q=\frac{2\pi L\lambda(t_1-t_2)}{\ln\frac{r_2}{r_1}}=\frac{t_1-t_2}{\frac{\ln\frac{r_2}{r_1}}{2\pi L\lambda}}=\frac{t_1-t_2}{R} \tag{4-5}$$

由式（4-5）可知，单位时间内通过单层圆筒壁的热量与热导率 λ、筒长 L 及内外壁温差 Δt 成正比，与圆筒外径和内径比值的自然对数成反比。为便于理解，设圆筒壁的平均导热面积为 A_m，与 A_m 相对应的筒的平均半径为 r_m，则通过圆筒壁的导热速率又可按平壁的公式写成

$$Q=\lambda\frac{A_m}{\delta}(t_1-t_2)=\lambda\frac{2\pi Lr_m}{r_2-r_1}(t_1-t_2) \tag{4-6}$$

与式（4-5）比较得

$$\lambda\frac{2\pi Lr_m}{r_2-r_1}(t_1-t_2)=\frac{2\pi L\lambda(t_1-t_2)}{\ln\frac{r_2}{r_1}}$$

则

$$r_m=\frac{r_2-r_1}{\ln\frac{r_2}{r_1}} \tag{4-7}$$

r_m 称为单层圆筒壁的对数平均半径。当筒壁比较薄，$r_2/r_1<2$ 时，可用算术平均值表示，与对数平均半径相比，误差不超过 4%，在工程计算中常做这样的简化处理。

2. 多层圆筒壁的热传导

多层圆筒壁的热传导可视为各单层圆筒壁串联进行的导热过程。对稳态的导热过程，单位时间内由多层圆筒壁所传导的热量，等于通过各层圆筒壁所传导的热量之和。

以三层圆筒壁为例，假设层与层之间接触良好，相互接触的表面温度相等。各层材料的热导率分别为 λ_1、λ_2、λ_3，视为常数。各层厚度分别为 $\delta_1=r_2-r_1$；$\delta_2=r_3-r_2$；$\delta_3=r_4-r_3$。其导热速率方程可与多层平壁的稳定导热方程相类比。即

$$Q=\frac{t_1-t_4}{R_1+R_2+R_3}=\frac{t_1-t_4}{\frac{\ln\frac{r_2}{r_1}}{2\pi L\lambda_1}+\frac{\ln\frac{r_3}{r_2}}{2\pi L\lambda_2}+\frac{\ln\frac{r_4}{r_3}}{2\pi L\lambda_3}} \tag{4-8}$$

对于 n 层圆筒壁的稳态导热，其导热速率方程为

$$Q=\frac{t_1-t_{n+1}}{\sum_{i=1}^{n}\frac{\delta_i}{\lambda_i A_i}} \tag{4-9}$$

【例 4-2】 用 ϕ89mm×4mm 的不锈钢管输送热油，管的热导率为 17W/（m·K），其内表面温度为 403K，管外包 4cm 厚的保温材料，其热导率为 0.035W/(m·K)，其外表面温度为 298K，计算钢管与保温材料交界处的温度。

解 $r_1=\frac{(89-2\times4)\times10^{-3}}{2}=0.0405\text{m}$ $\quad r_2=\frac{89\times10^{-3}}{2}=0.0445\text{m}$

$$r_3=0.0445+0.04=0.0845\text{m}$$

由式（4-9）得

$$\frac{Q}{L}=\frac{2\pi(t_1-t_3)}{\frac{\ln\frac{r_2}{r_1}}{\lambda_1}+\frac{\ln\frac{r_3}{r_2}}{\lambda_2}}=\frac{2\times3.14(403-298)}{\frac{1}{17}\ln\frac{0.0445}{0.0405}+\frac{1}{0.035}\ln\frac{0.0845}{0.0445}}=36.0\text{W}$$

再由式（4-5）得

$$t_2=t_1-\frac{Q\ln\frac{r_2}{r_1}}{2\pi L\lambda}=403-\frac{36.0\times\ln\frac{0.0445}{0.0405}}{2\times3.14\times17}=402.97\text{K}$$

由计算结果可知，钢管与保温层交界处的温度与管内温度相差很小，是因为钢的热导率较大。如果无保温层，将会有很大的热损失。

二、对流传热

对流传热是指流体与固体壁面之间依靠流体质点位移产生的热对流和分子运动所产生的热传导而进行的热量交换过程，又称为对流给热。由于固体壁面附近存在流体层流内层（靠近管壁处做层流流动的流体薄层），故对流传热的全过程必然包括热量由流体主体向层流内层外缘的传递过程，以及通过层流内层的传递而到达固体壁面的传递过程，它是一种复杂的传热现象，如图 4-4 所示。

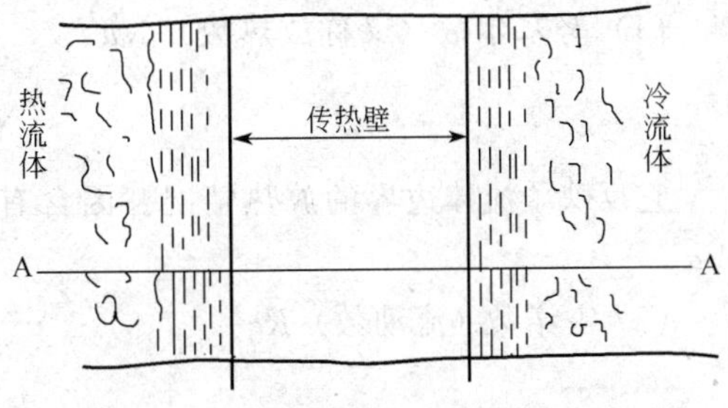

图 4-4　流体在壁面两侧的流动情况

（一）对流传热方程

对流传热是一个十分复杂的传热现象，影响对流传热的因素很多。因此对流传热的纯理论计算相当困难。工程上将对流传热的传热速率写成如下形式。

流体被加热时：
$$Q=\alpha A(t_W-t) \tag{4-10}$$

流体被冷却时：
$$Q=\alpha A(t-t_W) \tag{4-11}$$

式中　α——对流传热系数（又称传热膜系数、表面传热系数），$\text{W}/(\text{m}^2\cdot\text{K})$；

t_W——壁面温度，K；

t——流体的平均温度，K。

以上两式为对流传热速率方程，又称牛顿冷却定律。

在整个换热器中，流体温度和壁温都随流体流动方向而改变。所以局部对流传热系数也沿流体流动方向而变化。在设计换热器时，为了简便起见，对流传热系数可用平均温度下的平均对流传热系数的数值。此时牛顿冷却定律可以表示为

$$Q=\alpha A\Delta t \tag{4-12}$$

上式可改写为

$$Q=\frac{\Delta t}{\frac{1}{\alpha A}}=\frac{\Delta t}{R} \tag{4-13}$$

式（4-13）表明对流传热速率等于传热的推动力与对流传热的热阻之比。

（二）对流传热系数及其影响因素

1. 影响对流传热系数的因素

对流传热的特点是存在着流体相对于壁面的流动。所以，凡是影响流体流动的因素，必

然也影响对流传热系数。主要影响因素如下。

① 流体的流动状态。如湍流、过渡流或层流。

② 流体的对流方式。如自然对流或强制对流。

③ 流体的物理性质。如流体的比热容、热导率、密度和黏度等。

④ 传热面的形状、大小和位置。

⑤ 流体在传热过程中有无相变。

由此可见，影响对流传热系数的因素很多，所以对流传热系数的确定是一个非常复杂的问题。

2. 对流传热系数的关联式

对流传热系数的计算十分复杂，没有一个确定 α 的普遍公式。目前工程设计中使用的 α 计算式，大多是通过实验做出的经验公式。这些计算式常整理成量纲为 1 的数群的关系式，称为对流传热系数的关联式。式中用的量纲为 1 的数群称为特征数。当流体做稳定对流传热时，计算中常遇到的特征数如下。

（1）努塞尔数（又称放热数）Nu

$$Nu=\frac{\alpha L}{\lambda} \tag{4-14}$$

它反映了流体边界的放热情况。因含有 α，所以能通过 Nu 和其他特征数的关联式计算出 α。

（2）雷诺数（流动数）Re

$$Re=\frac{Lu\rho}{\mu} \tag{4-15}$$

Re 是反映流体流动状况的一个特征数。一般在强制对流时，它的作用显著，而在自然对流中，其影响微小。

（3）普朗特数（物性数）Pr

$$Pr=\frac{\mu c_p}{\lambda} \tag{4-16}$$

它反映了流体与传热有关的一些性质，即流体物性对传热的影响。

（4）格拉晓夫数 Gr

$$Gr=\frac{gL^3\rho^2\beta\Delta t}{\mu^2} \tag{4-17}$$

Gr 反映了同一流体内部，由于局部温度差异所引起的浮力对传热的影响，特别是为自然对流时，其影响非常显著；当为强制对流时，其影响较小，可忽略不计。

式中 α——对流传热系数，$W/(m^2 \cdot K)$；

λ——热导率，$W/(m \cdot K)$；

L——传热面的特征尺寸，m；当流体在管内流动时，L 常指管内径；在其他情况下，可能指管外径、管高或平板高度等；

u——流体的流速，m/s；

ρ——流体的密度，kg/m^3；

μ——流体的黏度，$Pa \cdot s$；

c_p——流体的比热容，$J/(kg \cdot K)$；

g——重力加速度，$9.81m/s^2$；

β——流体的热膨胀系数，$\beta=1/t$，1/K；

Δt——流体温度与管壁温度的差值，K。

描述对流传热的特征数关联式为

$$Nu=kRe^m \cdot Pr^n \cdot Gr^s \cdots \tag{4-18}$$

因特征数关联式属于经验公式，故在应用时不能超出实验条件的范围，必须注意以下三个方面。

① 应用范围。各关联式中特征数都有其适用的范围，使用时不得超过此范围。

② 特征尺寸。当计算特征数式中含有几何尺寸 L 的特征数时，L 有其指定的固定边界的某一尺寸，此尺寸称为定性尺寸。定性尺寸一般选取对流体流动和换热有决定性影响的固体表面尺寸。如管内对流传热时用管内径，管外对流传热时用外径，对非圆形管道则取当量直径。

③ 定性温度。确定特征数中物性参数所依据的温度称为定性温度。定性温度可取流体的平均温度（即流体进、出换热器温度的算术平均值）或壁面温度，也可选取流体和壁面的平均温度。总的说来，一般选取对传热过程起主要作用的温度为定性温度。

3. 几种常见的对流传热系数

（1）流体无相变时的对流传热系数

① 自然对流时的传热系数。自然对流是由于系统内部存在温度差，使各部分流体密度不同而引起的对流运动。自然对流时的传热在食品工业中的应用很广，如冷库内冷却排管的圆筒形壁面放出冷气、冷库平壁面对冷库内放热等。

a. 垂直平壁面的对流传热系数。垂直平壁面对流传热时，壁面为热壁，壁面附近的热空气与离壁面较远处的冷空气之间存在密度差异，前者小于后者，在垂直方向的不同密度的空气层间产生浮力效应，从而造成气流的循环运动，壁面附近的空气上升，远处冷空气流向下部壁面。冷库即为此例。它的传热情况是壁面温度与空气温度之间的温度差引起了热量以传导方式传给壁面处的空气，而空气又带着此热量在沿壁面平行方向流动过程中，因与冷空气密度不同而产生对流并离开壁面。其对流传热系数可用如下关联式来表示

$$Nu=CL^{\frac{1}{4}} \tag{4-19}$$

式中　L——定性尺寸，取平壁的高度，m；

C——常数，对空气：$C=0.48$。

$$\text{一般流体：}Pr<0.5\text{ 时，}C=1.8\frac{Pr^{0.5}}{2.3+Pr^{0.5}}$$

$$Pr>0.5\text{ 时，}C=20.6\left(\frac{Pr}{1.1+Pr}\right)^{\frac{1}{4}}；$$

上式适用于 $Pr \cdot Gr<10^8$ 的场合；$Pr \cdot Gr>10^8$ 时，壁高影响可忽略。可采用下式计算

$$Nu=0.129(Pr \cdot Gr)^{\frac{1}{4}} \tag{4-20}$$

b. 水平圆筒壁的自然对流传热系数。在食品工业上，冷库内水平冷却排管外壁面的传热为水平圆筒壁的自然对流传热。其特征数关联式为：

$$Nu=0.4(Pr \cdot Gr)^{\frac{1}{4}} \tag{4-21}$$

决定这种放热过程的定性尺寸不是管长而是管子外径 d_0；此式适用于 $Gr \cdot Pr=10^3 \sim 10^9$ 的范围；式中的物性参数的定性温度以壁温为基准，仅流体的热膨胀系数 β 取流体温度为定性温度。

② 强制对流时的传热系数。当流体在圆形直管内做强制对流时的传热系数如下。

a. 低黏度（$\mu < 2\mu_{水}$）流体

$$Nu = 0.023 Re^{0.8} Pr^{n} \tag{4-22}$$

或
$$\alpha = 0.023 (\lambda/d) Re^{0.8} Pr^{n}$$

式中 n——常数，与热流方向有关，当流体被加热时，$n=0.4$；被冷却时，$n=0.3$。

特征尺寸：Re、Nu 数中的特征尺寸取管内径 d_i。

定性温度：取流体进、出口主体温度的算术平均值。

上式的适用范围：$Re > 10000$，$0.7 < Pr < 160$，管子长径比 $L/d_i > 30 \sim 40$。当 $L/d_i < 30 \sim 40$ 时，可将由式（4-22）算得的 α 乘以 $[1+(d_i/L)^{0.7}]$ 进行校正。

b. 高黏度流体

$$Nu = 0.027 Re^{0.8} Pr^{0.33} \left(\frac{\mu}{\mu_w}\right)^{0.14} \tag{4-23}$$

式中 μ——液体在主体平均温度下的黏度；

μ_w——液体在壁温下的黏度。

c. 对于 $Re = 2000 \sim 10000$ 之间的流动，层流内层较厚，热阻大而 α 小，此时可按式(4-22)计算结果乘以较正系数 f，且

$$f = 1 - \frac{6 \times 10^5}{Re^{1.8}} \tag{4-24}$$

d. 对于弯管，用式（4-22）计算结果乘以较正系数 ε_R，且

$$\varepsilon_R = 1 + 1.77(d/R) \tag{4-25}$$

式中 R——弯管的曲率半径。

e. 对于非圆形直管，式（4-22）仍然适用，式中的定性尺寸用当量直径 d_e 代替。

$$d_e = \frac{4 \times 流通截面积}{润湿周边的长度} \tag{4-26}$$

（2）流体有相变时的强制对流传热系数

液体沸腾汽化和蒸汽冷凝时的对流传热过程均伴随着状态的变化，即相变。在传热过程中，介质要吸收或放出相变热，同时物性参数均有较大的变化，它们对传热有很大的影响。

① 液体沸腾时的对流传热系数。将液体加热使其内部伴有由液相变成气相产生气泡的过程称为沸腾。因液体沸腾时必伴有流体的流动，所以沸腾传热过程属于对流传热过程。

工业上使液体沸腾方法有两种：一种是将加热面浸没在液体中，液体在壁面处受热而沸腾，称为大容器沸腾；另一种是液体在管内流动时受热沸腾，称为管内沸腾。这里主要介绍大容器沸腾时的对流情况。

沸腾时首先在传热壁面上的某些点形成“汽化核心”，在汽化核心首先形成气泡，形成的气泡因受热逐渐长大，浮力增加，气泡上升，最后跃离液面。气泡的产生和液体的穿层运动，不仅对液体产生强烈扰动，而且破坏了加热面附近的边界薄层，大大提高了传热效应。

a. 液体的沸腾过程。液体沸腾放热过程的推动力是加热面温度 t_w 和液体饱和温度 t_s 之差 Δt。在大空间内沸腾时，随着此温差的变化，过程中的对流传热系数 α 和热流密度 $q(Q/A)$都发生变化。并且从沸腾的现象上看，也有很大的变化。根据传热温差的变化，液体沸腾放热过程主要经历以下四个阶段，如图 4-5 所示。

Ⅰ. 自然对流阶段：如图 AB 阶段。此时温差小，无明显沸腾现象，但有液体自然对流运动。其传热特点是 α 和 q 均小，且 α 和 q 随温差增大而缓慢增加。

Ⅱ. 核状沸腾阶段：如图 BC 阶段。从 B 点开始液体产生气泡沸腾。由于气泡运动所产生的对流和搅动作用，所以，此阶段的 α 和 q 均随温度差增大而迅速升高。Δt 越大，汽化核心越多，气泡脱离表面的速度越快，沸腾越剧烈。

Ⅲ. 膜状沸腾阶段：如图 CD 阶段。此时汽化核心过多而联结成不稳定气膜，此膜将加热面与液体隔开，由于气膜的传热效果差，因此当温差增大时，α 和 q 反而下降。核状沸腾和膜状沸腾的交接点 C 为第一临界点。其对应的温差 Δt、传热系数 α 和热流密度 q 都是临界值。

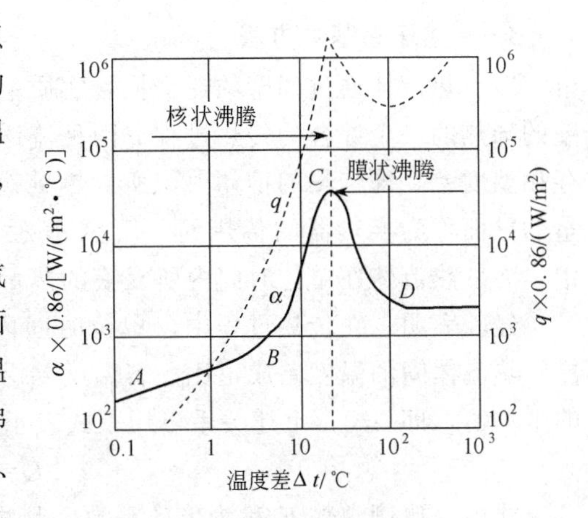

图 4-5　水沸腾放热的 α 和 q

Ⅳ. 稳定膜状沸腾阶段：自 D 点以后气膜已趋稳定。此时表面温度升高后，辐射传热逐渐占有支配作用。D 点为第二临界点。

由于核状沸腾阶段的对流传热系数值较大。因此，在食品生产中，应设法控制在核状沸腾状态下操作。

b. 液体沸腾时的对流传热系数的计算。

$$\alpha=0.560p^{0.15}q^{0.7} \tag{4-27}$$

或

$$\alpha=0.145p^{0.5}(\Delta t)^{2.33}$$

式中　p——工作压力，Pa；

q——热流密度，W/m^2。

式（4-27）两式适用范围为 $p=20\sim10^4$ kPa。

② 蒸汽冷凝时的对流传热系数。当饱和蒸汽与温度较低的壁面相接触时，蒸汽将放出潜热并在壁面上冷凝成液体，蒸汽在壁面上的冷凝可分为膜状冷凝和滴状冷凝两种情况。若冷凝液能够润湿壁面，并在壁面上形成一层完整的液膜，称为膜状冷凝；若冷凝液不能润湿壁面，而是在壁面上形成许多液滴，并沿壁面落下，称为滴状冷凝。

由于滴状冷凝不能润湿壁面，因而液滴稍微长大后即从壁面落下，从而不断暴露出壁面，使传热系数大大加大。但是，工业设备中大多数是膜状冷凝，冷凝器的设计总是按膜状冷凝来处理。

综上所述，对流传热系数有相变的比没相变的大得多。

三、间壁式传热过程的计算

间壁式传热是食品工业中应用最广泛的传热方式。在连续化生产中进行的传热均视为稳定传热过程，本节主要讨论间壁式稳定传热计算。

（一）热量衡算

根据能量守恒，稳定传热时，单位时间内热流体所放出的热量 Q_h 必定等于冷流体所得到的热量 Q_c 与损失于周围介质的热量 Q_L 之和。即

$$Q_h=Q_c+Q_L \tag{4-28}$$

若忽略操作过程中的热量损失，则可写成下式

$$Q_h=Q_c \tag{4-29}$$

（二）传热速率方程

1. 传热速率基本方程

冷、热流体通过间壁的热交换，实质上是间壁两侧流体与间壁表面的对流传热和通过间壁的导热的一个综合的传热过程。两种流体间之所以能进行热交换，是由于冷、热流体之间存在温度差，即传热的推动力，所以热量就能自动地由热流体经管壁传向冷流体。此传递热量的壁面称为换热器的传热面。用 A 表示，单位为 m^2。它的传热速率是指在热交换过程中，冷、热流体在单位时间内所交换的热量，通常以 Q 表示。其单位为 J/s 或 W。

经验表明，在传热过程中，单位时间内通过换热器传递的热量和传热面积成正比，与冷、热流体间的温度差成正比。若温度差沿着传热面是变化的，则取换热器两端流体温度差的平均值，即 Δt_m。上述关系可用下式表示

$$Q=KA\Delta t_m \tag{4-30}$$

式中，比例常数 K 称为传热系数。其物理意义为：当冷、热流体之间温差为 1K，在单位时间内通过单位传热面积由热流体传给冷流体的热量，其单位为 W/（m^2·K）。在相同温差条件下，K 越大，则所传递的热量越多，即热交换过程越强烈。在传热操作中，应设法提高传热系数以强化传热过程。

式（4-30）称为传热基本方程式。此式也可以写成如下形式

$$Q=\frac{\Delta t_m}{\dfrac{1}{KA}}=\frac{\Delta t_m}{R} \tag{4-31}$$

式（4-31）表明传热速率等于传热推动力与总热阻之比。

2. 传热量的计算

稳定传热过程，传热量可通过热流体放出的热量 Q_h 进行计算，也可通过冷流体吸收的热量 Q_c 来计算。具体方法如下。

（1）焓差法

计算式如下。

$$Q_h=q_{mh}(H_{h1}-H_{h2}) \tag{4-32}$$

$$Q_c=q_{mc}(H_{c2}-H_{c1}) \tag{4-33}$$

式中　q_{mh}，q_{mc}——热、冷流体的质量流量，kg/s；

H_{h1}，H_{h2}——热流体最初和最终的焓，J/kg；

H_{c1}，H_{c2}——冷流体最初和最终的焓，J/kg。

焓的数值取决于载热体的物态和温度。通常气体和液体的焓取 273K 为计算基准，即规定 273K 的液体（或气体）的焓值为 0，蒸汽的焓则取 273K 的液体的焓为 0J/kg 作为计算基准。本书附录中列有水蒸气的焓值。其他物质的焓可查有关手册。

（2）显热法

此法仅用于载热体在热交换过程中无相变的情况。计算式如下

$$Q_h=q_{mh}c_h(t_{h1}-t_{h2}) \tag{4-34}$$

$$Q_c=q_{mc}c_c(t_{c2}-t_{c1}) \tag{4-35}$$

式中　c_h，c_c——热、冷流体在进出口温度范围内的平均比热容，J/(kg·K)；

t_{c1}，t_{c2}——冷流体最初和最终温度，K；

t_{h1}，t_{h2}——热流体最初和最终温度，K。

（3）潜热法

此法用于载热体在热交换中仅发生相变（冷凝或蒸发）的情况，计算式如下

$$Q_h = q_{mh} r_h \tag{4-36}$$

$$Q_c = q_{mc} r_c \tag{4-37}$$

式中　r_h，r_c——热、冷流体的汽化热，J/kg。

3. 传热平均温差的计算

冷、热两流体在间壁两侧进行热交换，可分为两类：恒温传热和变温传热。

（1）恒温传热

恒温传热时，两种流体的温度沿程不变化，传热温差 $\Delta t_m = \Delta t = t_h - t_c$ 一定。在蒸发器中，间壁一侧蒸汽冷凝，另一侧液体沸腾，就属于恒温传热。

（2）变温传热

变温传热时，至少一侧流体温度沿程变化，换热器温度差 Δt 也沿程变化，在应用传热基本方程时，应当用传热平均温度差 Δt_m。

传热平均温度差 Δt_m 与冷、热流体的相对流向有关。换热器中两流体相对流向大致有四种情形，如图 4-6 所示。

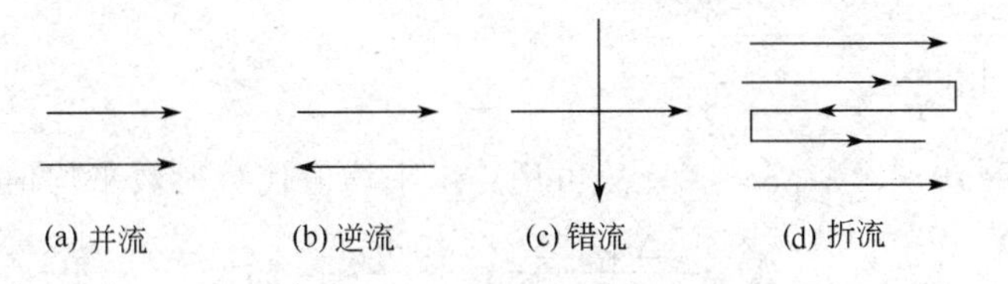

图 4-6　换热器中流体流向示意

图（a）为并流。冷、热流体在换热面的两侧同向流动。

图（b）为逆流。冷、热流体在换热面的两侧反向流动。

图（c）为错流。冷、热流体在换热面两侧彼此成垂直方向流动。

图（d）为折流。换热面一侧流体先沿一个方向流动，然后折回反向流动，使两侧流体交替由并流和逆流存在，称为折流。只一侧流体折流，称简单折流。两侧流体均做折流，称复杂折流。

在上述四种流向中，以并流和逆流应用较为普遍，尤其逆流应用最多。并流和逆流传热平均温度差的计算公式为

$$\Delta t_m = \frac{\Delta t_1 - \Delta t_2}{\ln \dfrac{\Delta t_1}{\Delta t_2}} \tag{4-38}$$

应当说明的几点如下。

① 式（4-38）适用于逆流、并流和一侧变温的情形。

并流时：Δt_1——换热器进口端热、冷流体间的温度差，即 $t_{h1} - t_{c1}$；

Δt_2——换热器出口端热、冷流体间的温度差，即 $t_{h2} - t_{c2}$。

逆流时：Δt_1——换热器热流体进口端与冷流体出口端间的温度差，即 $t_{h1} - t_{c2}$；

Δt_2——换热器热流体出口端与冷流体进口端间的温度差，即 $t_{h2} - t_{c1}$。

② 若换热器进出口两端两流体温差变化不大，即 $\dfrac{\Delta t_1}{\Delta t_2} < 2$ 时，可用算术平均值 $\Delta t_m =$

$\frac{\Delta t_1+\Delta t_2}{2}$代替对数平均值。

③ 对于错流和折流，可按式（4-38）求出 $\Delta t'_m$，再乘以校正因数 $\varepsilon_{\Delta t}$

$$\text{即 } \Delta t_m=\varepsilon_{\Delta t}\Delta t'_m$$

式中　$\Delta t'_m$——逆流传热平均温度差，K；

$\varepsilon_{\Delta t}$——温度校正系数，$\varepsilon_{\Delta t}=f(P, R)$，$P=\frac{t_{c2}-t_{c1}}{t_{h1}-t_{c1}}$，$R=\frac{t_{h1}-t_{h2}}{t_{c2}-t_{c1}}$，$\varepsilon_{\Delta t}$可通过查阅 $\varepsilon_{\Delta t}$与 P、R 关系曲线（图 4-7）获得。

由图可见 $\varepsilon_{\Delta t}$恒小于 1，但 $\varepsilon_{\Delta t}$不宜小于 0.8，否则使 $\Delta t'_m$过小，很不经济。错流或折流的平均温度差一般介于逆流和并流之间，采用这些流动方式可使设备布置合理、结构紧凑。

【例 4-3】 在果汁预热器中，参与交换的热水进口温度为 371K，出口温度为 348K，果汁的进口温度为 278K，出口温度为 333K。试计算热水与果汁在换热器内分别做逆流和并流时的平均传热温度差。

解 ① 当两种流体逆流流动时

$$\Delta t_1=t_{h1}-t_{c2}=371-333=38\text{K}, \qquad \Delta t_2=t_{h2}-t_{c1}=348-278=70\text{K},$$

$$\Delta t_m=\frac{\Delta t_1-\Delta t_2}{\ln\frac{\Delta t_1}{\Delta t_2}}=\frac{70-38}{\ln\frac{70}{38}}=52.4\text{K}$$

由于 $\Delta t_1/\Delta t_2=70/38=1.84<2$，故可用算术平均值代替对数平均值

$$\Delta t_m=\frac{\Delta t_1+\Delta t_2}{2}=\frac{70+38}{2}=54\text{K}$$

② 当两种流体并流流动时

$$\Delta t_1=t_{h1}-t_{c1}=371-278=93\text{K}, \qquad \Delta t_2=t_{h2}-t_{c2}=348-333=15\text{K},$$

$$\Delta t_m=\frac{\Delta t_1-\Delta t_2}{\ln\frac{\Delta t_1}{\Delta t_2}}=\frac{93-15}{\ln\frac{93}{15}}=42.8\text{K}$$

由上例可知，参与换热的两种流体，虽然其进、出口温度分别相同，但逆流时的 Δt_m 比并流时大。因此，就增加传热推动力而言，逆流总是优于并流。当传热面的两侧流体的温度均有变化时，一般选用逆流操作。这是因为逆流操作较并流操作有如下优点。

① 加热。当冷流体的初温、终温、处理量以及热流体的初温一定时，由于逆流时热流体的终温有可能小于冷流体的终温，故其热流体的消耗量有可能小于并流。

② 冷却。当热流体的初温、终温、处理量以及冷流体的初温一定时，由于逆流时冷流体的终温有可能大于热流体的终温，故其冷流体的消耗量有可能小于并流。

③ 完成同一加热任务。当热流体消耗量及热流体的终温相同时，由于逆流对数平均温差大于并流，故所需的传热面积必小于并流。

④ 完成同一冷却任务。当冷流体消耗量及冷流体的终温相同时，由于逆流对数平均温差大于并流，故所需的传热面积必小于并流。

只有当工艺上要求加热时必须避免温度高于某一限度或在冷却时必须避免温度低于某一限度时，才采用并流。此外，对高黏度的冷流体，采用并流可使其在进入换热器后有可能迅速提高温度，降低黏度，有利于提高传热效果。

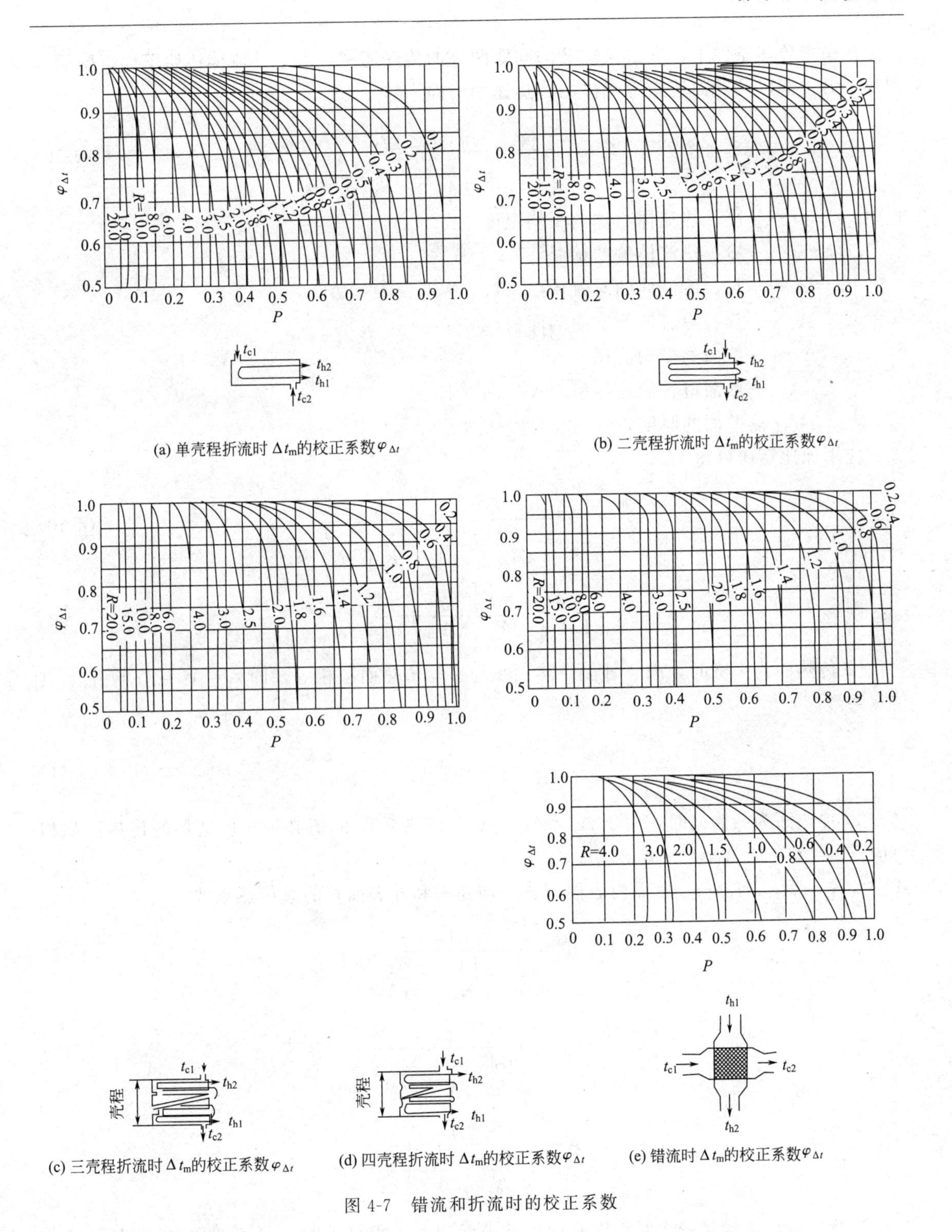

(a) 单壳程折流时 Δt_m 的校正系数 $\varphi_{\Delta t}$

(b) 二壳程折流时 Δt_m 的校正系数 $\varphi_{\Delta t}$

(c) 三壳程折流时 Δt_m 的校正系数 $\varphi_{\Delta t}$

(d) 四壳程折流时 Δt_m 的校正系数 $\varphi_{\Delta t}$

(e) 错流时 Δt_m 的校正系数 $\varphi_{\Delta t}$

图 4-7　错流和折流时的校正系数

4. 传热系数 K 的计算

传热系数 K 既可通过理论计算，也可通过实际测定。但在选用时，必须注意到获得这些数据的条件，如流体的温度、流速、换热面的洁净程度等。同一种设备，若操作条件不同，其传热系数可能相差很大。

在稳定传热条件下，通过换热器的间壁两侧的传热速率应等于热流体传给壁面、壁面一侧传给另一侧以及壁面传给冷流体的传热速率。即

$$Q=\frac{t_{\mathrm{h}}-t_{\mathrm{wh}}}{\dfrac{1}{\alpha_1 A_1}}=\frac{t_{\mathrm{wh}}-t_{\mathrm{wc}}}{\dfrac{\delta}{\lambda A_{\mathrm{m}}}}=\frac{t_{\mathrm{wc}}-t_{\mathrm{c}}}{\dfrac{1}{\alpha_2 A_2}} \tag{4-39}$$

式中　t_{c}，t_{h}——冷、热流体主体的平均温度，K；

t_{wc}，t_{wh}——冷、热流体侧的壁温，K；

α_1，α_2——热、冷流体的对流传热系数，W/（$\mathrm{m}^2\cdot\mathrm{K}$）；

A_1，A_2——热、冷流体侧壁面的面积，m^2；

A_{m}——壁面的平均面积，m^2；

λ——壁面材料的热导率，W/（$\mathrm{m}\cdot\mathrm{K}$）；

δ——壁面的厚度，m。

应用加比定律可得

$$Q=\frac{t_{\mathrm{h}}-t_{\mathrm{c}}}{\dfrac{1}{\alpha_1 A_1}+\dfrac{\delta}{\lambda A_{\mathrm{m}}}+\dfrac{1}{\alpha_2 A_2}}=\frac{\Delta t_{\mathrm{m}}}{\dfrac{1}{KA}}=\frac{\Delta t_{\mathrm{m}}}{R} \tag{4-40}$$

则

$$\frac{1}{KA}=\frac{1}{\alpha_1 A_1}+\frac{\delta}{\lambda A_{\mathrm{m}}}+\frac{1}{\alpha_2 A_2}$$

① 传热面为平壁时，内、外侧传热面积与平均传热面积相等，即 $A=A_1=A_{\mathrm{m}}=A_2$，其传热系数为

$$\frac{1}{K}=\frac{1}{\alpha_1}+\frac{\delta}{\lambda}+\frac{1}{\alpha_2} \tag{4-41}$$

② 传热面为圆筒壁时，由于 $A_1\neq A_{\mathrm{m}}\neq A_2$，传热系数 K 值必须与所选择的传热面积相对应。即　$Q=K_1 A_1 \Delta t_{\mathrm{m}}=K_{\mathrm{m}} A_{\mathrm{m}} \Delta t_{\mathrm{m}}=K_2 A_2 \Delta t_{\mathrm{m}}$

式中　K_1，K_{m}，K_2——壁面内表面积、平均面积和外表面积的总传热系数。

$$K_1=\frac{1}{\dfrac{1}{\alpha_1}+\dfrac{\delta A_1}{\lambda A_{\mathrm{m}}}+\dfrac{A_1}{\alpha_2 A_2}} \tag{4-42}$$

$$K_{\mathrm{m}}=\frac{1}{\dfrac{A_{\mathrm{m}}}{\alpha_1 A_1}+\dfrac{\delta}{\lambda}+\dfrac{A_{\mathrm{m}}}{\alpha_2 A_2}} \tag{4-43}$$

$$K_2=\frac{1}{\dfrac{A_2}{\alpha_1 A_1}+\dfrac{\delta A_2}{\lambda A_{\mathrm{m}}}+\dfrac{1}{\alpha_2}} \tag{4-44}$$

当管壁较薄或管径较大时，即管内、外表面积大小很接近时，可近似取 $A_1\approx A_{\mathrm{m}}\approx A_2$，则圆筒壁近似当成平壁计算。

③ 污垢热阻。换热器使用一段时间后，其传热面常常有污垢形成，使传热速率减小。计算 K 值时污垢热阻一般不可忽略。如传热面两侧表面上的污垢热阻分别用 R_{A1} 和 R_{A2} 表示，此时以传热面 A_1 为基准的 K 值的计算式为

$$K=\frac{1}{\frac{1}{\alpha_1}+R_{A1}+\frac{\delta A_1}{\lambda A_m}+R_{A2}+\frac{A_1}{\alpha_2 A_2}} \tag{4-45}$$

当 $\alpha_1 \ll \alpha_2$ 时，$K \approx \alpha_1$；当 $\alpha_1 \gg \alpha_2$ 时，$K \approx \alpha_2$。总传热系数由热阻大的那一侧的对流传热的热阻所控制。若两流体的对流传热系数 α 相差很大时，要提高 K 值，关键在于提高热阻大的一侧流体的对流传热系数。若两侧 α 相差较小，即 α_1、α_2 在同一数量级时，只有同时提高两侧的对流传热系数，才能有效地提高 K 值。

【例 4-4】 用刮板式换热器冷却苹果酱，苹果酱质量流量为 50kg/h，比热容为 3.817kJ/(kg·K)，入口温度 353K。出口温度 293K。套管环隙流动冷水，入口温度 283K，出口温度 290K。传热系数 K 为 568W/(m^2·K)。求：

① 需要冷却水的用量；

② 换热平均温度差及换热面积；

③ 若流体做并流流动，其他条件相同，求换热平均温度差及所需换热面积。

解 ① 传热速率

$$Q=q_{mh}c_h(t_{h1}-t_{h2})$$
$$=50\times3.817\times1000\times(353-293)=1.15\times10^7\text{J/h}$$

冷水平均温度 $T=\frac{t_{c1}+t_{c2}}{2}=\frac{283+290}{2}=286.5\text{K}$，在 286.5K 下查得水的比热容为 4.186kJ/(kg·K)。

冷却水的用量

$$q_{mc}=\frac{Q}{c_c(t_{c2}-t_{c1})}=\frac{1.15\times10^7}{4.186\times10^3(290-283)}=393\text{kg/h}$$

② 逆流操作

$$\Delta t_1=t_{h1}-t_{c2}=353-290=63\text{K} \qquad \Delta t_2=t_{h2}-t_{c1}=293-283=10\text{K}$$

$$\Delta t_m=\frac{\Delta t_1-\Delta t_2}{\ln\frac{\Delta t_1}{\Delta t_2}}=\frac{63-10}{\ln\frac{63}{10}}=28.8\text{K}$$

$$A=\frac{Q}{K\Delta t_m}=\frac{1.15\times10^7}{3600\times568\times28.8}=0.2\text{m}^2$$

③ 并流操作

$$\Delta t_1=t_{h1}-t_{c1}=353-283=70\text{K} \qquad \Delta t_2=t_{h2}-t_{c2}=293-290=3\text{K}$$

$$\Delta t_m=\frac{\Delta t_1-\Delta t_2}{\ln\frac{\Delta t_1}{\Delta t_2}}=\frac{70-3}{\ln\frac{70}{3}}=21.3\text{K}$$

$$A=\frac{Q}{K\Delta t_m}=\frac{1.15\times10^7}{3600\times568\times21.3}=0.26\text{m}^2$$

由计算结果可见，逆流比并流 Δt_m 大，所需换热面积小。若用相同的换热面积，则冷却水用量可减少。从经济角度，逆流优于并流。

四、强化传热的途径

强化传热的目的是以最小的传热设备获得最大的传热能力。根据传热的基本方程，强化传热过程主要有以下几种途径。

1. 增大传热面积 A

增大传热面积可以增加传热量。但随着传热面积的增大，投资和维修费用也相应增加。因此要采取措施增大单位体积内的传热面积，如改光滑管为非光滑管，管式为波纹式或翅片式等，这样，不仅增加了传热面积，还强化了流体的湍动程度，使传热效果大大提高。

2. 增加传热平均温度差 Δt_m

Δt_m 越大，传热速率越大。Δt_m 的增加在理论上可采用提高加热介质温度或降低冷却介质温度的办法，但这往往受客观条件（如蒸汽压力、气温、水温等）和工艺条件限制。提高蒸汽压力，设备的造价会随之提高。但在一定的汽源压力下，可采取降低蒸汽管道阻力的方法来提高加热蒸汽的压力。此外，在一定条件下，还可采用逆流代替并流的方法提高 Δt_m。

3. 提高传热系数 K

这是强化传热过程的有效途径，即减少总传热热阻。从传热系数计算公式可知，要提高 K，需减少各项热阻。在这些热阻中，若有一个热阻很大，而其他的热阻比较小，则应从降低最大热阻着手。换热器刚使用时，由于没有垢层，流体对流传热热阻是主要方面，减少这项热阻主要靠提高流速，增加流体的湍动程度来实现。如将换热器由单程改为多程、加装挡板、使用螺旋板式换热器等都能加大流体的流速，在管内适当装入一些添加物亦可起到增强湍动、破坏滞留内层的作用。随着换热器使用时间的延长，垢层热阻逐渐增大，因此，防止结垢，及时清除污垢，也是强化传热的关键。

任务三　传热设备

一、换热器的分类

换热器是食品工业生产中应用广泛的重要设备，其种类繁多。换热器按传热过程的不同，可分为间壁式和混合式两大类。食品工业多用间壁式换热器。

按其使用目的不同，可分为预热器、加热器、过热器、冷凝器、冷却器、余热回收器等。根据各种换热器的构造和传热面的形式还可作如下划分。

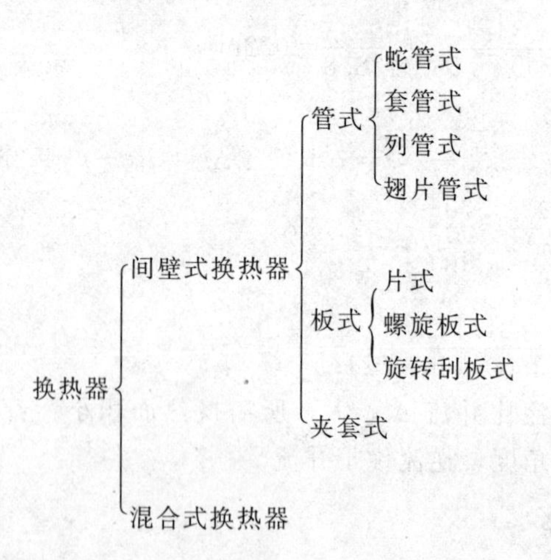

二、间壁式换热器的分类

（一）管式换热器

管式换热器是以管壁为换热面的换热器，常用的有蛇管式、套管式、列管式和翅片管式等。

1. 蛇管式换热器

蛇管式换热器有沉浸式和喷淋式两种。

(1) 沉浸式蛇管换热器

如图 4-8 所示，沉浸式蛇管换热器是将蛇管浸没在装有流体的容器中，蛇管内通以另一种流体。蛇管可做成各种形状，如螺旋形（又称盘香管），如图 4-8（b）所示。这种换热器的管外空间较大，造成管外流体流速较小，使传热系数不高，传热效率低、对操作条件改变不敏感，但结构简单，维修方便，造价低，能承受较高压力。在食品加工中广泛应用，特别是在乳品工业上。如冷库中的冷却排管，牛奶、奶油、炼乳等制品的加热或冷却都是常采用这种换热器。

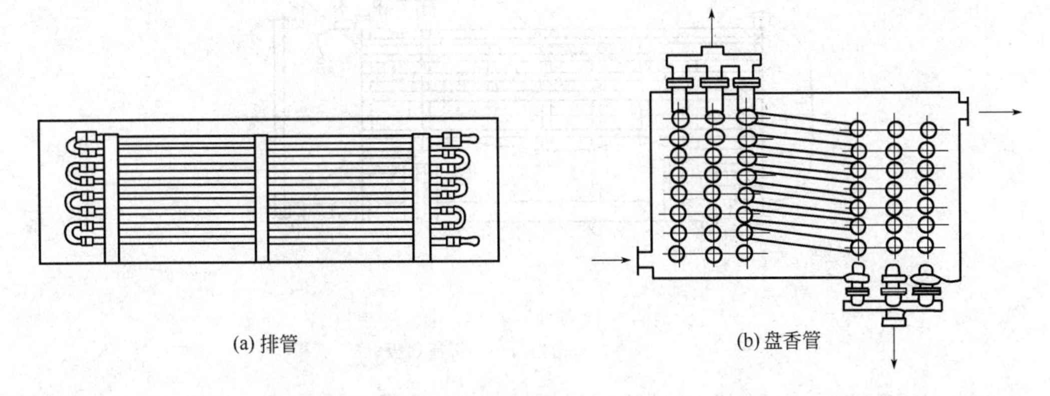

图 4-8　沉浸式蛇管换热器

(2) 喷淋式蛇管换热器

如图 4-9 所示，喷淋式蛇管换热器是将一种流体分散成液滴从上面喷淋下来，经蛇管外表与管内流体进行换热，通常用作冷却器。

与沉浸式相比，管外流体对流传热系数有所提高，所需传热面积、材料消耗和制造成本都较低，便于清洗、维修。其缺点是设备占地面积大，喷淋不均匀，且操作时管外有水汽产生，对环境不利，故常安装在室外。

2. 套管式换热器

如图 4-10 所示，套管式换热器是利用两根口径不同的管子相套而成的同心套管，通过 U 形管将多段套管连接而成。每段套管称为一程，外管用支管相连接。程数可根据换热要求而增减。每程有效长度为 4～6m。冷、热流体分别流过内管和套管环隙，通过内管壁进行

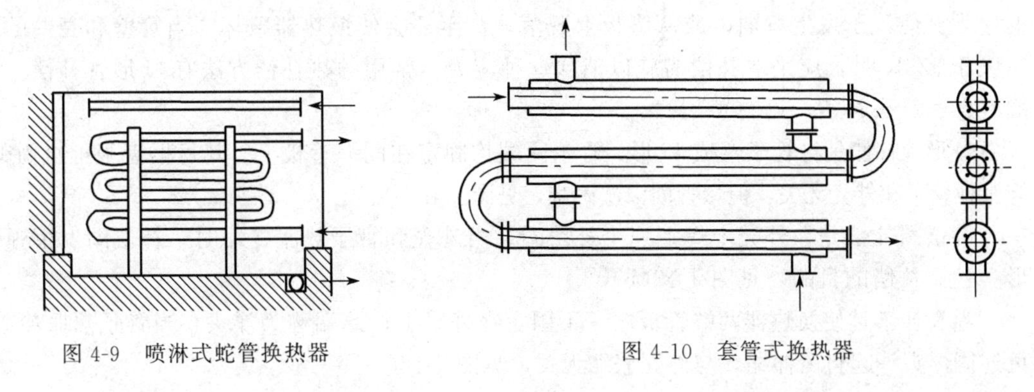

图 4-9　喷淋式蛇管换热器　　　图 4-10　套管式换热器

热交换。冷、热流体通常做逆流操作，可用作加热器、冷却器和冷凝器。套管式换热器的优点是结构简单，传热面积易于增减；逆流操作，传热强度高；耐压。缺点是管间接头多，易泄漏；单位长度所具有的传热面积较小；环隙清洗困难。所以它适合于所需传热面积不大，载热体用量小、物料有腐蚀性及高压的场合。

3. 列管式换热器（管壳式换热器）

这是工业上应用最广泛、形式最多的一种换热器。它的结构如图 4-11 所示，由管束、管板、外壳、顶盖（又称封头）、折流挡板等组成。管束两端固定在管板上，管子可以胀接或焊接在管板上，管束置于管壳之内，两端加封头，并用法兰固定。

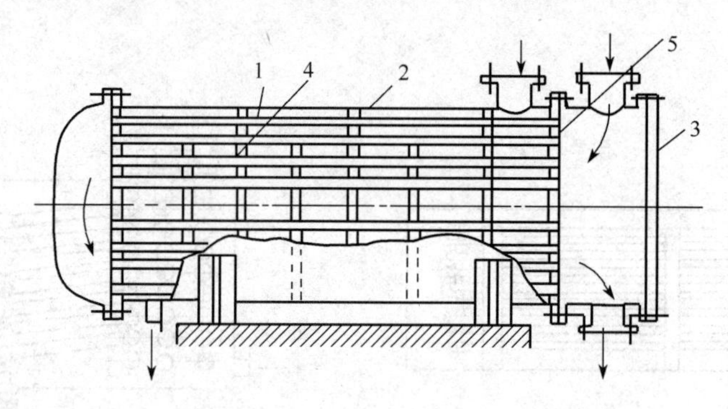

图 4-11 列管式换热器

1—管束；2—外壳；3—封头；4—折流挡板；5—管板

一种流体流过管内，另一种流体流过管外，两封头和管板之间的空间作为分配和汇集管内流体之用。两流体是通过管壁相互换热。其形式分单程式和多程式。当流体自一端进入后，一次通过全部管子到达另一端，并自另一端排出，则称为单程式。

当在顶盖和管板所构成的分配室内装入与管子平行的板，将全部管子分为若干组，流体每次只能流过一组管子，然后回流而进入另一组管子，最后由顶盖的出口管流出，则称为多程式。国产的列管换热器系列有两程、四程、六程等。图 4-11 为两程式。程数为偶数的换热器的流体进、出口都在同端封头上。

为了维持管外（壳程）流体有一定的流速，以提高其传热系数，通常在壳程中装设折流挡板。挡板的作用是提高壳程流体的流速，并引导壳程流体循规定的路径流动，迫使其多次错流过管束，有利于传热系数的提高。折流挡板同时起中间支架的作用。它的形式很多，常见的是圆缺形挡板和盘环形挡板。

由于换热器内管内外温度不同，外壳和管子的热膨胀程度有差别，这种热胀冷缩所产生的应力会使管子发生弯曲，或从管板上脱落，甚至还会使换热器毁坏。当管壁和壳壁的温度差大于 323K 时，应采取补偿措施以消除这种应力。常用的热补偿方法有 U 形管补偿、补偿圈补偿、浮头补偿，见图 4-12。

U 形管补偿是将管子弯成 U 形，管子两端均固定在同一管板上。其每根管子可自由伸缩，与其他管子和外壳无关，但弯管内清洗困难，见图 4-12(a)。

补偿圈补偿是在外壳上焊上一个补偿圈。当外壳和管子热胀冷缩时，补偿圈发生弹性变形，达到补偿的目的，见图 4-12(b)。

浮头补偿是使换热器两端管板之一不固定在外壳上，此端称为浮头。当管子热胀冷缩时，可连同浮头一起自由伸缩，与外壳胀缩无关，见图 4-12(c)。

列管式换热器的优点是易于制造；生产成本低；适应性强；可选用的材料较广；维修、清洗方便；特别是对高压流体更为适用。其缺点是结合面较多，易造成泄漏现象。在食品加工中常用于制品的预热器、加热器和冷却器；在冷冻系统中可用于冷凝器和蒸发器。

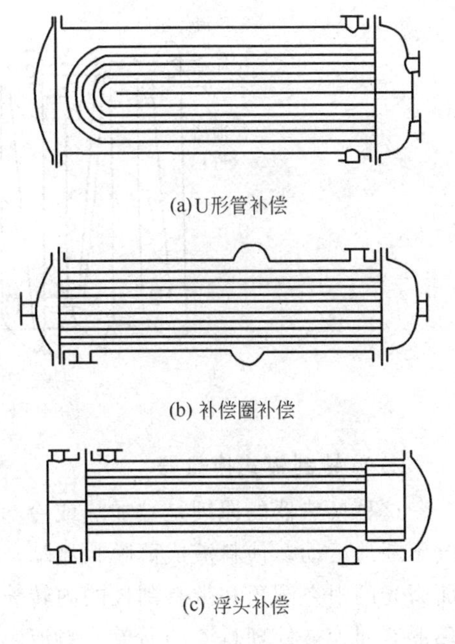
(a) U形管补偿

(b) 补偿圈补偿

(c) 浮头补偿

图 4-12　热膨胀的补偿

4. 翅片管式换热器

这也是工业生产中常遇到的一种换热器。它的特点是换热器间壁两侧流体的传热系数值相差颇为悬殊，与同样大小的不带翅片的管式换热器相比，传热面积加大，传热系数提高，故在制品的干燥和采暖装置中常用。如空气加热器就是这种换热器。

翅片的形式，常见的有纵向翅片、横向翅片和螺旋翅片三种，见图 4-13。它的安装，务必使空气能从两翅片之间的深处穿过，否则翅片间的气体会形成死角区，使传热效果恶化。

（二）板式换热器

板式换热器是以板壁为换热壁的换热器。常见的有片式换热器、螺旋板式换热器、旋转刮板式换热器等。

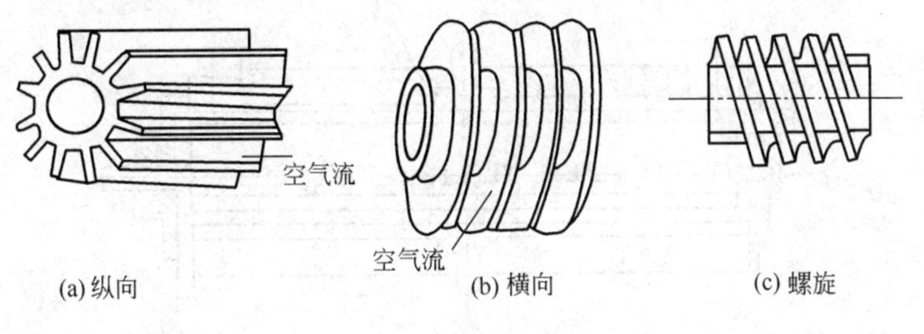

(a) 纵向　(b) 横向　(c) 螺旋

图 4-13　翅片的形式

1. 片式换热器

这是一种新型高效换热器。因为它具有许多独特的优点，故在乳品工业、果汁工业及其他液体食品生产上，用于高温短时杀菌设备，也用于液体食品的冷却和真空浓缩。

它的结构和流向如图 4-14 所示，是由一组长方形薄金属传热板构成，用框架将板片夹紧组装在支架上，板片之间边缘补以垫圈压紧，垫圈由橡胶等制成，它保证密封并使板间形成一定的空隙，板片四角开有圆孔，形成流体通道，冷热流体交替地在板片两侧流过，通过板片换热。

传热板片厚度为 0.5～3mm，两板间距离为 4～6mm，为增强板片刚度，提高流体湍流程度，提高传热效率，板片表面都压制成各种波纹，常采用的波纹形状有斜波纹、人字形波纹和水平波纹等。

片式换热器的优点是：结构紧凑；传热系数大；传热面积可以任意增减；检修、清洗方便。其缺点是：不耐高压高温。

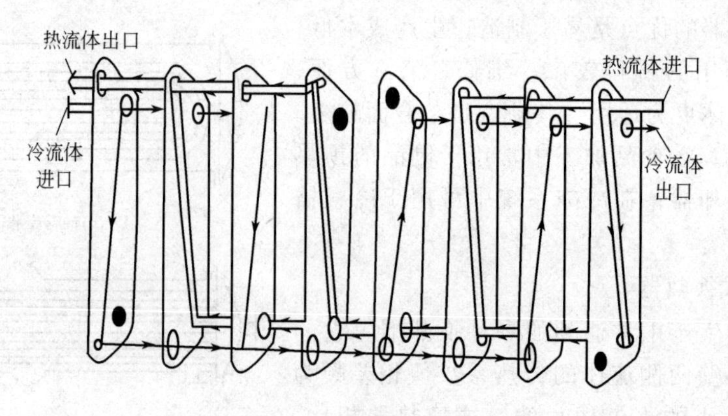

图 4-14　片式换热器流向示意图

2. 旋转刮板式换热器

这种换热器的原理是被加热或冷却的料液从传热面一侧流过，由刮板在靠近传热面处连续不断地运动，使料液成薄膜状流动，又可称之为刮板薄膜换热器或刮面式换热器。它由内面磨光的中空圆角和带有刮板的内转筒及外圆筒构成。在内转筒与中间圆筒内面之间狭窄的环形空间为被处理料液的通道，料液由一端的接管进入，从另一端接管卸出，进行加热或冷却。内转筒的转速约为 500r/min，安装在外轴承上，在传动侧采用机械密封或填料函密封作为轴封。由金属或塑料制成的刮刀固定在内转筒上。转动时，刮刀在离心力作用下压向传热面，使传热面保持不断地刮清露出，见图 4-15。

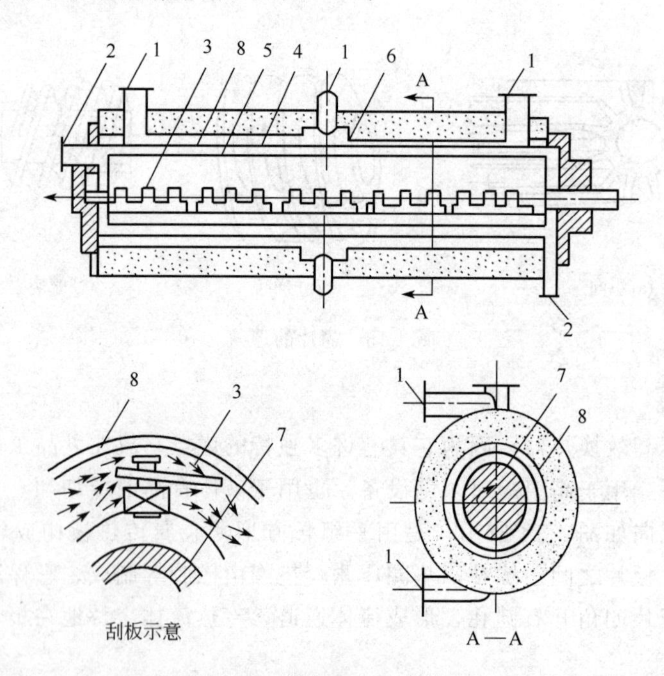

图 4-15　旋转刮板式换热器

1—加热剂（冷却剂）出入口；2—料液出入口；3—刮板；4—加热剂（冷却剂）通道；5—料液通道；6—保温层；7—回转轴；8—传热壁

旋转刮板式换热器的优点是传热系数高，拆装清洗方便，又是完全密闭的设备。其缺点是功率消耗大。在食品加工中，特别适用于人造奶油、冰淇淋等的制造。

3. 螺旋板式换热器

如图 4-16 所示，螺旋板式换热器是由两张平行钢板卷制而成的，在其内部形成一对同心的螺旋形通道。换热器中央有隔板，将两螺旋形通道隔开。两板之间焊有定距柱以维持通道间距，在螺旋板两端焊有盖板，冷热流体分别由两螺旋形通道流过，通过薄板进行换热。

螺旋板式换热器的优点：结构紧凑，传热系数大，不易堵塞。其缺点是：承压能力低，检修和清洗困难。

(三）夹套式换热器

如图 4-17 所示，夹套式换热器是在容器的外壁安装夹套制成。夹套与容器之间形成的密封空间为加热（或冷却）介质的通道。夹套通常用钢和铸铁制成，可焊接在器壁上或用螺钉固定在容器的法兰上。

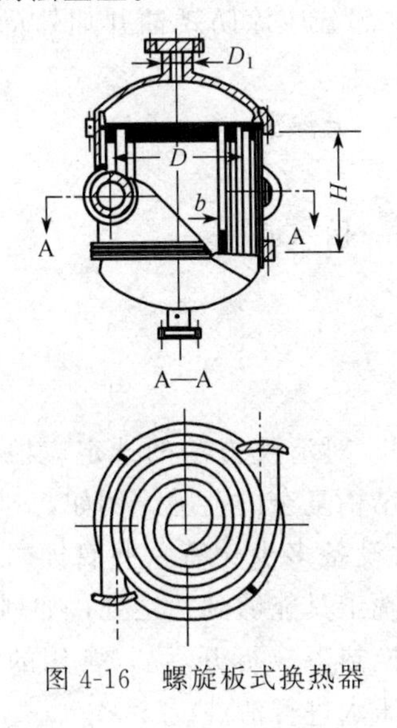

图 4-16　螺旋板式换热器

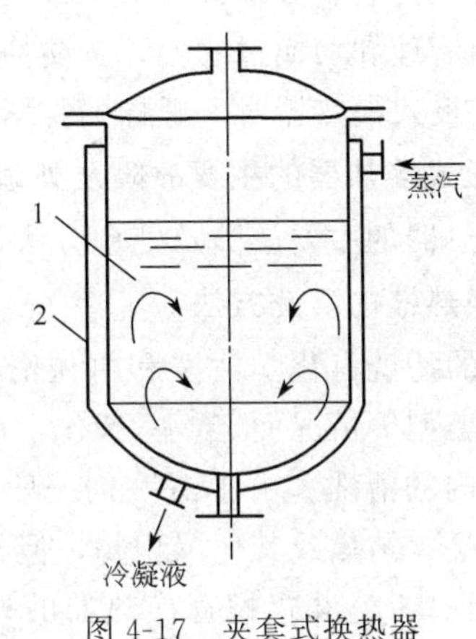

图 4-17　夹套式换热器

1—容器；2—夹套

夹套式换热器主要用于加热和冷却。当用蒸汽进行加热时，蒸汽由上部接管进入夹套，冷凝水则由下部接管排出。

这种换热器属于间歇式热交换器。其传热系数小，传热面积有限，适用于传热量不太大的场合。为了提高其传热性能，可在容器内安装搅拌器，使器内液体做强制对流。

混合式换热器见项目五浓缩之蒸发冷凝器部分。

三、间壁式换热器的使用

(一）间壁式换热器的操作

选定换热器，在操作中应按其使用性能进行操作，例如，温度、压力和流量等均不可波动太大，否则会降低传热效果，缩短设备使用寿命，甚至造成损坏。

换热器经常用来进行温度调节，它一般是通过热流体与冷流体进入量的多少来实现的。如使用蒸汽加热的加热器，操作时若关小蒸汽阀门可以减小进入量，可使蒸汽冷凝水过冷，降低冷凝水的出口温度，但会使 ΔT_m 减小，传递给冷流体的热量减少，降低欲加热冷流体的出口温度，不利于生产的正常进行。反之，若提高冷流体的出口温度，必须开大汽门，一直增高到蒸汽的冷凝水出口温度达到饱和蒸汽的温度为止，此后如再开大汽门，加大蒸汽用量只会带来蒸汽的更大浪费。因为无论进入饱和蒸汽量如何增加，ΔT_m 已不再增大，所以传递给冷流体的热量也将不会增加。

对于冷却器，其热流体出口温度的高低，应通过调节冷却水或其他冷却剂的进入量来控制。

为确保换热器的正常操作，还要经常注意传热效果和温度变化，如发现变化，应详细查明原因，如是结垢或流体通道堵塞，需要进行清洗排除。对于冷凝器，还应经常注意排出不凝性气体。

因此，生产中必须建立定期检查和清除结垢的管理制度，以确保换热器操作良好。

(二) 板式换热器的维护与保养

① 保持设备整洁、油漆完好，紧固螺栓的螺纹部分应涂防锈油并加外罩，防止生锈和黏结灰尘。

② 保持压力表、温度计灵敏、准确，阀门和法兰无渗漏。

③ 定期清理和切换过滤器，预防换热器堵塞。

④ 组装板式换热器时，螺栓的拧紧要对称进行，松紧适宜。

(三) 板式换热器的主要故障及处理方法

板式换热器的主要故障及处理方法见表 4-1。

(四) 换热器的清洗方法

换热器的清洗有化学清洗和机械清洗两种方法，对清洗方法的选定应根据换热器的形式、污垢的类型等情况而定。一般化学清洗适用于结构复杂的情况。例如，列管式换热器管间、U 形管内的清洗。由于清洗剂一般呈酸性，对设备多少会有一些腐蚀。机械清洗常用于坚硬的垢层、结焦或其他沉积物，但只能清洗清洗工具能够到达之处，如列管换热器的管内（卸下封头）、喷淋式蛇管换热器的外壁、板式换热器（拆开后），常用的清洗工具有刮刀、竹板、钢丝刷、尼龙刷等。另外，还可以用高压水进行清洗。

表 4-1　板式换热器的主要故障及处理方法

故障	产生原因	处理方法
密封处渗漏	胶垫未放正或扭曲	重新组装
	螺栓紧固力不均匀或紧固不够	调整螺栓紧固度
	胶垫老化或有损伤	更换新垫
内部介质渗漏	板片有裂缝	检查更新
	进出口胶垫不严密	检查修理
	侧面压板腐蚀	补焊、加工
传热效率下降	板片结垢严重	解体清理
	过滤器或管路堵塞	清理

任务四　辐射传热

一、热辐射的基本概念

1. 热辐射

物体以电磁波的形式发射能量，称为辐射。当物体的温度大于热力学温度零度时，它就能向空间发射各种波长的电磁波，同时又不断地吸收外界其他物体的辐射能。不同波长的电磁波到达其他物体后将产生不同的效应，有的能迅速提高物体的温度，有的能产生强烈的化学反应等。一般物体在常温下向空间发射的电磁波，绝大部分的能量都集中在 $\lambda=0.4\sim40\mu m$ 的波长范围内，所以把这一波长范围内的电磁波称为热射线。物体发射的辐射能被另一物体吸收又重新转变为热能的过程称为热辐射。

2. 吸收率和黑体

进行热辐射的电磁波的物理性质与可见光基本相同，也会发生吸收、反射和折射现象。如图 4-18 所示，设投射到某一物体上的总能量为 Q，其中一部分被物体吸收（Q_A）；一部分被物体反射回去（Q_R）；还有一部分透过物体（Q_D）。只有被吸收的那部分 Q_A 可能转化为热能。根据能量守恒定律得

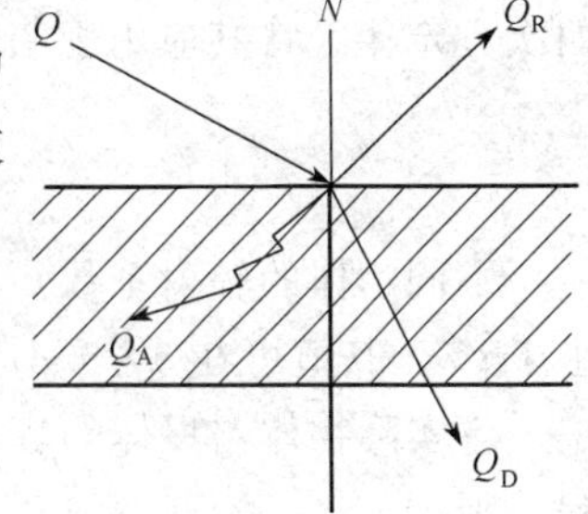

图 4-18　辐射能的吸收、反射和透过

$$Q_A+Q_R+Q_D=Q$$

或

$$\frac{Q_A}{Q}+\frac{Q_R}{Q}+\frac{Q_D}{Q}=1$$

即

$$A+R+D=1$$

式中　$A=Q_A/Q$ ——物体的吸收率；

$R=Q_R/Q$ ——物体的反射率；

$D=Q_D/Q$ ——物体的透过率。

当 $A=1$ 时，表示物体能全部吸收辐射能，该物体为绝对黑体，简称黑体；

当 $R=1$ 时，表示物体能全部反射辐射能，该物体为绝对白体或镜体；

当 $D=1$ 时，表示物体能全部透过辐射能，该物体为透热体。

黑体和镜体是个理想化的概念，实际上并不存在，仅作为辐射计算的比较标准。生产中遇到的大部分固体和液体均为灰体。灰体能够部分地吸收所有波长的辐射能，但不能让热射线透过，即 $D=0$，$A+R=1$。因此灰体的吸收能力越强，它们的反射能力就越弱。

二、热辐射的基本定律

1. 普朗克定律

普朗克定律研究在不同温度下黑体辐射能量随波长分布的规律。即随着温度的不断升高，辐射能渐向波长缩短的方向移动。其表达式为

$$E_{b\lambda}=\frac{c_1\lambda^{-5}}{e^{\frac{c_2}{\lambda T}}-1}$$

式中　$E_{b\lambda}$——黑体在波长 λ 的单色辐射能，W/m^2；

λ——辐射波长，m；

T——热力学温度，K；

c_1——辐射第一常数，$c_1=3.743\times10^{-16}W\cdot m^2$；

c_2——辐射第二常数，$c_2=1.4387\times10^{-2}m\cdot K$。

2. 斯蒂芬-波尔兹曼定律

黑体的辐射能力即单位时间黑体表面向外界辐射的全部波长的总能量，服从斯蒂芬-波尔兹曼定律。即

$$E_b=\sigma T^4$$

式中　E_b——黑体的辐射能力，W/m^2；

σ——斯蒂芬-波尔兹曼常数，$\sigma=5.67\times10^{-8}W/(m^2\cdot K^4)$；

T——黑体表面的热力学温度，K。

工程计算中，斯蒂芬-波尔兹曼定律又可写成下式

$$E_b=C_0\left(\frac{T}{100}\right)^4$$

式中　C_0——黑体的辐射系数，其值为 $5.67W/(m^2\cdot K^4)$。

斯蒂芬-波尔兹曼定律表明黑体的辐射能力与其热力学温度的四次方成正比，有时也称四次方定律。将其应用于灰体时，定律的表达式变为

$$E=C\left(\frac{T}{100}\right)^4$$

不同物体的辐射系数 C 具有不同的数值，它取决于物体的本性、表面情况和温度。C 恒小于 C_0，其值可在 0～5.67 的范围变化。

将实际物体与黑体的辐射能力相比，其值称为该物体的相对辐射能力或黑度，用 ε 表示，则

$$\varepsilon=\frac{E}{E_6}=\frac{C}{C_0}$$

物体的黑度可以表征其辐射能力的大小，其值小于 1。黑度表明物体的辐射能力接近黑体的程度。

3. 克希霍夫定律

黑体对各种波长的辐射能都能全部吸收，即黑体对任何波长的热射线的吸收率恒为 1。灰体的辐射能力可用黑度来表示，其吸收能力用吸收率 A 来表示。克希霍夫定律证明 $A=\varepsilon$。

它表明物体的辐射能力越大，其吸收能力就越强。

三、两物体间的辐射传热

有温度分别为 T_1 和 T_2 的两个物体，其中 $T_1>T_2$。当物体 1 发射 E_1 到物体 2 表面时，其中部分被吸收，其余部分被反射，而且由于两物体之间的空间位置关系，往往发射的辐射能不一定全部投射到对方表面上。与此同时，物体 2 反射回到物体 1 的辐射能也只有一部分回到原物体表面，其中部分被吸收，部分被反射，两者之间是一个反复发射和反射的过程。因此计算两物体间的相互辐射时，必须考虑到两物面的吸收率与反射率、形状与大小以及两者之间的距离和相互位置。

一般计算由较高温度的物体传给较低温度物体的热量时可用下式

$$Q=C_{1\text{-}2}A\left[\left(\frac{T_1}{100}\right)^4-\left(\frac{T_2}{100}\right)^4\right]\varphi$$

式中　$C_{1\text{-}2}$——总辐射系数，$W/(m^2\cdot K^4)$；

A——辐射面积，m^2；

φ——角系数。

角系数表示从辐射表面所发出的能量投射到另一物体表面的比例。其数值不仅与两物体的几何排列有关，还与辐射表面积的大小有关。

四、辐射加热的方法

随着食品工业的发展，辐射加热在食品热加工中的应用越来越广泛。

1. 红外线加热

红外线是介于可见光和微波之间，波长为 0.8～1000μm 的电磁波。通常将波长 5.6～1000μm 的红外线称为远红外线；将波长 0.8～5.6μm 的红外线称为近红外线。红外线可直接传播，照射到物体表面时，一部分被物体吸收，一部分被物体反射，还有一部分透过物体。被吸收的那部分红外线的能量转化为物质分子的热运动，使物体温度升高。

构成物质的分子总是以自己固有的频率在运动着。当入射的红外线频率与分子本身固有的频率相等时，物质就具有吸收红外线的能力。红外线被物体吸收后，即产生共振现象，引起原子、分子的振动和转动。从而转变为热，使温度升高。

近红外线加热可利用灯泡来进行，也有用金属辐射板或陶瓷辐射板的。用灯泡进行近红外线加热，将灯泡装在专门的反射器中，在反射器表面涂一层在空气中不失去光泽的金属，如银、铬等，以提高其反射率。金属辐射板或陶瓷辐射板的种类很多，按其外形可分为板式、管式；按加热方法分为电加热和煤气加热。

用远红外线加热时，其远红外线的获得主要靠发射远红外线的物质。发射远红外线的物质组成的混合物制成辐射元件能产生 2～15μm 以上至 50μm 的远红外线。远红外线的辐射元件一般由金属基体或陶瓷基体和在基体表面涂布的发射远红外线的物质及热源三部分组成。有热源发生的热量通过基体传递到其表面涂布的物料层，然后由表面涂布层发射出远红外线。涂布层物质主要有金属氧化物，还有氮化物、硼化物、硫化物和碳化物等。热源可以是电加热也可以是煤气加热。

红外加热的特点如下。

① 加热速度快。是因为部分红外线可直接透入物料的毛细孔内部。

② 加热设备紧凑，使用灵活，占地面积小，便于连续化、自动化操作。

③ 适于加热外形复杂的物料，尤其适用于薄层多孔性物料的加热。

目前，红外线加热广泛用于食品的干燥、焙烤、杀菌以及肉、鱼、香肠等制品的熏烤。

2. 高频加热

高频加热是依靠高频电场的交变作用使置于高频电场内的物料得以加热的方法。物料在电场的作用下，整个内部的分子都处于不断的运动之中，所以热量产生于物料内部，而后借传导向表面传递。

高频加热的特点如下。

① 加热速度比其他加热方法快。

② 局部过热现象少，减少对食品成分的破坏。

③ 加热发生在食品内部，可避免食品表面的褐变。

④ 操作干净连续，易于控制。

⑤ 电能消耗大。

在食品工业上，高频加热的方法主要用于冻蛋、肉、果汁、鱼类、巧克力等的干燥。

3. 微波加热

微波是指波长为 0.001～1m、频率为 300～30000MHz 的电磁波。与高频加热一样，微波加热也是由分子（带正、负电荷的分子称偶极子）振动而产生热量。但高频加热是一种静电现象，而微波加热则是辐射现象。两者所用的电频率不同，所使用的设备也不同。微波加热的装置主要由微波发生器、波导管、微波加热器、电源等几部分组成。

微波加热的特点如下。

① 加热速度快，时间短，对食品营养成分破坏少。

② 热惯性小，便于控制。

③ 加热均匀。

④ 设备热损失少。

⑤ 设备一次投资费用大，电能消耗大。

微波加热在食品工业上已得到较为广泛的应用，如饼干、糕点等米面制品的烘烤、制品的杀菌及肉、禽制品的解冻等。

自测题

1. 一层厚度 $\delta=50$mm 的平板，其两侧表面分别维持在 573K 和 373K。试求下列条件下通过单位面积的导热量，①材料为铜，$\lambda=374$W/(m·K)；②材料为钢，$\lambda=36.3$W/(m·K)。

2. 冷库壁由两层组成：外层为红砖，厚度 250mm，热导率为 0.7W/(m·K)；内层为软木，厚度 200mm，热导率为 0.07W/(m·K)。红砖和软木层的外表面分别为 298K 和 271K。试计算通过冷库壁的热流密度（Q/A）及两层接触面的温度。

3. 某化工厂有一蒸汽管道，管内径和管外径分别为 160mm 和 170mm，管外包扎一层厚度为 60mm、热导率为 0.07 W/(m·K) 的保温材料，保温层的内表面温度为 563K，外表面温度为 323K。试求通过每米长的蒸汽管所产生的热损失?

4. 冷却水在内径为 17mm、长 2m 的管中以 2m/s 的流速通过。水温由 288K 升至 298K，求管壁对水的传热系数。

5. 热水在水平管中流动，管子长 3m，外径为 50mm，外壁温度 323K，管子周围空气的温度为 283K，试求管外自然对流所引起的热损失。

6. 在 4mm 厚的钢板一侧为热流体，其传热系数 $\alpha_1=5000$W/(m^2·K)，钢板另一侧为冷却水，其传热系数 $\alpha_2=4000$W/(m^2·K)。求总传热系数。

7. 牛奶在 ϕ32mm×3.5 mm 的不锈钢管中流过，外面用蒸汽加热。不锈钢的热导率为 17.5W/(m·K)，管内牛奶的对流传热系数为 500W/(m^2·K)，管外蒸汽的对流传热系数为 8000W/(m^2·K)。试求总热阻和传热系数 K。

8. 在一逆流套管换热器中，冷、热流体进行热交换。冷流体进、出口温度分别为 293K 和 358K，热流体进、出口温度分别为 373K 和 343K。若将冷流体流量加倍，设总传热系数不变，忽略热损失，试求两流体的出口温度和热量的变化。

9. 某冷凝器传热面积为 20m^2，用来冷凝 373K 的饱和水蒸气。冷液进口温度为 313K，流量 0.917kg/s，比热容为 4000J/(kg·K)。换热器的传热系数 $K=125$ W/(m^2·K)，求水蒸气冷凝量。

10. 在套管式换热器中，用冷水将 373K 的热水冷却到 333K。热水流量为 3500kg/h，冷水在管内流动，温度从 293K 升至 303K。已知基于内管外表面积的总传热系数为 2320W/(m^2·K)。内管直径为 ϕ180mm×10mm。若忽略热损失，且近似认为冷水与热水的比热容相等，均为 4.178kJ/(kg·K)。试求：

① 冷却水的流量；

② 两流体做并流流动时的平均温度差及所需管子的长度；

③ 两流体做逆流流动时的平均温度差及所需管子的长度。

11. 某一列管换热器传热面积为 $2m^2$，热水走管程，测得其流量为1500kg/h，进口温度为353K，出口温度为323K；冷水走壳程，测得进口温度为288K，出口温度为303K，呈逆流流动。试计算总传热系数 K。

项目小结

大多数食品物料加工都需要在一定的温度条件下进行，因此需要对物料进行加热和冷却。因此，热量的传递是食品加工过程中一种普遍的能量传递过程。传热的基本方式有热传导、热对流和热辐射三种。工业上的热量交换方式有间壁式、混合式和蓄热式三类。本项目以工业中常见的间壁式换热器为主，详细介绍了各传热方式机理、传热计算及传热设备的结构、使用。

项目五 物料浓缩

【学习目标】

1. 熟练掌握蒸发浓缩的原理、设备及单效蒸发的计算。
2. 了解冷冻浓缩和膜分离的基本理论。

任务一 浓缩理论

一、基本概念

浓缩是从溶液中除去部分溶剂的单元操作，是溶质和溶剂部分分离的过程。浓缩过程中，水分在物料内部是借对流扩散作用从液相内部到达液相表面而后除去的过程。按浓缩的原理分为平衡浓缩和非平衡浓缩两种物理方法。

平衡浓缩是利用两相分配上的某种差异而获得溶质和溶剂分离的方法，如蒸发浓缩和冷冻浓缩。蒸发浓缩是利用溶质和溶剂挥发度的差异，用加入热能的方法使溶剂汽化并将其从液相中分离出去而使料液浓缩，而溶质则为非挥发性的，从而获得一个有利的汽液平衡条件，达到分离目的。其加热介质一般为水蒸气。冷冻浓缩是利用稀溶液与固态溶剂在凝固点下的平衡关系，即利用合适的固液平衡条件，使稀溶液中的一部分溶剂（水）以冰的形式析出，并将其从液相中分离出去而使溶液浓缩，从而达到分离目的。蒸发浓缩和冷冻浓缩，两相都是直接接触的，故称为平衡浓缩。

非平衡浓缩是利用半透膜来分离溶质和溶剂，两相用膜隔开，在不同的推动力作用下，有选择性地使某些分子通过，使溶液中不同的溶质和成分分离，故也称为膜分离。分离不是靠两相直接接触而进行的，故称非平衡浓缩。就操作过程而言，食品的浓缩与分离紧密联系在一起。

二、浓缩在食品工业中的应用

浓缩在食品工业中已得到广泛的应用，其主要目的有以下几点。

① 浓缩去除食品中大量的水分，减少质量和体积，从而减少食品包装、储藏和运输费用。

② 提高制品浓度，延长保质期。浓缩使溶液中的可溶性物质浓度增大，尤其是高浓度的糖和盐有较大的渗透压。当渗透压足够从微生物细胞中渗出水分，或能阻碍水分扩散到微生物细胞中，就可有效地抑制微生物的生长，起到防腐、延长保存期的作用。

③ 作为干燥、结晶或完全脱水的预处理过程。可降低食品脱水过程的能耗。真空浓缩尤其多效真空浓缩，常常是食品干燥的前处理过程。真空浓缩去除水分要比干燥脱水耗能低得多，如喷雾干燥法生产奶粉，要先将牛奶真空浓缩至固形物为40%～50%，然后再进行喷雾干燥，有利于保证制品品质，并降低生产成本。这种处理特别适用于原料液含水量高的情况，用浓缩法排除这部分水分比用干燥法在能量上和时间上更节约。

④ 改善产品质量。浓缩过程尤其是真空浓缩，物料在浓缩过程中处于激烈的湍动状态，

可促使物料各组分混合均匀，有利于去除料液中的挥发性成分和不良风味。真空浓缩过程还具有脱气作用，可改善浓缩液的结构特征。如经真空浓缩的牛奶，通过喷雾干燥过程以获得密度大的奶粉颗粒，这对奶粉的速溶性能尤为重要。但物料在浓缩过程中会丧失某些风味，需引起注意。

任务二　蒸发浓缩

蒸发是食品工业中应用最广泛的浓缩方法之一，具有操作简单、工艺成熟、设备投资低、浓缩效率高等优点。食品工业中浓缩的物料大多为溶液，在以后的论述中，如果不另加说明，蒸发就是指水溶液的蒸发。食品蒸发浓缩的物料有的是原液，如牛奶、血液；有的是榨出汁，如果汁、蔬菜汁等；也有萃取浸提物，如茶、中草药等。

一、蒸发的基本概念

1. 蒸发的概念

利用溶质和溶剂之间挥发度的差异，用加入热能的方法使溶剂汽化，而非挥发性的溶质留在溶液中，从而达到分离的目的，所涉及的平衡为汽液平衡。

按照分子运动学说，溶液受热时，溶剂分子获得了能量，当溶剂分子的能量足以克服分子间的吸引力时，溶剂分子就会逸出液面，进入上部空间，成为蒸汽分子，这就是汽化。汽化后生成的蒸汽若不设法排除，则汽液两相间水分子的化学势逐渐趋向平衡，使汽化不能继续进行。故进行蒸发的必要条件是热能的不断供给和生成蒸汽的不断排除。

2. 蒸发的流程

如图 5-1 所示，蒸发时原料预热后进入蒸发器。蒸发器下部许多加热管组成加热室，加热蒸汽在加热室的管间冷凝，放出的热量通过管壁传给管内的料液，使料液汽化；经浓缩后的完成液从蒸发器的底部排出。蒸发器的上部为分离室，汽化产生的蒸汽在蒸发器顶部的除沫器中将其夹带的液沫予以分离，然后送往冷凝器被冷凝而除去。

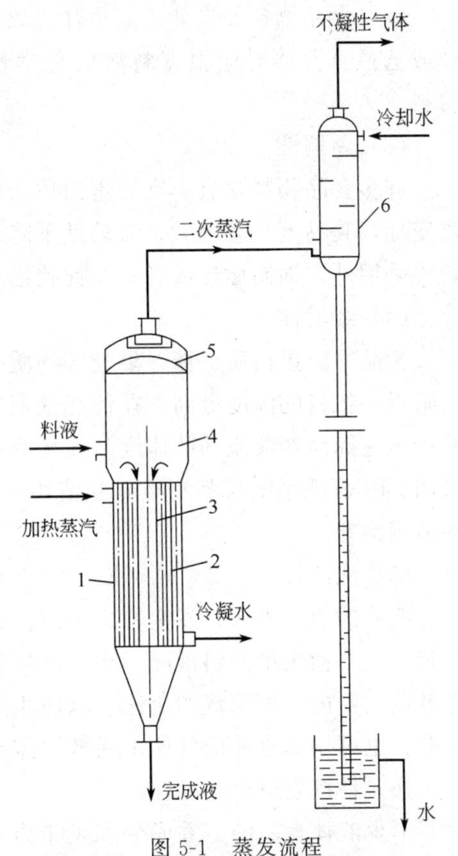

图 5-1　蒸发流程

1—加热室；2—加热管；3—中央循环管；4—蒸发室；5—除沫器；6—冷凝器

一般来说，溶液在任何温度下都会有水分的汽化，但只有在沸腾情况下才有较高的汽化速度。食品工业上多采用在沸腾状态下的汽化过程，即蒸发过程。为了维持溶液在沸腾条件下汽化，需要不断地供给热量，通常采用饱和水蒸气为热源。由此从换热角度看，蒸发器的蒸发过程中一侧是水蒸气的冷凝放热，另一侧为溶液的沸腾传热。

蒸发可以在常压、真空或加压下进行。食品工业上多采用真空蒸发。这主要是由于真空蒸发时溶液沸点较低，有利于最大限度地保护食品中的营养物质。蒸发过程中汽化所产生的水蒸气叫二次蒸汽，以区别作为热源的生蒸汽。排除二次蒸汽最常用的方法是将其冷凝。蒸发操作中，将二次蒸汽直接冷凝而不再利用者，称为单效蒸发。如将二次蒸汽引入另一蒸发器作为热源，进行串联蒸发操作，则称为多效蒸发。而多效蒸发系统中最末一效的二次蒸汽亦被冷凝。因此冷凝器是蒸发系统的重要组成部分。

3. 食品物料蒸发的特点

料液在蒸发浓缩过程中发生的变化对浓缩液品质有很大的影响。所以在选择和设计蒸发器时要充分认识物料的这一特征。一般来讲，食品物料的蒸发具有如下特性。

(1) 热敏性

食品物料多由蛋白质、脂肪、糖类、维生素及其他风味物质组成。这些物质在高温下长时间受热时要受到破坏或发生变性、氧化等作用。所以食品物料的蒸发应严格控制加热温度和加热时间，从食品蒸发的安全性考虑，应力求“低温短时”，同时考虑工艺的经济性。在确保食品质量的前提下，为提高生产能力，常采用“高温短时”蒸发。由于料液的沸点与外压有关，在封闭系统中，低压就能降低沸点，所以真空蒸发是食品工业中应用较多。同时，为了缩短蒸发操作时的加热时间，一方面应尽量减少料液在蒸发器内的平均停留时间；另一方面还应解决局部性的停留时间问题。为了缩短料液在蒸发器中的停留时间，现广泛采用长管式蒸发器和搅拌膜式蒸发器。

(2) 腐蚀性

有些食品物料如果汁、蔬菜汁等属于酸性食品，有可能对蒸发设备造成腐蚀。所以在设计或选择蒸发器时应根据料液的化学性质和蒸发温度，选用既耐腐蚀又有良好导热性的材料。

(3) 黏稠性

许多食品物料含有丰富的蛋白质、多糖、果胶等成分，其黏度较高。随着浓度增大及受热变性，其黏度显著增大，流动性下降，严重影响了传热速率。所以对黏性物料的蒸发，一般要采用外力强制循环或者采取搅拌措施。

(4) 结垢性

食品中的蛋白质、糖、果胶等物质受热过度会发生变性、结块、焦化等现象。而在传热面附近，物料的温度最高，在传热壁上容易形成垢层，严重影响了传热速率。解决结垢问题的措施是提高料液流动的速度。或采取有效的防垢措施，如采用电磁防垢、化学防垢，也可采用 CIP 清洗系统与蒸发器配套使用。另外对不可避免的结垢问题，必须有定期的、严格的清理措施。

(5) 泡沫性

溶液的组成不同，发泡性也不同。含蛋白质胶体较多的食品物料蒸发时泡沫较多，且较稳定，这会使大量的料液随二次蒸汽导入冷凝器，造成料液的流失。发泡性料液的蒸发，需降低蒸发器内二次蒸汽的流速，以防止跑料，或采用管内流速很大的升膜式或强制循环式蒸发器，也可用高流速的气体来吹散泡沫或用其他的物理、化学措施消泡。

(6) 易挥发成分

不少液体食品的芳香成分和风味物质的挥发性较大。料液蒸发时，这些易挥发成分将随蒸汽一同逸出，从而影响浓缩制品的质量。目前较完善的方法是采取措施回收蒸汽中的易挥发成分，然后再掺入制品中。

二、单效蒸发

单效蒸发是最基本的蒸发流程，原料在蒸发器内被加热汽化，产生的二次蒸汽引出后冷凝或排空，不再被利用，因食品工业上浓缩的物料都是热敏性的，进行单效蒸发时常采用单效真空蒸发。

1. 蒸发器的温度差损失

蒸发操作的快慢主要取决于蒸发器加热室热交换的传热量 Q。与其他换热器一样，蒸发器的换热遵循传热基本方程：$Q=KA\Delta t$。对一定的蒸发器，换热面积 A 是一定的。以加热蒸汽作为加热介质，传热壁一侧是蒸汽冷凝放热，另一侧是液体沸腾汽化吸热，因而传热系数 K 有一定的取值范围。对传热量 Q 影响最显著的是传热温度差 Δt。

若蒸发器加热蒸汽的温度为 T，加热室料液的沸点为 t_1，则换热壁两侧的温度差为

$$\Delta t=T-t_1$$

一定压力下，料液的沸点较纯水的沸点 T' 要高，两者沸点之差称为温度差损失 Δ

$$\Delta=t_1-T'$$

对于同一种料液，沸点升高值随料液浓度及蒸发器内液柱高度而异，浓度越大，液柱越高，沸点升高值越大。

引起温度差损失的原因有以下三方面。

① 由于料液中溶质的存在产生的沸点升高而引起；

② 由于液层静压效应而引起；

③ 由于管路流体阻力而引起。

（1）由于溶质的存在，使溶液沸点升高

因为溶液的蒸气压比纯溶剂（水）的蒸气压低，所以在相同的外压下，溶液的沸点比纯溶剂（水）高，所升高的温度称沸点升高，以 Δ' 表示。如常压下，50%食糖溶液的沸点为374.8K，则沸点升高 $\Delta'=374.8-373=1.8$K，不同浓度糖液在常压下的沸点升高值见表5-1。

表 5-1 不同浓度糖液在常压下的沸点升高值

w/%	10	15	20	25	30	35	40	45	50	55	60	65	70	75	80
Δ'_0/K	0.1	0.2	0.3	0.4	0.6	0.8	1.0	1.4	1.8	2.3	3.0	3.8	5.1	7.0	9.4

食品工业上所处理的溶液多为非电解质或胶体溶液，沸点升高较小，可近似参考糖液方面的数据。对非常压下溶液的沸点升高可按吉辛柯公式计算，即

$$\Delta'=16.2\frac{T'^2}{r'}\Delta'_0 \tag{5-1}$$

式中 Δ'——操作压力下溶液沸点升高，K；

Δ'_0——常压下溶液沸点升高，K；

T'——操作压力下水的沸点，K；

r'——操作压力下二次蒸汽的汽化热，J/kg。

（2）由于液层静压效应引起

溶液在蒸发器内常有一定的液层高度，离液面不同深度的溶液受到不同的静压力，因而

液面下局部沸腾温度高于液面上的沸腾温度，使液层内有效传热温差减小，这种由于液层静压效应造成的温差损失，记作Δ''

设液面上方分离室内的压力为p_0。溶液液层高度为h，溶液密度为ρ，液层内部平均压力p_m可按下式求得

$$p_m = p_0 + \frac{\rho g h}{2}$$

由p_m和p_0值，可查得相应的沸点t_m和t_0，则由静压效应引起的温度差损失Δ''为

$$\Delta'' = t_m - t_0 \tag{5-2}$$

通常为近似计算，t_m和t_0可直接取p_m和p_0压力下水蒸气的饱和温度。

在真空蒸发时，液层静压效应的影响要比常压或加压下蒸发要大，特别是在高真空度下操作的真空蒸发，当液层静压效应显著影响沸腾温度时，底层溶液的沸腾往往受到强烈的抑制，甚至不沸腾，只有当溶液向上方流动而达到某一高度以后才开始沸腾，所以生产中，往往采用膜式蒸发器避免这个问题。因为它的管长，管内为汽液混合物的两相流动，平均密度小，缓和了静压效应，可不考虑Δ''。

（3）由于管路流体阻力引起

二次蒸汽由分离室到冷凝器的流动中，在管道内会产生阻力损失，也可能会散失热量，这些能量消耗造成温度差损失，记作Δ'''。受管道长度、直径和保温情况等影响。

计算时一般取

$$\Delta''' = 0.5 \sim 1.5\text{K} \tag{5-3}$$

由于上述三个原因，全部温度差损失为

$$\Delta = \Delta' + \Delta'' + \Delta''' \tag{5-4}$$

求得总传热温度差Δt为

$$\Delta t = T - t_1 = T - (T' + \Delta) = T - T' - (\Delta' + \Delta'' + \Delta''') \tag{5-5}$$

【例 5-1】 用连续真空蒸发器，将固体含量为11%的糖溶液浓缩至含量达到40%。器内的真空度为700mmHg，液层深度为2m，用373K蒸汽加热。试求由液体沸点升高和液层静压效应所引起的温度差损失及蒸发器的传热温度差。糖液（40%）的相对密度为1.081。

解 查得700mmHg真空度下，水蒸气的饱和温度$T' = 314.6\text{K}$，汽化热$r' = 2400 \times 10^3 \text{J/kg}$

① 液体的沸点升高

根据表5-1可查出糖液含量为40%时，$\Delta'_0 = 1\text{K}$

$$\Delta' = 16.2\frac{T'^2}{r'}\Delta'_0 = 16.2 \times \frac{314.6^2}{2400 \times 10^3} \times 1 = 0.67\text{K}$$

② 静压效应引起的温度差损失

$$p_m = p_0 + \frac{\rho g h}{2} = (760 - 700) \times 133 + \frac{1081 \times 9.81 \times 2}{2} = 18.58\text{kPa}$$

在此压力下查得$t_m = 331.3\text{K}$

$$\Delta'' = t_m - t_0 = 331.3 - 314.6 = 16.7\text{K}$$

③ 由于管路流体阻力引起温度差损失，根据经验数据取

$$\Delta''' = 1\text{K}$$

所以 $\Delta=\Delta'+\Delta''+\Delta'''=0.67+16.7+1=18.37\text{K}$

传热温度差 $\Delta t=T-t_1=T-(T'+\Delta)=373-(314.6+18.37)=40.03\text{K}$

2. 单效蒸发的计算

对于单效真空蒸发，在确定了操作条件和给定了生产任务后，需计算以下内容：蒸发量、加热蒸气消耗量和传热面积。这些问题可以通过物料衡算、热量衡算和传热速率方程来解决。

(1) 蒸发量

如图5-2所示，对蒸发操作中的溶质做物料衡算，可得到蒸发的水分量。即

$$q_{mF}x_0=(q_{mF}-q_{mW})x_1 \tag{5-6}$$

或

$$q_{mW}=q_{mF}\left(1-\frac{x_0}{x_1}\right) \tag{5-7}$$

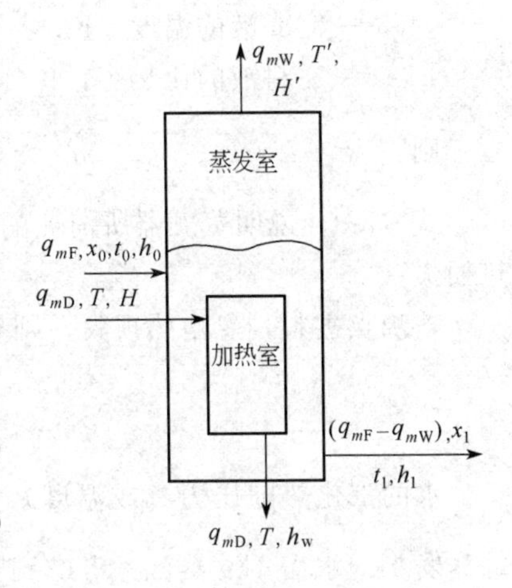

图5-2　单效蒸发示意图

式中　q_{mF}——原料液的流量，kg/s；

q_{mW}——蒸发量，kg/s；

x_0——原料液中溶质（固形物）的质量分数，%；

x_1——浓缩液中溶质（固形物）的质量分数，%。

(2) 加热蒸气消耗量

通过热量衡算，可求得加热蒸气消耗量。

进入蒸发器的热量为

$$q_{mD}H+q_{mF}h_0$$

离开蒸发器的热量为

$$q_{mW}H'+(q_{mF}-q_{mW})h_1+q_{mD}h_w+Q_L$$

进行焓衡算得

$$q_{mD}H+q_{mF}h_0=q_{mW}H'+(q_{mF}-q_{mW})h_1+q_{mD}h_w+Q_L$$

或

$$q_{mD}=\frac{q_{mW}H'+(q_{mF}-q_{mW})h_1-q_{mF}h_0+Q_L}{H-h_w}=\frac{q_{mF}(h_1-h_0)+q_{mW}(H'-h_1)+Q_L}{H-h_w}$$

式中　q_{mD}——加热蒸汽消耗量，kg/s；

H——加热蒸汽的焓，J/kg；

h_0——原料液的焓，J/kg；

H'——二次蒸汽的焓，J/kg；

h_1——完成液的焓，J/kg；

h_w——冷凝水的焓，J/kg；

Q_L——热损失，J/s。

若加热蒸汽的冷凝液在蒸汽的饱和温度下排除，则

$$H-h_w\approx r$$

当料液的稀释热可以忽略时，溶液的焓可由比热容算出，经简化计算得

$$q_{mF}(h_1-h_0)=q_{mF}c_{p0}(t_1-t_0)$$

$$H'-h_1\approx r'$$

式中　r——加热蒸汽的汽化热，J/kg；

r'——二次蒸汽的汽化热，J/kg；

t_0——原料液的温度，K；

t_1——完成液的温度，K；

c_{p0}——原料液的比热容，J/(kg·K)。

则
$$q_{mD}=\frac{q_{mW}r'+q_{mF}c_{p0}(t_1-t_0)+Q_L}{r} \tag{5-8}$$

式（5-8）说明蒸发器所消耗的热量，主要用于二次蒸汽所需的汽化热及预热原料液和热损失。

若沸点进料，忽略热损失，则有

$$q_{mD}=\frac{q_{mW}r'}{r} \tag{5-9}$$

水的汽化热随压力（或温度）的变化不大，所以 $r\approx r'$，由式（5-9）可知 $\frac{q_{mD}}{q_{mW}}\approx 1$。即每蒸发 1kg 水需 1kg 蒸汽。考虑到热损失等实际原因，$q_{mD}/q_{mW}\approx 1.1\sim 1.2$。

3. 传热面积

蒸发器的传热面积由传热速率公式计算，即

$$Q=KA\Delta t$$

或
$$A=\frac{Q}{K\Delta t}=\frac{Q}{K(T-t_1)}=\frac{q_{mD}r}{K(T-t_1)} \tag{5-10}$$

【例 5-2】 稳定状态下在单效蒸发器中浓缩苹果汁。已知原料液温度为 316.3K，含量为 11%，比热容为 3.9kJ/(kg·K)，进料流量为 0.67kg/s。溶液的沸点为 333.1K，完成液含量为 75%。加热蒸汽为 300kPa。加热室传热系数为 943W/(m²·K)。计算：

① 蒸发量；

② 加热蒸汽消耗量；

③ 换热面积。

解 ①
$$q_{mW}=q_{mF}\left(1-\frac{x_0}{x_1}\right)=0.67\left(1-\frac{0.11}{0.75}\right)=0.57\text{kg/s}$$

② 查 $t_1=333.1$K 时，$r'=2355$ kJ/kg

$$p=300\text{kPa 时},\ T=406.3\text{K},\ r=2168\text{kJ/kg}$$

由式（5-8）得

$$\begin{aligned}q_{mD}&=\frac{q_{mW}r'+q_{mF}c_{p0}(t_1-t_0)}{r}\\&=\frac{0.57\times 2355\times 10^3+0.67\times 3.9\times 10^3\times(333.1-316.3)}{2168\times 10^3}\\&=0.64\text{kg/s}\end{aligned}$$

③
$$A=\frac{q_{mD}r}{K(T-t_1)}=\frac{0.64\times 2168\times 10^3}{943\times(406.3-333.1)}=20.1\text{m}^2$$

三、多效蒸发

1. 多效蒸发原理及其特点

蒸发的操作费用主要是消耗加热蒸气的动力费。在单效蒸发中，从溶液蒸发 1kg 水，通常需要不少于 1kg 的加热蒸汽。在生产中，蒸发大量水分时，势必需要消耗大量的加热蒸汽。为减少加热蒸汽的消耗量，可采用多效蒸发。即将若干个蒸发器串联起来协同操作。它是利用减压的方法，使后一个蒸发器的操作压力和溶液沸点比前一个低。把前一个蒸发器产生的二次蒸汽引入后一个蒸发器的加热室作为热源，后一个蒸发器的加热室作为前一个蒸发器的冷凝室，依此类推，至最后一个蒸发器的二次蒸汽送去冷凝。

这样将几个蒸发器顺次连接起来协同操作以实现二次蒸汽的再利用，从而提高加热蒸汽利用率的操作，称为多效蒸发。每一个蒸发器称为一效，通入加热蒸汽的蒸发器称为第一效。用第一效的二次蒸汽作为加热蒸气的蒸发器称为第二效，依此类推。

事实上，尽管多效蒸发具有热能利用的经济性，但是在给定的总操作条件下，与单效比较，生产能力并没有提高。相反的，相同的生产能力下，串联若干单效设备，可提高热能利用的经济性，但也提高了设备的投资费用。

2. 多效蒸发的流程

根据原料液加入方法的不同，多效蒸发操作有四种流程，即顺流、逆流、平流和混流。

(1) 顺流法

也称并流，是最常用的一种加料流程。如图 5-3 所示，蒸汽和料液的流动方向一致，依效序从第一效到末效。在顺流操作中，蒸发室压力依效序递减，所以料液在效间流动不需要泵。同时，料液沸点依效序递降，使前效料液进入后效时，由于温度高于后效沸点而使其在降温的同时放出显热，产生自蒸发作用，使一小部分水分汽化，增加了水分蒸发量。另外，料液浓度依效序递增，高浓度料液在低温下蒸发，这对热敏性食品物料是有利的，但同时料液黏度随效序显著升高，使末效蒸发困难。

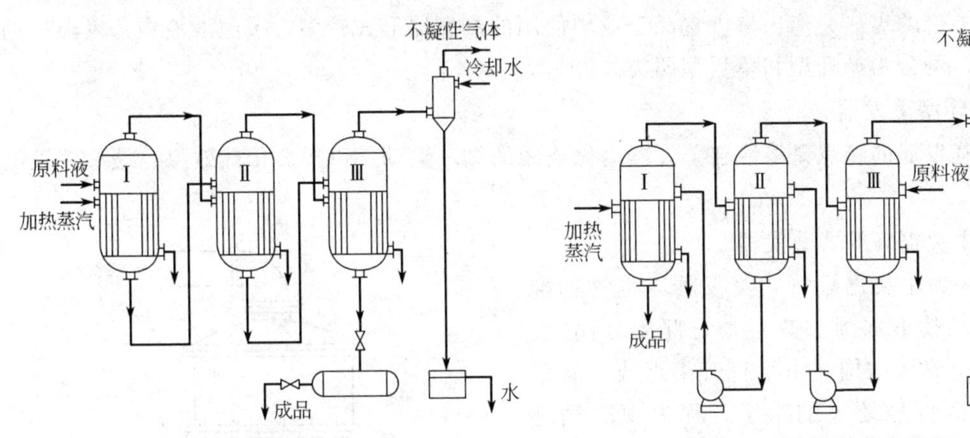

图 5-3 顺流多效蒸发流程

图 5-4 逆流多效蒸发流程

(2) 逆流法

如图 5-4 所示，料液与蒸汽流动方向相反。原料液由末效进入，依次用泵送入前效，而蒸汽则由第一效流至末效。逆流法的优点是，浓度较高的料液在较高的温度下蒸发，故黏度不会太高，各效的传热系数值不会太低。但是各效间料液要用泵输送，不仅没有自蒸发，而且还要消耗一部分蒸汽将料液从低沸点加热到高沸点，从而使蒸发量减少。此外高温加热面上浓溶液的局部过热有引起结焦和营养物质受破坏的危险。

对于料液黏度随浓度和温度变化较为敏感的情况，宜采用逆流法。

(3) 平流法

如图 5-5 所示，平流法是每效均平行送入原料液和排出产品。此法只用于易结晶物料的蒸

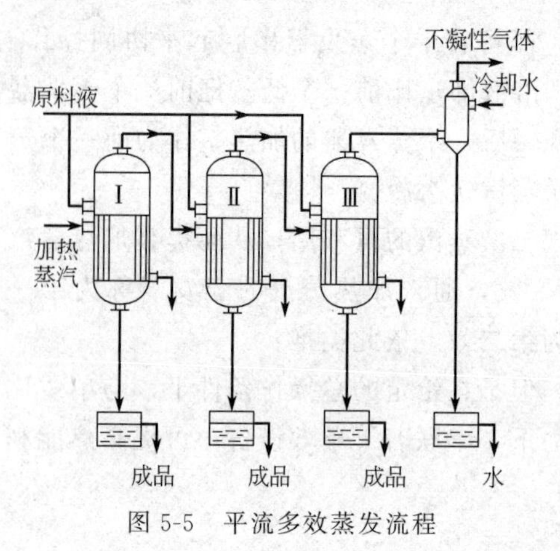

图 5-5　平流多效蒸发流程

发。如食盐溶液的浓缩，因为夹带大量结晶的黏稠悬浮液不便于在效间输送。此方法对结晶操作较易控制，并省掉了黏稠悬浮液的效间泵送。

（4）混流法

效数多时，可采用顺流和逆流并用操作。即有些效间为顺流，有些效间为逆流，这样可以协调两种流程的优缺点，对黏度较高的料液的浓缩很有利。

3. 多效蒸发的效数

由于多种原因，多效蒸发的效数是有限的。首先，效数增加，会增加蒸发器及附属设备投资费用。其次，在多效蒸发中，末效二次蒸汽温度受真空度的限制不可能无限降低，而首效的沸点又常受物料热敏性的限制也不能无限高。这样，总温差就有了一定的限制。而且每一效的有效温差不能低于5～7K，否则无法维持在核态沸腾下操作。因此也不能无限制地增加效数。

实践中常用的多效蒸发是双效、三效、四效。对热敏性高的物料，首效的蒸发温度即受限制，所以很少有超过两效的设备。

四、蒸发设备

蒸发设备包括蒸发器和辅助设备两大部分。蒸发器主要由加热室（器）和分离室（器）两部分组成。加热室的作用是利用水蒸气为热源来加热被浓缩的料液。分离室的作用是将二次蒸汽中夹带的雾沫分离出来。食品工业中使用的蒸发器形式较多，按照溶液在蒸发器中的流动情况，可分为循环型和单程型两类。

1. 循环型蒸发器

这类蒸发器的特点是溶液在蒸发器内做连续的循环运动，以提高传热效果、缓和溶液的结垢情况。

（1）中央循环管式蒸发器

图 5-6 为中央循环管式蒸发器，也称标准式蒸发器。其下部为加热室，上部为分离室。加热室为壳管式结构，由垂直管束组成，管束中央有一根直径较大的管子，称为中央循环管。周围细管称为沸腾管或加热管。加热管管长 0.5～3m，管径 25～75mm，长径之比为 20～40。中央循环管截面积一般为加热管总截面积的 0.4～1。由于细管（加热管）内单位体积溶液受热面大于粗管（中央循环管），即前者受热好，溶液汽化得多，因此加热管内汽液混合物的密度比中央循环管内的小，这种密度差产生对流作用，促使溶液做沿中央循环管下降而沿加热管上升的循环流动。这种循环是一种自然循环，流速为0.3～1m/s。

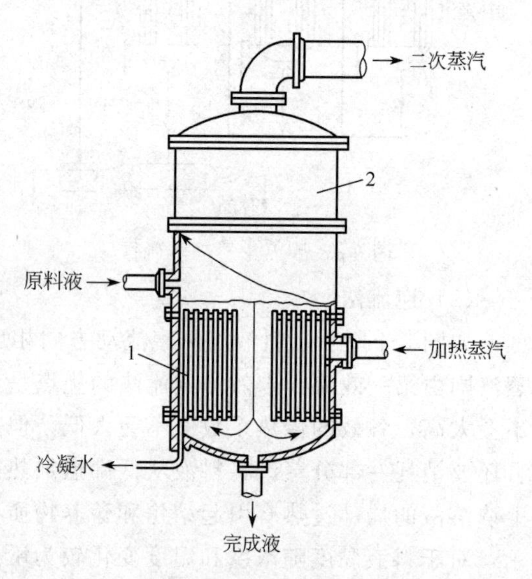

图 5-6　中央循环管式蒸发器

1—加热室；2—分离室

分离室是一个圆筒体，直径与加热室相等。筒体高度一般不小于1.8～2.5m。顶部有除沫器，用来分离雾沫，保证二次蒸汽洁净。

中央循环管式蒸发器的优点是：结构简单，制造方便，投资少和操作可靠。其缺点是循环速度低，传热系数小，设备维修和清洗麻烦。它适用于中等黏度和轻度结垢溶液的蒸发。

（2）悬筐式蒸发器

如图5-7所示，悬筐式蒸发器的加热室为筐形，悬挂在蒸发器壳体下部，所以称为悬筐式。该蒸发器内的液体也是自然循环。加热蒸汽总管由壳体上部伸入，加热管间隙通蒸汽，管内为溶液，加热室的外壁与蒸发器内壁所形成的环形通道为溶液循环通道。环形通道的截面积一般为加热管总面积的1～1.5倍，因而环内液体与加热管内液体密度差更大，液体循环速度更大，为1～1.5m/s。与中央循环管式蒸发器相比，热损失小，检修方便。其缺点是：单位传热面积的金属消耗量较大，装置复杂。这种蒸发器适用于易于结晶的溶液。

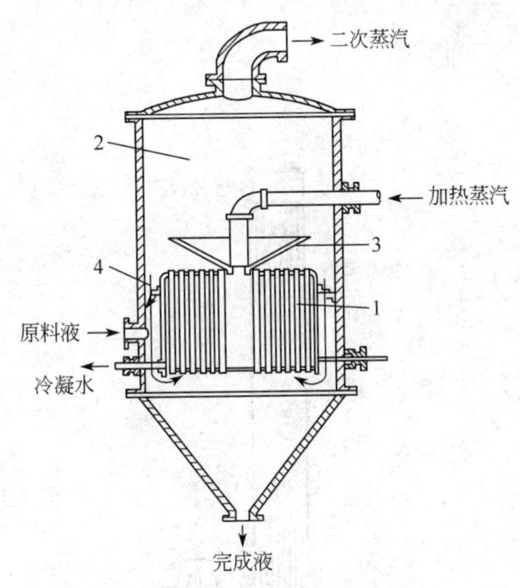

图5-7　悬筐式蒸发器
1—加热室；2—分离室；3—除沫器；4—下降通道

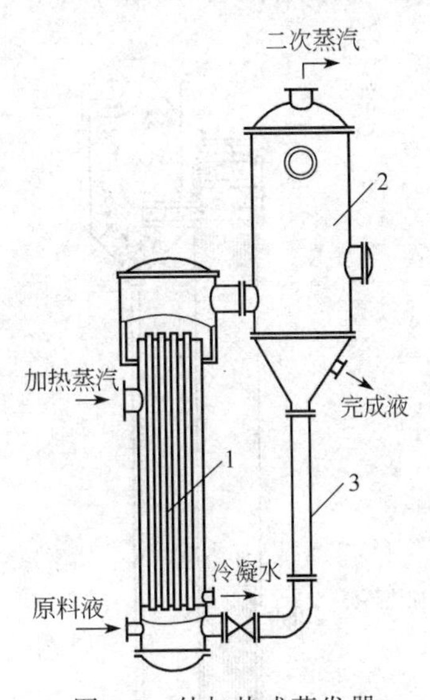

图5-8　外加热式蒸发器
1—加热室；2—分离室；3—循环管

（3）外加热式蒸发器

外加热式蒸发器的特点是将加热室与分离室分开。如图5-8所示，它由加热室、分离室和循环管三部分组成。循环管是加热室和分离室的连接管，这样可改变加热室与分离室间的距离，且调节循环速度使料液达到不在加热室中沸腾，而在加热管顶端沸腾。管子不易被析出的结晶所堵塞。其次，分离器独立后，可改善雾沫分离条件。另外，还可使几个加热器共用一个分离器，轮换使用，操作灵活。

外加热式蒸发器可分为自然循环型和强制循环型两种。强制循环型的强制手段可用泵或搅拌器。强制循环型蒸发器的传热系数虽然比一般自然循环型大得多，但动力消耗也比自然循环型大。它们二者都是溶液反复循环，在设备中平均停留时间长，对于热敏性物料的蒸发，容易产生分解变质。

2. 单程型蒸发器

循环型蒸发器对热敏性物料蒸发不利。而非循环型蒸发器内的物料在器内经过一次加热、汽化和分离过程，离开时即达到要求的浓度，不做循环，蒸发速度快，传热效率高。特别适用于热敏性物料的蒸发，对黏度较大、容易产生泡沫的物料的蒸发也较好。

长管式蒸发器是单程型蒸发器中常用的一种，结构和特点如下。

长管式蒸发器的加热室由单根或多根垂直管组成，管的长径之比为 100～150，管径为 25～50mm，管束很长，一般为 6～8m。根据料液流动方向不同，可分为升膜式、降膜式和升-降膜式蒸发器。

（1）升膜式蒸发器

如图 5-9 所示，原料液经预热达到沸点或接近沸点后，由加热室底部引入，被高速上升的二次蒸汽带动，沿加热管壁呈传热效果最佳的膜状流动。在加热室顶部达到所需浓度，完成液由分离室底部排出。二次蒸汽在加热管内的速度不应小于 10m/s，一般为 20～50m/s。这种蒸发器的缺点是管内下部积存较多液体，延长了接触时间，使浓缩液不能严格通过单程蒸发达到所要求的浓度，部分料液还需要循环。它适用于处理蒸发量较大的稀溶液以及热敏性或易生泡沫的料液，如果汁、乳制品等；不适用于处理高黏度、有晶体析出和易结垢的料液。

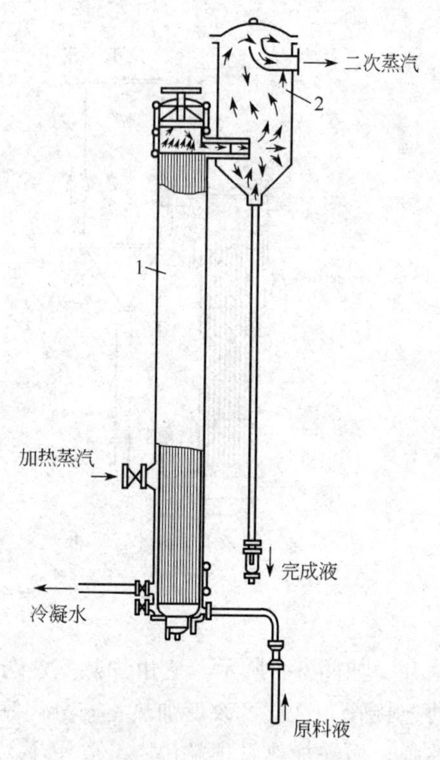

图 5-9 升膜式蒸发器

1—蒸发室；2—分离室

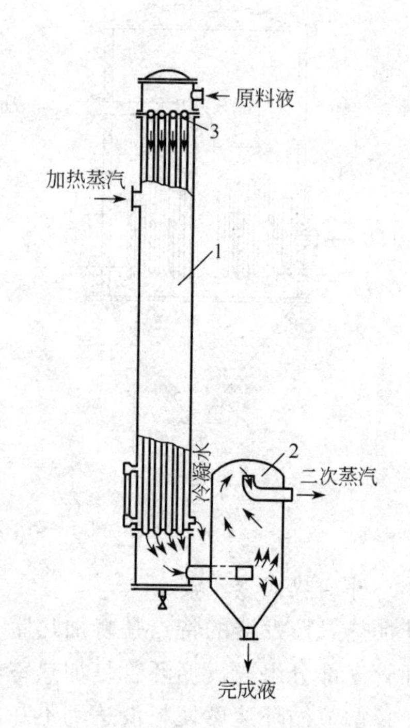

图 5-10 降膜式蒸发器

1—加热室；2—分离室；3—液体分布器

（2）降膜式蒸发器

对于蒸发浓度或黏性较大的溶液，可采用如图 5-10 所示的降膜式蒸发器。原料液由加热室顶部加入，经管端的液体分布器使料液均匀地成膜流下，并进行蒸发。为了使溶液能在管壁上均匀布膜，且防止二次蒸汽由加热管顶端直接窜出，加热管顶部必须设置良好的液体分布器。

图 5-11 为几种常用的液体分布器。其中图 5-11（a）的导流管是具有螺旋沟槽的圆柱体；图 5-11（b）的导流管下端锥体端面向内凹，以免液体再向中央聚集；图 5-11（c）是

利用加热管上端管口的齿缝来分配液体。

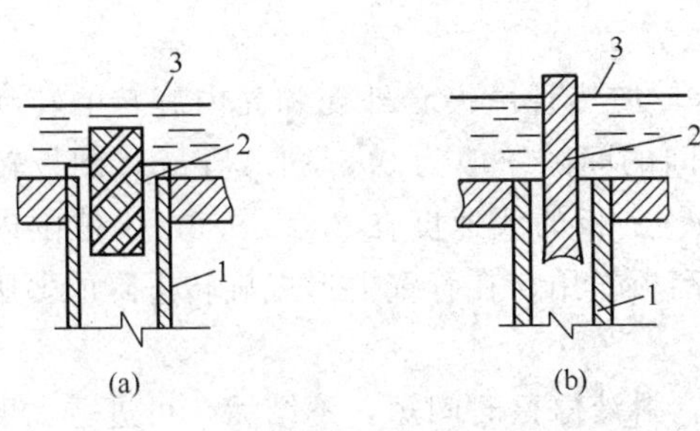

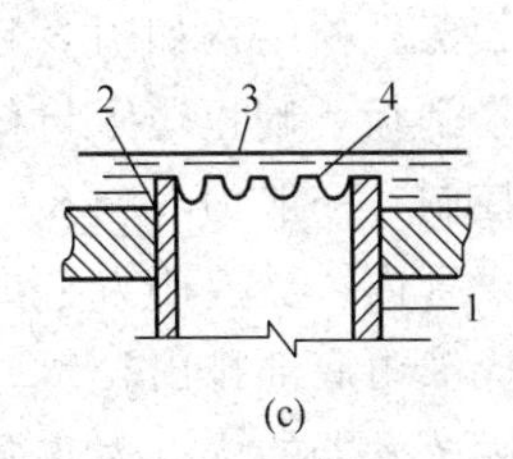

图 5-11　液体分布器

1—加热管；2—导流管；3—液面；4—齿缝

降膜式蒸发器布膜装置的好坏，直接影响传热效果。

降膜式蒸发器不存在静液层效应，物料沸点均匀，传热系数高，停留时间短。适用于处理热敏性物料和高黏度的物料，如牛奶、果汁等。但不适用于处理易结晶、结垢或黏性很大的溶液。

（3）升-降膜式蒸发器

将升膜式蒸发器和降膜式蒸发器装在一个外壳中，就成为升-降膜式蒸发器。如图 5-12 所示，原料液在预热器中加热达到或接近沸点后，引入升膜加热管 2 的底部，汽液混合物经管束由顶部流入降膜加热管 3，然后进入分离器 4，完成液由分离器底部排出。此升-降膜式蒸发器，既有以两程代单程，缩短加热管长度的优点，又可因分段浓缩各取有利点以避免其各自的缺点。它常用于料液在浓缩过程中黏度变化大或厂房高度有一定限制的情况。

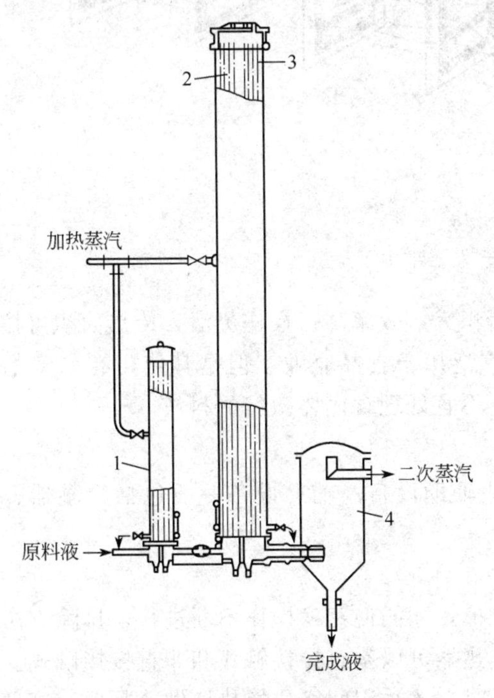

图 5-12　升-降膜式蒸发器

1—预热器；2—升膜加热管；3—降膜加热管；4—分离器

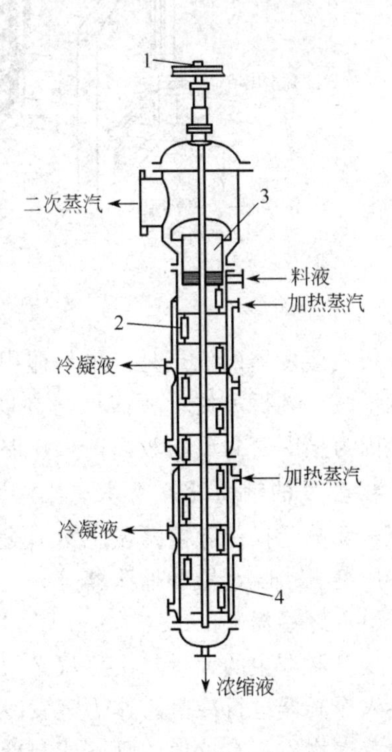

图 5-13　刮板薄膜蒸发器

1—轴；2—刮板；3—分离室；4—夹套

3. 其他类型蒸发器

（1）刮板薄膜蒸发器

刮板薄膜蒸发器结构如图 5-13 所示，加热管由夹套外壳和壳内旋转的转动件组成。转动件上有若干刮板，刮板边缘与传热面间的间隙一般为 0.5～1.25mm。刮板转动件的转速由变速装置控制，一般为 30～800r/min，刮板的线速度在 2.5～9.6m/s 范围内。原料液沿切线方向进入管内，受离心力、重力和刮板作用，在管壁上形成旋转下降的薄膜，并不断地被蒸发，完成液由底部排出。

刮板薄膜蒸发器的优点为非循环型，料液停留时间短，不结垢，可进行黏度很高的液体的浓缩，因而广泛应用于番茄酱、牛奶、麦芽汁和乳清等热敏性物料的浓缩。缺点是投资费用高，生产能力小。

（2）板式蒸发器

板式蒸发器由板式换热器和分离器组合而成。加热板用不锈钢冲压而成，其厚度为 1～1.5mm，四周用橡胶垫圈密封，板与板之间形成蒸汽与料液流动通道。如图 5-14 所示，加热板排成四片一组，蒸汽在 4～1 和 2～3 板间冷凝，料液在 1～2 板间升膜流动，在 3～4 板间降膜流动。视生产能力的需要可增减板的组数。蒸发形成的汽液混合物进入离心分离器进行分离。

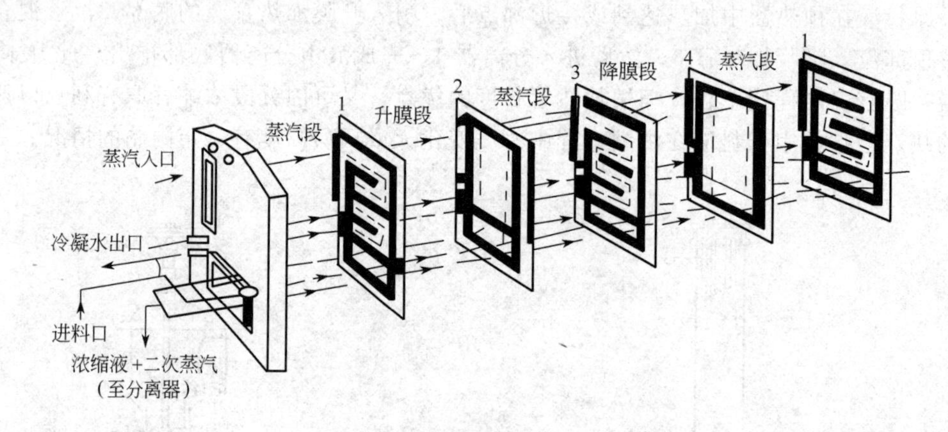

图 5-14　板式蒸发器结构示意

板式蒸发器的优点是：单位体积的传热面积大，效率高；操作灵活，传热面积可按要求随意增减，装拆方便；所需厂房高度小。已广泛用于食品企业。但是其使用有一定的局限性，因为垫圈密封要求较高，操作温度有限，不宜处理含固体微粒的料液。

4. 蒸发的辅助设备

蒸发单元操作除需蒸发器外，还需要一些辅助设备。辅助设备一般包括冷凝器、真空泵、压缩机、疏水器和捕沫器等。

（1）冷凝器

蒸发器产生的大量二次蒸汽必须设法排除掉，才能使蒸发操作不断进行，排除方法是将其导入冷凝器进行冷凝。作为蒸发冷凝器的换热器可以是直接接触式和非直接接触式。当冷凝的蒸汽物质是有价值的且不能与冷却水混合时，才采用间壁式换热器做冷凝器。这种冷凝器价格较高，用水量较大。所以非必要时，一般采用直接接触式冷凝器，又称混合式冷凝器。

混合式冷凝器要求两种流体能有最大的接触面积，保证均匀接触和一定的接触时间。进入冷凝器的蒸汽或多或少带有不凝结气体，必须从顶部将它排出。

典型的混合式冷凝器有喷射式、填料式和孔板式等（图 5-15）。

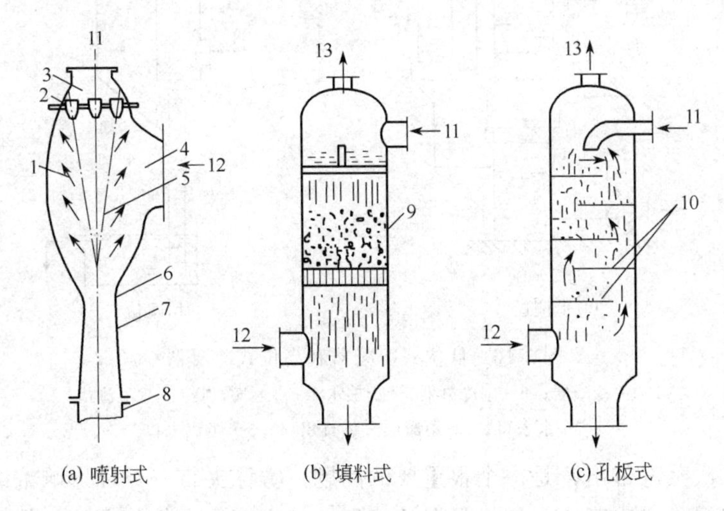

图 5-15 混合式冷凝器

1—导向挡板；2—喷嘴；3—水室；4—吸气室；5—混合室；6—喉管；7—扩压管；8—尾管；9—填料；10—淋水板；11—入水口；12—蒸汽入口；13—不凝结气体排出口

① 喷射式冷凝器。如图 5-15（a）所示，主要由高压泵和水力喷射泵组成。一定压力的冷水由上部进入后，通过喷嘴喷射，造成下游的低压，将二次蒸汽吸入，在混合室内汽水混合直接进行换热，蒸汽凝结并被水束带入下部扩压管，一部分动能转为静压能，从下部尾管排出。可见，喷射式冷凝器除有混合冷凝作用外，还具有抽真空的作用，特别适用于食品工业上的真空蒸发和真空干燥等，不再需要另装真空泵。

② 填料式冷凝器。如图 5-15（b）所示，冷凝器中装有一定高度的填料层，填料层由许多瓷环或其他填料充填而成，瓷环内外表面就是两种流体的接触面。冷却水从上部喷淋而下，与上升的二次蒸汽在填料表面换热，混合后的冷凝水由底部排出，不凝气由顶部排出。

③ 孔板式冷凝器。如图 5-15（c）所示，器内装置若干块钻有许多小孔的淋水板，淋水板可为交替放置的圆缺型或交替放置的盘环型。冷却水自上引入，顺次经淋水板孔穿流而下，同时也经板边缘泛流而下。二次蒸汽自下而上与冷水逆流接触，换热冷凝。混合的冷却水和冷凝水由下部引出，不凝气由上方排出。

除水力喷射式冷凝器外，孔板式和填料式冷凝器，当用于真空蒸发时，其内处于负压状态。为排出冷凝水，通常采取的措施有两种：低位式冷凝器和高位式冷凝器（图 5-16）。

低位式冷凝器可直接安装在地面上，冷凝器产生的冷凝水用抽水泵抽走。高位式冷凝器不用抽水泵，而是将冷凝器置于 10m 以上的高位，下部连接一根很长的尾管，称为气压管（俗称大气腿），靠集于气压管中液体的静液压作用把冷凝水排出。为防止外部空气进入真空系统，气压管应插入溢流槽中。

（2）除沫器

除沫器又称汽液分离器。蒸发操作中，产生的二次蒸汽夹带有大量料液雾沫。尽量避免

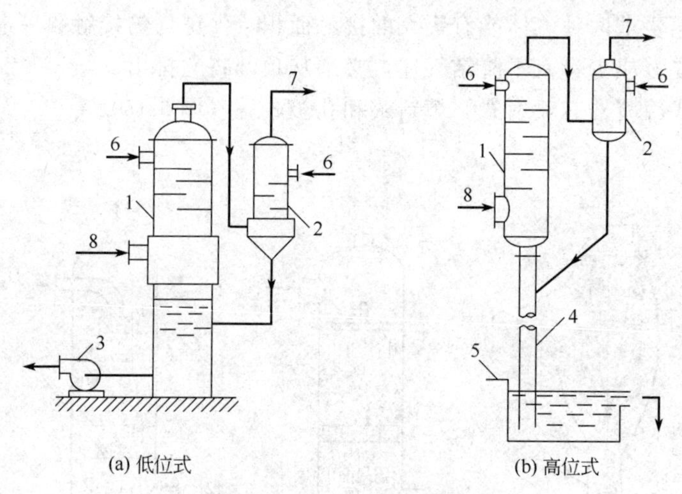

(a) 低位式　　(b) 高位式

图 5-16　低位式冷凝器和高位式冷凝器

1—主冷凝器；2—副冷凝器；3—抽水泵；4—气压腿；5—溢流槽；6—水入口；7—不凝结气体排出口；8—蒸汽入口

或减少雾沫被二次蒸汽带出，是一个很重要的问题。雾沫夹带一方面影响浓缩效率和蒸发能力，另一方面将污染二次蒸汽。如果是多效蒸发，二次蒸汽夹带的雾沫将使下效加热器传热面形成污垢和腐蚀。特别是果蔬汁如番茄汁的浓缩时，强腐蚀性的酸雾进入二次蒸汽会带来严重后果。

除沫器一般安装在蒸发装置分离室的顶部或侧面。其类型很多，可归纳为惯性型、离心型和表面型三类。

① 惯性型除沫器。如图 5-17（a）、（b）所示，在二次蒸汽通道上置若干挡板，使蒸汽多次突然改变方向，因携带的液滴惯性较大，与挡板碰撞时附着在板上并集聚流下，与二次蒸汽分离。

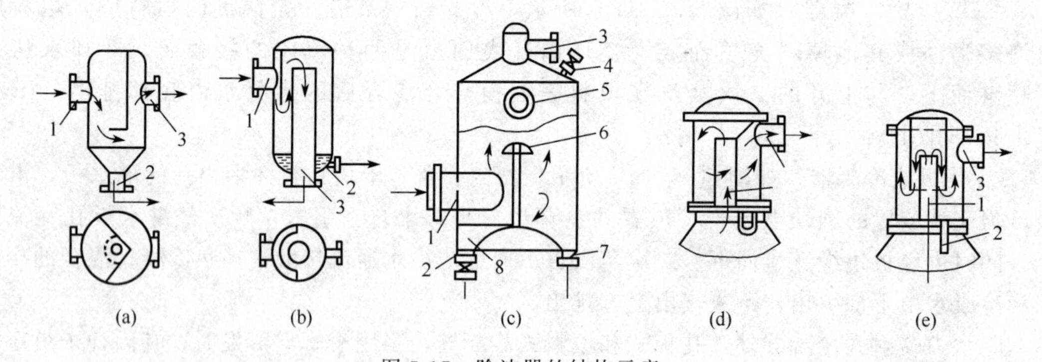

(a)　(b)　(c)　(d)　(e)

图 5-17　除沫器的结构示意

1—二次蒸汽入口；2—料液回流口；3—二次蒸汽出口；4—真空解除阀；5—视孔；6—折流板；7—排液口；8—挡板

② 离心型除沫器。如图 5-17（c）所示，形状与旋风分离器相似，切向导入的汽流产生回转运动，携带的液滴在离心力作用下，沿壁流回蒸发室，二次蒸汽由顶部排出。

③ 表面型除沫器。如图 5-17（d）、（e）所示，二次蒸汽通过多层金属丝网，液滴附着在网表面，二次蒸汽通过。其特点是气体流速小，阻力损失大。由于填料及金属网不易清洗，故在食品工业中应用较少。

（3）真空泵

真空蒸发除采用水力喷射冷凝器的场合外，当用其他各式冷凝器时，必须配备真空泵。因为冷凝器所能冷凝的气体主要是水蒸气，而空气等不凝结气体如不设法除去，系统的真空度不可能长久维持。使用真空泵的目的就是抽出这些不凝结气体。真空蒸发所采用的真空泵有往复式真空泵、水环式真空泵、蒸汽喷射真空泵等。如果采用水力喷射真空泵，则它可兼具冷凝器的作用。

五、蒸发器的选用

蒸发器的选用应考虑多方面的因素，主要有以下几种。

1. 溶液的黏度

不同类型的蒸发器适于不同溶液的黏度。

2. 制品的热敏性

长时间受热易分解、易聚合以及易结垢的溶液蒸发时，应采用滞料量少、停留时间短的蒸发器。

3. 有晶体析出的溶液

宜采用外加热式蒸发器或强制循环蒸发器。

4. 易起沫的溶液

溶液在蒸发时产生的雾沫，不但使物料损失，而且污染冷凝器。因此蒸发这种溶液时宜采用外加热式蒸发器、强制循环蒸发器或升膜式蒸发器。

5. 有腐蚀性的溶液

蒸发有腐蚀性的溶液，加热管应采用特殊材质制成，或内壁衬以耐腐蚀材料。

6. 易结垢溶液

蒸发任何溶液，使用长时间后均会有污垢生成，污垢影响传热。对于蒸发易结垢溶液，应考虑便于清洗和溶液循环速度大的蒸发器。

7. 溶液的处理量

要求传热面大于 $10m^2$ 时，不宜选用刮板薄膜式蒸发器；传热面要求在 $20m^2$ 以上时，宜采用多效蒸发操作。

选择、设计蒸发器，要以料液的以上特性为重要依据，全面衡量，通常选用的蒸发器要满足以下的基本要求：

① 符合工艺要求，溶液的浓缩比适当；

② 传热系数高，有较高的热效率，能耗低；

③ 结构合理紧凑，操作、清洗方便，卫生、安全可靠；

④ 动力消耗低，设备便于检修，有足够的机械强度。

蒸发器的选用还应考虑装置的大小与厂房大小的关系、蒸发操作的投资费用及操作费用等因素。总之，应视具体情况而定。

在食品浓缩中，制品的热敏性和黏度是极为重要的问题。

蒸发器的结构形式是很多的，实际选型时，除了要求结构简单、易于制造、金属消耗量小、维修方便、传热效果好等因素外，更主要的还是看它能否适用于所蒸发物料的工艺特性，包括物料的黏性、热敏性、腐蚀性、结晶或结垢性等，然后再全面综合地加以考虑，见表 5-2。

表 5-2 蒸发器的选用

制品热敏性	制品黏度	适用蒸发器的类型	说　明
无	低或中等	管式、板式、固定圆锥式	水平管式不适于结垢制品
无或小	高	真空锅、刮板薄膜式、旋转圆锥式	琼脂、明胶、肉浸出液的浓缩，可采用间歇式
热敏	低或中等	管式、板式、固定圆锥式	包括牛奶、果汁含固体适度的制品
热敏	高	刮板薄膜式、旋转圆锥式	包括多数果汁浓缩液、酵母浸出液及某些药品，对浆状制品只能用刮板薄膜式
高热敏	低	管式、板式、固定圆锥式	要求单程蒸发
高热敏	高	旋转圆锥式、板式	要求单程蒸发，包括橙汁浓缩液、蛋白和某些药物

任务三　冷冻浓缩

冷冻浓缩是利用冰与水溶液之间固液相平衡原理的一种浓缩方法。

在冷冻浓缩过程中，溶液中水分的排除是靠溶液到冰晶的相际传递，而避免了加热蒸发，所以对热敏性物料的浓缩非常有利。同时，为了更好地使操作中形成的冰晶不混有溶质，分离时又不致使冰晶夹带溶质，防止造成过多的溶质损失，操作时应尽量避免局部过冷，分离操作也要很好地加以控制。对于含挥发性芳香物质的食品采用冷冻浓缩，其制品品质将优于蒸发浓缩和膜浓缩法。

冷冻浓缩也存在着不容回避的缺点如下。

① 制品加工后需采取冷冻和热处理方法以抑制细菌与酶活性，以便于保藏。

② 冷冻浓缩的采用不仅受溶液浓度的限制，而且还取决于冰晶与浓缩液的分离程度。一般而言，溶液的黏度越高，分离越困难。

③ 冷冻过程中会造成溶质的损失，生产成本较高。

一、冷冻浓缩的理论

冷冻浓缩是在两相中完成的。在第一相中，水变成了冰晶，因此溶液被浓缩；在第二相中，冰晶从浓缩液中分离出来，达到浓缩的目的。即溶液中所含溶质浓度低于低共熔点浓度，冷却时表现为溶剂（水分）成晶体（冰晶）析出。当溶液的浓度高于低共熔点浓度时，冷却溶液，过饱和溶液表现为溶质转化成晶体析出，使溶液变稀，即结晶操作。冷冻浓缩工艺和结晶工艺是相似的过程。要应用冷冻浓缩，溶液必须较稀，其浓度要小于低共熔点浓度。

理论上，冷冻浓缩过程可以进行到低共熔点。但实际上，多数食品没有明显的低共熔点，而且在未到达低共熔点之前，浓溶液的黏度已经很高，其体积与冰晶相比很小，就不能很好地将冰晶与溶液分离。所以，冷冻浓缩在实际应用中也是有一定限度的。

二、冷冻浓缩中的结晶过程

冷冻浓缩中的结晶为溶剂的结晶。冷冻浓缩中，要求冰晶有适当的大小，冰晶的大小不仅影响结晶成本，而且也影响分离的难易程度。一般来说，结晶操作的成本随晶体尺寸的增大而增加。然而结晶操作与分离操作相比较，关键还在于分离。分离操作与生产能力密切相关，分离操作所需的费用以及因冰晶夹带而引起的溶质损失，一般都随晶体的尺寸减小而大幅度增加。因此，必须确定一个合理的晶体尺寸，使结晶和分离的总成本降低，溶质损失减少。这个合理的冰晶大小称为最优冰晶尺寸。最优冰晶尺寸取决于溶剂结晶形式、结晶条件、分离形式和浓缩液价值等因素。尤其是浓缩液的价值，它是一个非常重要的因素。浓缩液价值越高，要求溶质损失越小，从而要求形成较大的冰晶体。

溶剂结晶操作中，最终冰晶体数量和粒度可利用溶剂结晶操作的条件来控制。一般缓慢冷却时产生数量少的大冰晶体，快速冷却则产生数量多的小冰晶体。另外，在单位时间内，冰晶体的大小取决于晶体的成长速度。冰晶体成长速度与溶质向晶面的扩散作用和晶面上的晶析反应作用有关，这两种作用构成了溶剂结晶过程的双重阻力。当扩散阻力为控制因素时，增加固体和溶液之间的相对速度（例如加强搅拌）就会促进冰晶体的成长。但增加相对速度至一定限度后，扩散阻力转为次要因素，则表面反应居支配因素。此时，再继续增加速度，便无明显效果。

食品工业上，冷冻浓缩过程的溶剂结晶形式有两种：一种是在管式、板式、转鼓式以及带式设备中进行的，称为层状冻结；另一种是发生在搅拌的冰晶悬浮液中，称为悬浮冻结。这两种结晶形式在晶体成长上有显著的差别。

1. 层状冻结

层状冻结也称规则冻结。这种冻结是一种沿着冷却面形成并成长为整体冰晶的冷冻方法。晶层依次层积在先前由同一溶液所形成的晶层之上，冰晶长成为针状或棒状，带有垂直于冷却面的不规则断面。

影响层状冻结的主要因素有液相的搅拌速度、冰晶的前移速度和冻结初期的过冷度。层状冻结初期冰核的形成对环境条件、溶液物性等有较强的依赖性，因此初期过冷度极不稳定。当受到干扰时，容易形成树枝状冰晶而导致严重的冰相溶质夹带，降低了冰的纯度，严重时甚至被浓缩液在瞬间全部结晶，导致浓缩过程无法正常进行。增大料液和传热面积可以减小上述因素的影响，提高冷冻浓缩效率。

层状冻结有如下特点。

① 形成一整体的冰晶，液固界面小，使得母液与冰晶的分离变得非常容易。

② 装置简单，操作控制方便。如能合理设计将会显著降低冷冻浓缩成本。

2. 悬浮冻结

这种冻结是在受搅拌的冰晶悬浮液中进行的。其特征为无数自由悬浮于母液中的小冰晶在带搅拌的低温罐中长大并不断排除，使母液浓度增加而实现浓缩。

在悬浮结晶过程中，晶核形成速度与溶质浓度成正比，并与溶液主体过冷度成正比。由于结晶热一般不可能均匀地从整个悬浮液中除去，所以存在着局部的过冷度大于溶液主体的过冷度，从而在这些局部冷点处，晶核形成就比溶液主体快得多，而晶体成长就要慢一些。因此，提高搅拌速度，使温度均匀化，减少这些冷点的数目，有利于控制晶核形成过多。

在冰晶形成时，不是所有的冷点产生的晶核都能保存下来。严格地说，在一定浓度的溶液中，与晶体平衡的温度与晶体的大小有关，只有当晶体直径相当大时才等于溶液的冰点。小晶体的平衡温度比大晶体低，所以与小晶体成平衡的溶液，其过冷度要大一些。

在悬浮冻结操作中，如将小晶体悬浮液与大晶体悬浮液互补和在一起，混合后的溶液主体温度将介于大、小晶体的平衡温度之间，小晶体会溶解，大晶体长大。而且，小晶体的溶解速度和大晶体的成长速度随着晶体本身的尺寸差值的增加而增加。因此，若冷点处所产生的小晶核立即从该处移出并与含大晶体的溶液主体均匀混合，则所有小晶核将溶解。这种以消耗小晶核为代价而使大晶核成长的方法，常为工业悬浮冻结所采用。

三、冷冻浓缩的装置

冷冻浓缩装置系统主要由结晶设备和分离设备两部分构成。结晶设备包括管式、板式、搅拌夹套式、刮板式等热交换器，以及真空结晶器、内冷转鼓式结晶器、带式冷却结晶器等设备；分离设备有压滤机、过滤式离心机、洗涤塔，以及由这些设备结合而成的分离装置等。

在实际应用中，可根据不同的物料性质及生产要求采用不同的装置系统。大致可分为两大类：一种是单级冷冻浓缩；另一种是多级冷冻浓缩。其中多级冷冻浓缩在制品的品质及回收率方面优于单级冷冻浓缩。

1. 单级冷冻浓缩装置系统

如图 5-18 所示为单级冷冻浓缩装置系统。它由旋转刮板式结晶器、混合罐、洗涤塔、熔冰装置和泵等组成。操作时，料液由泵送入刮板式结晶器，冷却至冰晶出现并达到要求后，进入带搅拌器的混合罐内。在混合罐内冰晶继续成长，大部分浓缩液作为成品输出，部分与来自储罐的料液混合后再进入结晶器进行循环，混合的目的是使进入结晶器的料液浓度均匀一致。从混合罐出来的冰晶（夹带部分浓缩液），经洗涤塔，洗下来一定浓度的洗液进入储罐，与原料液混合后再进入结晶器，如此循环。洗涤塔的洗涤水利用熔冰装置（通常在洗涤塔顶部）将冰晶熔化后再使用，多余的水排走。

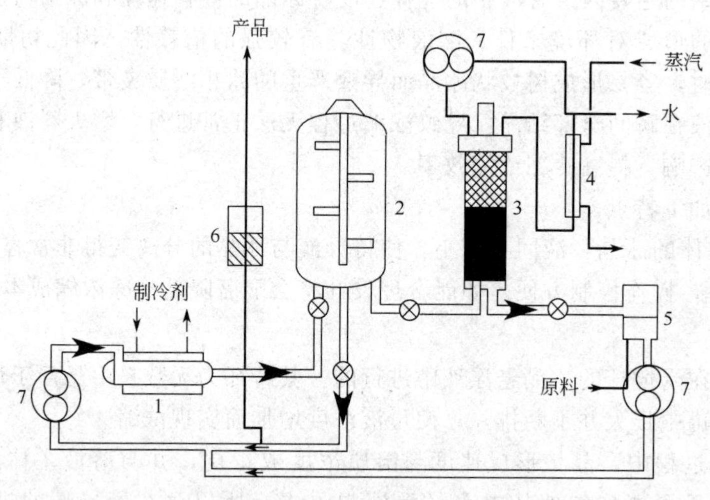

图 5-18 单级冷冻浓缩装置系统示意

1—旋转刮板式结晶器；2—混合罐；3—洗涤塔；4—熔冰装置；5—储罐；6—成品罐；7—泵

2. 多级冷冻浓缩装置系统

多级冷冻浓缩装置系统是将上一级浓缩得到的浓缩液作为下一级的原料进行再次浓缩的一种冷冻浓缩操作。

任务四 膜浓缩

膜浓缩是利用天然或人工合成的具有选择透过能力的薄膜，以外界能量或化学势差为推动力，对双组分或多组分体系进行分离、提纯或富集以达到物料浓缩为目的的单元操作。

对膜分离技术的大量研究是从 20 世纪 30 年代开始的。20 世纪膜分离技术的发展历程大致为：30 年代开发微孔过滤（MF），40 年代渗析（DL），50 年代电渗析（ED），60 年代反渗透（RO），70 年代超滤（UF），80 年代气体分离（GP），90 年代渗透蒸发（PV）相继投入实际应用。膜分离技术已广泛应用于化工、医药、纺织、造纸、食品、生化、金属工艺以及环境工程等各个领域。

一、膜分离的分类与特点

膜分离是一种使用半透膜的分离方法。如果通过半透膜的只是溶剂，则溶液获得了浓缩，此过程称为膜浓缩。如果通过半透膜的不只是溶剂，而且有选择地让某些溶质通过，而使溶液中的不同溶质得到分离，此过程称为膜分离。在食品工业上膜分离主要用于浓缩和分离两方面，主要应用的是超滤和反渗透、电渗析等技术。

常用的膜分离类型有以下几种。

1. 微滤

在压力差作用下，将溶液通过孔径为 0.02～10.00μm 的多孔膜来除去其中微粒的过程。通常，微滤操作的跨膜压差为 0.1～0.5MPa。可用于分离淀粉离子、细菌等。

2. 超滤

在压力差作用下，应用孔径为 10^{-3}～10^{-2} μm 的超滤膜来过滤溶液，使大分子或微粒从溶液中分离的过程。一般超滤操作的跨膜压差为 0.3～1.0MPa。主要用于大分子物质的分离。

3. 纳滤

又称纳米过滤，是近年来发展起来的介于超滤和反渗透之间的膜分离方法。适于分离相对分子质量在 200 以上，分子大小约为 1nm 的组分。其跨膜压差为 0.5～3.0MPa。

4. 反渗透

在高于溶液渗透压的压力作用下，通过反渗透膜将溶液中的溶质包括无机盐类截流在膜内，而将溶剂（通常是水）压至膜外。其跨膜压差为 1～15MPa，主要用于海水淡化。

5. 电渗析

在外加电场作用下，利用离子交换膜对离子具有不同的选择透过性而使溶液中的阴、阳离子与溶液分离。主要用于制备去离子水、去除溶液中的无机盐类等。

各种膜分离过程具有不同的机理和适用范围，与其他分离方法相比，有许多显著特点。

① 膜分离过程无相变发生，能耗通常较低。

② 一般无需从外界加入其他物质，从而可以节约资源，保护环境。

③ 可以实现分离与浓缩、分离与反应同时进行，从而大大提高过程的效率。

④ 通常在温和条件下进行，因而特别适用于热敏性物质的分离、分级、浓缩与富集。

⑤ 膜分离的使用范围广泛。不仅适用于从病毒、细菌到微粒广泛范围的有机物或无机物的分离，而且还适用于许多特殊溶液体系的分离，如共沸物或近沸物的分离。

⑥ 膜的性能可以灵活调节。

⑦ 膜组件简单，可实现连续操作，易与其他分离过程或反应过程耦合，易于控制、维修和放大。

因此食品在膜分离过程中风味和香味成分不易失散；易保持食品的某些功效，如蛋白的泡沫稳定性；另外与蒸发浓缩、冷冻浓缩不同，它不存在相变过程，故经济性好。

二、分离膜

分离膜是膜分离过程的基础，是膜技术的核心，没有分离膜就没有膜分离技术。

1. 分离膜应具备的条件

分离膜性能包括分离、透过性能和物理、化学性能两个方面，不同的膜分离过程对分离膜的要求是不同的。电渗析要求离子型膜材料；反渗透要求亲水性膜材料；膜蒸馏要求憎水性膜材料。同一膜分离过程，当用于不同的混合体系时，对膜的各方面的性能要求也不相同。

分离膜应具备的四个最基本的条件如下。

（1）分离性

① 分离膜必须对被分离的混合物具有选择透过（即具有分离）的能力。

② 分离能力要适度。膜的分离性能和透过性能是相互关联的，要求分离性能高，就必须牺牲一部分透过量，这样会提高操作费用。

③ 膜的分离能力主要取决于膜材料的化学特性和分离膜的形态结构，但也与膜分离过程的一些操作条件有关。

（2）透过性

分离膜的透过性能是其处理能力的主要标志，在达到所需要的分离率之后，分离膜的透过量越大越好，因为它将增加膜的处理能力，使运行成本降低。

膜的透过性能首先取决于膜材料的化学特性和分离膜的形态结构，操作因素也有较大影响，它随膜分离过程的势位差（压力差、浓度差、电位差等）变大而增加。

（3）物理、化学稳定性

分离膜的物理、化学稳定性主要由膜材料的化学特性决定的，它包括耐热性，耐酸、碱性，抗氧化性，抗微生物分解性，亲水性，疏水性，电性能，毒性，机械强度等。目前所用的分离膜大多数以高聚物为膜材料，需要定期更换，因为高聚物在长期使用中，与光、热、氧气或酸、碱相接触，使形成高聚物长链中的链节（化学键）断裂，导致膜性能下降。

高聚物的所有特性都是由于形成高聚物长链大分子引起的，长链解体了，这些特征也随之部分或全体消失，这种现象称为膜高聚物的“老化”；膜在使用过程中与混合物接触的表面会被各种各样的杂质污染，遮住了膜的表面，阻碍了被分离混合物的直接接触，相当于减少了膜的有效使用面积，还有一些污染物会破坏高聚物的结构。由于污染造成的膜性能减退，大部分可以通过清洗的方法来使其基本恢复。

（4）经济性

分离膜的价格不能太高，否则生产上就无法采用。分离膜的价格取决于膜材料和制造工艺两个方面。

综上所述，具有适度的分离性、较高的透过量、较好的物理及化学稳定性和便宜的价格是具有工业实用价值分离膜的最基本条件。

2. 分离膜的分类

膜的种类和功能繁多，分类方法如下。

① 按膜的来源可分为天然膜、合成膜。

② 按膜的结构可分为多孔膜、均质膜、非对称膜、复合膜、荷电膜等。

③ 按膜的用途可分为离子交换膜、微孔滤膜、超滤膜、反渗透膜、气体分离膜、渗透蒸发膜、反应膜等。

④ 按膜的作用机理可分为吸附性膜、扩散性膜、选择渗透膜和非选择性膜。

目前，在工业应用上，主要是高分子材料制成的聚合物膜。用于制膜的高分子材料很多，如各种纤维素酯、脂肪族和芳香族聚酰胺、聚砜、聚丙烯腈、聚四氟乙烯、聚偏氟乙烯、硅胶等。其中最主要的是纤维素膜，其次是聚砜膜和聚亚酰胺膜。

（1）纤维素膜

醋酸纤维素又称为纤维素乙酸酯或乙酰纤维素，是纤维素分子中的羟基被乙酸酯化的产物，简称 CA。醋酸纤维素膜是使用较早的反渗透膜，目前广泛应用于微滤、超滤和反渗透分离技术中，具有较强的亲水性能和分离透过性，但化学稳定性差，pH 适用范围窄，在高压下易被压实，不耐高温，易受微生物侵蚀以及对某些有机和无机物质分离率低等。经改进后可制成高取代度和低取代度的混合膜，包括二醋酸纤维和三醋酸纤维的混合膜、醋酸丁酸纤维膜（CAB）、醋酸丙酸纤维膜（CAP）和醋酸甲基丙烯酸纤维膜（CAM）等。在该类膜中应用较多的是三醋酸纤维素膜，它具有良好的溶质分离率、抗压实性、耐微生物侵蚀性和耐氯性。

（2）聚砜膜

聚砜类高分子化合物的一般结构为 $R—SO_2—R'$，芳香族聚砜相对分子质量较高，适合制作超滤膜或微滤膜。有代表性的芳香族聚砜主要有聚砜、聚芳砜、聚醚砜和聚苯砜等。聚砜膜具有广泛的 pH 适用范围（1～13），最高允许温度为 120℃，同时具有良好的抗氧化、抗氯化性能。用热处理或胶体处理可以提高聚砜膜的分离率，在聚砜中引入亲水性离子基团（如磺酸基），可使膜的透水性提高，又保持聚砜膜的高分离率。但磺化聚砜膜不适用于处理电解质溶液，否则会导致膜性能的恶化。

（3）聚亚酰胺膜

聚亚酰胺是指含有酰亚胺基团—CO—N—CO—的聚合物。在反渗透中广泛采用的是芳香族聚亚酰胺膜，它具有良好的透水性能和较低的溶质透过性能，机械强度高，耐高温性和耐压实性好，能在 pH 为 3～11 的范围内应用，但对氯很敏感。

3. 膜的维护

（1）膜的压实

当操作压力较高时，会使膜变形，不透过物在膜表面沉积而被压实，从而影响膜的透过通量。改进方法为提高膜的机械强度，减少其变形，同时定期进行反冲洗，恢复膜原有的空隙。

（2）膜的降解

膜的降解包括化学降解和微生物降解两种形式。可通过选用化学性能稳定的膜材料解决化学降解问题；微生物降解是微生物在膜上繁殖的结果，可用定期清洗或消毒方法处理，如用甲醛溶液对膜进行消毒。

（3）膜的结垢

结垢主要由悬浮物、离子化合物或盐类物质造成。悬浮物可通过预处理除去，离子化合物或盐类物质可以通过添加螯合剂除去。

三、膜分离器

膜分离器装置主要包括膜组件、泵、阀门、管路和仪表等其他辅助装置。膜分离器是膜分离装置系统中最核心的部分。膜分离器是将膜以某种形式组装在一个基本单元设备内，在外界驱动力作用下实现溶质与溶液的分离。工业上常用的膜分离器有板框式、管式、螺旋卷式和中空纤维式等。

1. 板框式膜组件

也称平板式，它是由许多板和框组装起来的，外形和原理类似于板框压滤机。

如图 5-19 所示为系紧螺栓式的板框式膜组件。由圆形承压板、多孔支撑板和膜经黏结密封构成脱盐板，再将一定数量的脱盐板多层堆积起来，用 O 形环密封，最后用上、下封头系紧螺栓固定组合而成。原水由上封头进口流经脱盐板的分配孔，在各脱盐板膜面上流动，最后从下封头出口流出。透过膜的淡水经多孔支撑板后，由承压板侧面管口导出。

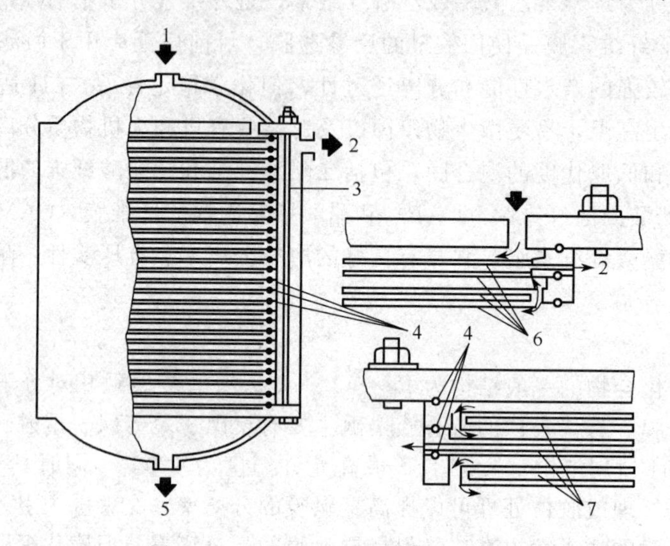

图 5-19 系紧螺栓式的板框式膜组件

1—原水；2—膜透过水；3—系紧螺栓；4—密封环；5—浓缩水；6—膜；7—多孔板

该类组件的特点是结构简单，阻力较小，膜的更换、清洗与维护比较容易，但对膜的机械强度要求高；设备费用较大；易造成浓差极化。

2. 管式膜组件

把膜和支撑体制成管状，两者装在一起，或把膜直接刮在支撑管上，再将一定数量的管以一定方式连成一体而组成，其外形类似列管式换热器。管式膜组件按膜附着在支撑管内侧和外侧而分为内压管式和外压管式。按组件中膜管的数量又可分为单管式和列管式。

如图 5-20 所示，内压管式膜组件的结构与列管式换热器相似。在多孔耐压管壁上直接喷注成膜。再将多根耐压管平行排列，组装成有共同进出口的管束，装在大收集管内。原水由一段流入，经耐压管内壁膜管，从另一端流出，淡水透过膜后由收集管汇集。外压式与内压式相反，分离膜被刮在管的外表面，水的透过方向是由管外向管内，与内压式相比，膜更耐压。

管式膜组件的优点是：流动状态好，流速易控制，可防止浓差极化；安装、拆卸、换膜和维修较方便。但单位体积有效膜面积较少，所以设备体积大，能耗高。

3. 中空纤维式膜组件

如图 5-21 所示，中空纤维式膜组件是一种极细的空心分离膜管，本身可耐受很高的压力，无需支撑材料。纤维外径为 50～200μm，内径为 15～45μm。常将几万根中空纤维集束的开口用环氧树脂黏结，装在管状壳体内。其特点是：无需支撑材料，有较高的填充密度，一般为 $1.6\times10^4\sim3\times10^4\,m^2/m^2$，但管径小，易堵塞，膜面污垢不易除去，因此对进料要求严格，只能采用化学清洗而不能进行机械清洗。

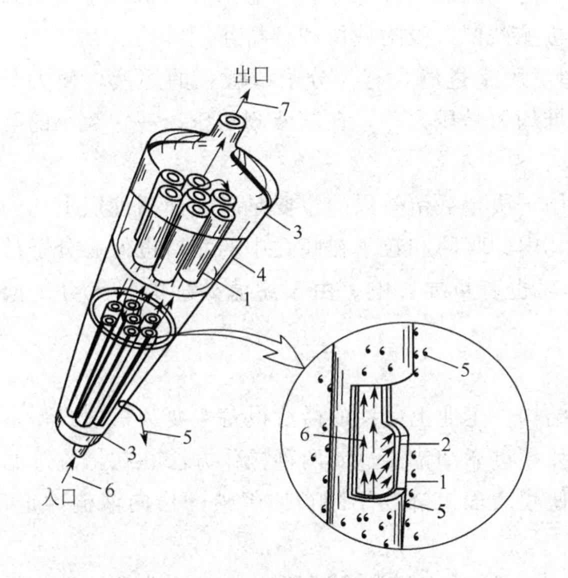

图 5-20　内压管式膜组件

1—玻璃纤维管；2—膜；3—末端配件；4—淡水收集外套；5—淡水；6—供水；7—浓水

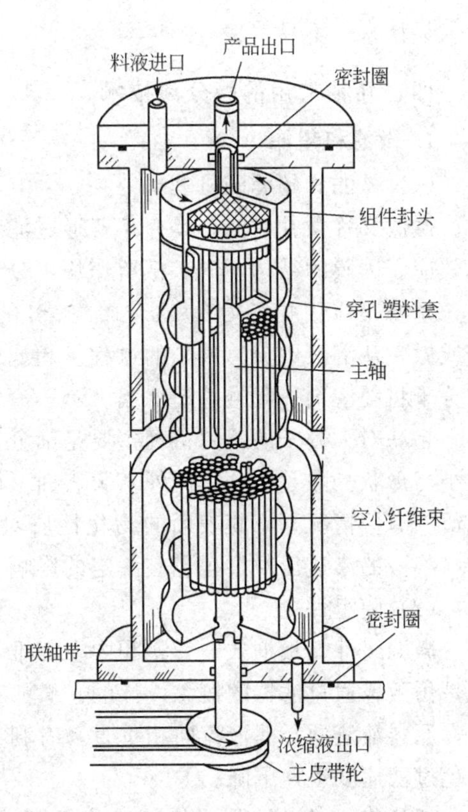

图 5-21　中空纤维式膜组件（用于反渗透）

4. 螺旋卷式膜组件

如图 5-22 所示，在两张平板膜中间夹以多孔支撑介质，与两种塑料隔离物一起，围绕中心管卷成。沿夹层一端与多孔材料相接，将整个卷筒纳入圆形金属管内。管内加压的料液进入由隔离物造成的空间，流过膜表面，穿过膜经多孔支撑介质和中心管从系统排出。其优点是单位体积膜面积大，结构紧凑，设备费用相对较低。但浓差极化不易控制；长径比较

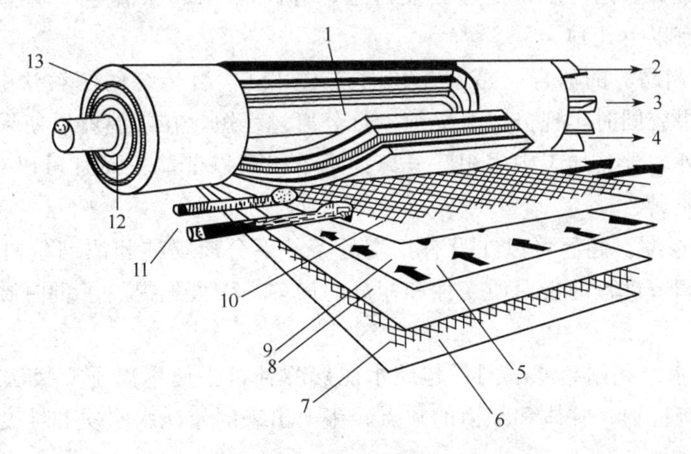

图 5-22　螺旋卷式膜组件

1—渗透液收集孔；2,4—浓缩液；3—渗透液出口；5—透过液流向；6—外壳；7—料液流道隔离件；8,10—膜；9—透过液收集管；11—进料液流向；12,13—进料液入口

大，易堵塞，不易清洗。

四、几种常用的膜分离技术

1. 微滤和超滤

(1) 微滤和超滤的机理

微滤又称微孔过滤，是介于普通过滤和超滤之间的一种操作。微滤的分离机理主要是筛滤效应。因膜的结构不同，截留作用可分为机械截留、吸附截留和架桥作用等。

超滤是应用孔径为 $10^{-3}\sim10^{-2}\mu m$ 的超滤膜来过滤含有大分子或微粒的溶液，使大分子或微粒从溶液中分离出来的过程。超滤的推动力是压力差，在溶液侧加压，一定大小的溶质分子将随溶剂一起透过超滤膜。

超滤对大分子的截留机理主要是筛分作用。决定截留效果的主要是膜表面活性层上孔的大小与形状。除了筛分作用外，膜表面、微孔内的吸附和粒子在膜孔中的滞留也使大分子被截留。有些情况下，膜表面的物化性质对分离也有重要影响。由于超滤处理的是大分子溶液，溶液的渗透压对过程也有一定的影响。

(2) 膜组件

微滤组件有板框式、管式和中空纤维等结构。工业上应用的微滤设备主要为板框式，多数是仿效普通过滤器的概念设计的。微滤有死端过滤和错流过滤两种操作方法。在错流过滤时，原料液流向与滤液流向相垂直，有利于使膜表面沉降物不断被原料液的横向液流冲走，避免过滤速度迅速下降。

超滤组件的主要形式有管式、板框式、中空纤维式和卷式四种。中空纤维式是目前国内外应用最广泛的超滤膜组件。管式和板框式适用于一些黏度大、浓度高的食品物料的超滤。

(3) 微滤和超滤的应用

微滤广泛应用于许多行业，尤其是在医药卫生、食品、电子和环保行业应用较多。微滤可从纯净水、饮料、酒类、酱油、醋等食品中滤除微生物、悬浮液和异味杂质，使产品澄清、透明、延长储存期。

超滤最早、最普遍的应用是处理工业污水，分离油-水乳浊液等，该技术在食品工业中的应用方式主要有以下几种。

① 果汁、乳制品等的消毒与澄清。超滤技术可以代替传统的酶解法进行果汁的澄清。超滤可使果汁、果胶同时实现分离、提纯，且分离过程短，在常温就可使果汁的色泽及风味都保持较好。此外，乳品加工中采用膜分离技术不仅可以节能，而且可以获得多种乳制品，同时提高产品的质量。

② 蛋白质的浓缩。超滤可以在没有相变的条件下分离提纯和浓缩蛋白质，有效地避免传统工艺中酸碱调节过程的蛋白质变性和盐分的增多，大大地提高了蛋白质纯度，降低了灰分的含量。

③ 制备超纯水。利用超滤法制备超纯水能够弥补过去使用离子交换法时离子交换树脂不能有效地除去有机物、胶体和细菌的缺点，生产出来的超纯水水质和纯度都超过了其他同类产品。

2. 反渗透

(1) 反渗透的基本原理

如图 5-23 所示，将纯水和盐水用一个只能透过溶剂而完全不透溶质的理想半透膜隔开，会产生水分子从一边通过膜向盐水一边扩散的现象，这种现象称为渗透。渗透至溶液侧的压力高到足以使水分子不再流动为止。平衡时的压力即为溶液的渗透压。

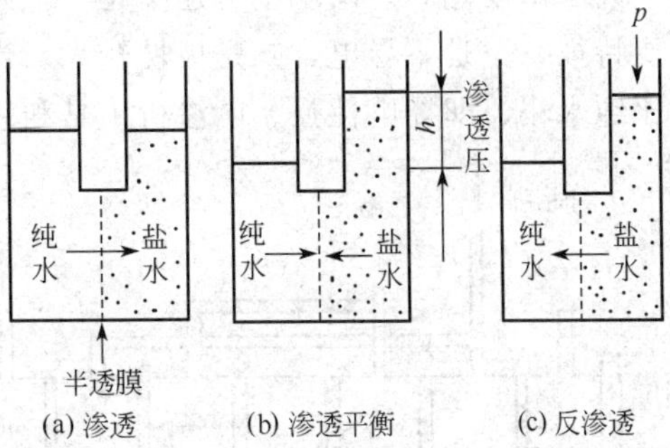

如果两侧溶液的静压差等于两溶液之间的渗透压时，系统处于动态平衡状态。当在溶液侧加压，使膜两侧的静压力大于两个溶液之间的渗透压，溶液中的水将透过半透膜流向纯水侧，此即反渗透过程。

(a) 渗透　(b) 渗透平衡　(c) 反渗透

图 5-23　渗透和反渗透示意

因此，反渗透过程的推动力为膜两侧的压力差减去两侧溶液的渗透压。反渗透必须具备以下两个条件。

① 有高选择性和高透过率的选择性膜；

② 操作压力必须大于溶液的渗透压。

(2) 反渗透设备

反渗透膜组件的结构与超滤膜组件的结构相同，也有平板式、管式、中空纤维式和螺旋式四种。目前应用最广的是中空纤维式和螺旋式膜组件。因为反渗透的渗透通量一般较低，需较大的膜面积实现，故采用这两种膜组件而不致使设备的体积过分庞大。

反渗透的操作方式也与超滤大致相同。不过，由于反渗透所用的压差比超滤大得多，故反渗透设备中高压泵的配置十分重要。

反渗透操作对原料液有一定的要求。为了保护反渗透膜，料液中的微小粒子必须预先除去。因此常用微滤或超滤作为反渗透的预处理工序。

(3) 反渗透的应用

反渗透在工业上最重要的大规模用途是海水和苦咸水的脱盐，其他应用方式主要有以下几个方面。

① 浓缩。主要用于苹果汁和芦荟原汁等果蔬汁的加工。由于膜分离工艺流程采用全封闭操作，各种微生物及污染源在过滤时已被分离掉，所有产品不加防腐剂也能长期储存不变质，产品质量比真空浓缩、喷雾干燥和冷冻干燥法制得的产品都要好得多。

② 色素分离。利用膜的选择分离特性以及色素与膜的电荷相斥作用，将食用天然色素提取和浓缩。这种方法提取的色素较传统方法得到的产品色价高、能耗少，且安全可靠。

③ 回收及综合利用。回收淀粉废水和大豆乳清废水中的蛋白质。该技术可实现闭路循环，在消除污染的同时回收有价值的物质。这不仅减少了蛋白质资源的损失，并且有效地控制了污水排放，具有明显的经济效益和社会效益。

3. 电渗析

渗析是一种在浓度梯度下，通过膜的扩散使得各种溶质得以分离的膜过程。若在膜两侧加直流电场，离子的传递速度将比渗析快。这种在电场作用下使离子通过膜进行渗析的过程称为电渗析。

(1) 电渗析的基本原理

电渗析在外电场的作用下，利用离子交换膜具有不同的选择透过性而使溶液中的阴、阳离子与其溶剂分离。由于溶液的导电是靠溶液中离子的迁移来实现的，其导电性取决于溶液中离子的浓度和离子的绝对速率。

离子浓度越高，离子绝对速率越大，则溶液的导电性越强，即溶液的电阻越小。纯水的主要特征，一是不导电，二是极性较大。当水中有电解质（盐类离子等）存在时，其电阻率就比纯水小，即导电性强。电渗析正是利用含离子的溶液在通电时发生离子迁移这一特点。

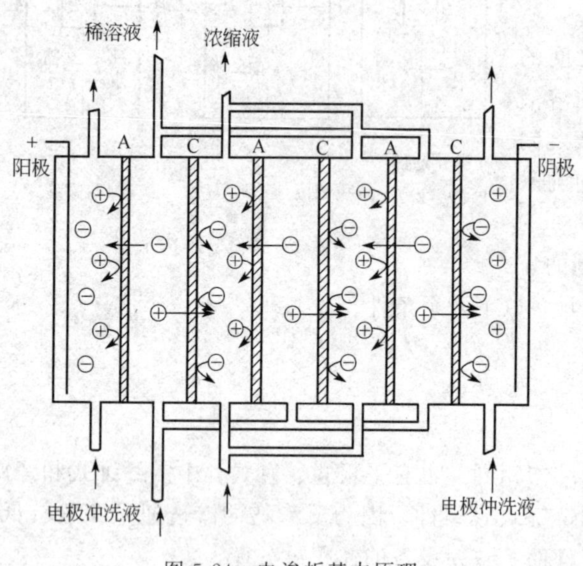

图 5-24　电渗析基本原理

图 5-24 为电渗析的原理图。盐水用电渗析器进行脱盐时，接上电源，水溶液则导电，水中的离子在电场作用下发生迁移，阳离子向阴极移动，阴离子向阳极移动。由于电渗析器两极间交替排列多组的阳、阴离子交换膜，阳离子交换膜只允许阳离子通过而排斥阻挡阴离子，阴离子交换膜只允许阴离子通过而排斥阻挡阳离子。因而在外加电场的作用下，阳离子透过阳离子交换膜向阴极方向运动；阴离子透过阴离子交换膜向阳极方向运动，这样就形成了淡水（稀溶液）的去离子的区间和浓水（浓溶液）的浓离子的区间，靠近电极附近，称为极水室。在电渗析器内，淡水室和浓水室多组交替排列，水流过淡水室，并从中引出，即得脱盐的水（淡化水）。

（2）电渗析的装置

如图 5-25 所示，电渗析器主要由离子交换膜、隔板、电极和夹紧装置组成，整体结构与板式换热器相似。电渗析器两端为端框，每框固定有电极和用以引入和排出浓液、淡液电极冲洗液的孔道。电极内表面凹入，当与交换膜贴紧时即形成电极冲洗室。相邻两膜间有隔板，隔板边缘有垫片。当交换膜与隔板夹紧时即形成溶液隔室。将隔板、交换膜、垫片及端框上的孔对准后即形成不同溶液的供料孔道。

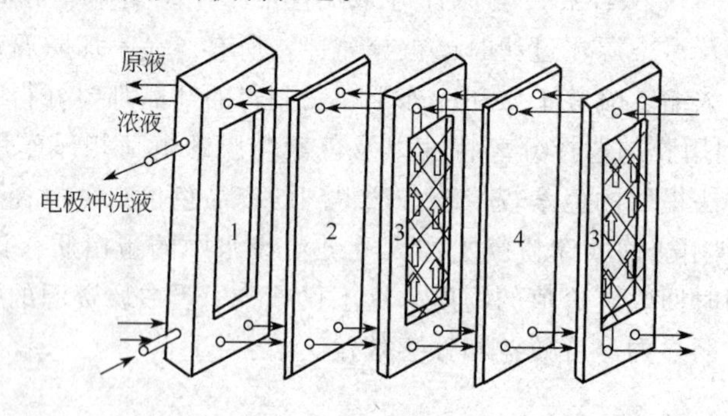

图 5-25　电渗析器结构

1—电极；2—阳膜；3—隔板；4—阴膜

（3）电渗析的应用

电渗析在化学、食品、制药工业中的应用，在最近几年得到了广泛研究，其中有的应用具有很大的经济价值，例如干酪乳清中矿物质的脱除、酒类产品（特别是香槟酒）中酒石酸的脱除等。

自测题

1. 含 38%的糖类水溶液，在蒸发器内的高度为 1m，器内真空度为 620mmHg，求溶液的沸点、二次蒸汽的温度并与在此压力下水的沸点相比较。

2. 在单效蒸发器中，每小时将 2000kg 果汁由固形物质量分数 10%浓缩到 30%，蒸发室内的绝对压力为 40kPa，溶液在 303K 沸腾。加热蒸汽绝对压力为 200 kPa，原料液的比热容为 3.77kJ/(kg·K)，试求：

① 水分蒸发量；

② 原料液分别在 303K 和 353K 进料时需要的加热蒸汽消耗量。

3. 在单效真空蒸发器内，每小时将 1600kg 牛奶从含量 15%浓缩到 50%。进料的平均比热容为 3.90kJ/(kg·K)，温度为 303K，加热蒸汽表压为 100 kPa，出料温度为 333K，蒸发器传热系数为 1160W/（m^2·K)，热损失为 5%。求：

① 水分蒸发量和成品量；

② 加热蒸汽消耗量；

③ 蒸发器的传热面积。

项目小结

对物料进行浓缩是食品工业中常见的单元操作。浓缩的方法很多，常用的浓缩方法有蒸发、冷冻浓缩和膜浓缩。其中蒸发具有操作简单、工艺成熟、设备投资低、浓缩效率高等优点，是食品行业中应用最广泛的浓缩方法之一。本项目介绍了各浓缩操作的基本原理以及设备种类、结构及特点。以蒸发操作为重点学习单效蒸发的计算；多效蒸发的流程及特点；蒸发器的选用等。

项目六　干　　燥

【学习目标】

1. 能熟练掌握湿空气的性质、湿度图及其应用；掌握干燥过程的物料衡算和热量衡算；掌握固体物料的干燥机理、干燥速率及干燥时间的计算。

2. 了解干燥操作的分类、基本原理及特点；了解常用干燥器的性能及应用范围。

在化工、食品、制药、纺织、采矿和农产品加工等行业，常常需要将湿固体物料中的湿分除去，以便于运输、储藏或达到生产规定的含湿率要求。除湿的方法很多，常用的方法如下。

① 机械分离法。即通过压榨、过滤和离心分离等方法去湿。这是一种耗能较少、较为经济的去湿方法，但湿分的除去不完全，适合大量湿分的去除。

② 吸附脱水法。即用固体吸附剂，如氯化钙、硅胶等吸去物料中所含的水分。这种方法去除的水分量很少，且成本较高。

③ 干燥法。即利用热能，使湿物料中的湿分汽化而去湿的方法。干燥法耗能较大，工业上往往将机械分离法与干燥法联合起来除湿，即先用机械方法尽可能除去湿物料中的大部分湿分，然后再利用干燥方法继续除湿。

任务一　干燥理论

干燥是利用热能使湿物料中的水分等湿分被汽化去除，从而获得固体产品的操作。

一、干燥的目的和方法

1. 干燥的目的

从物料中除去湿分的操作（湿分：水分或其他溶剂），延长货架期，便于储运及工艺需要。

2. 干燥方法

① 按照热能供给湿物料的方式，干燥法可分为以下几种。

a. 传导干燥。热能通过传热壁面以传导方式传给物料，物料中的湿分被汽化带走，或用真空泵排走。例如纸制品可以铺在热滚筒上进行干燥。

b. 对流干燥。使干燥介质直接与湿物料接触，热能以对流方式加入物料，产生的蒸汽被干燥介质带走。

c. 辐射干燥。由辐射器产生的辐射能以电磁波形式达到物体的表面，被物料吸收而重新变为热能，从而使湿分汽化。例如用红外线干燥法将自行车表面的油漆烘干。

d. 介电加热干燥。将需要干燥的电解质物料置于高频电场中，电能在潮湿的电介质中变为热能，可以使液体很快升温汽化。这种加热过程发生在物料内部，故干燥速率较快，例如微波干燥食品。

② 按操作压力分为常压干燥和真空干燥。真空干燥适于处理热敏性及易氧化的物料，

或要求成品中含湿量低的场合。

③ 按操作方式分为连续操作和间歇操作。连续操作具有生产能力大、产品质量均匀、热效率高以及劳动条件好等优点；间歇操作适用于处理小批量、多品种要求干燥时间较长的物料。

二、湿空气及湿物料的状态分析

湿空气是干气和水汽的混合物。对流干燥操作中，常采用一定温度的不饱和空气作为介质，因此首先讨论湿空气的性质。由于在干燥过程中，湿空气中水汽的含量不断增加，而干气质量不变，因此湿空气的许多相关性质常以 1kg 干气为基准。

1. 湿空气的性质

（1）水汽分压 p_v

干燥操作压力一定时，湿空气的总压 p 与水汽分压 p_v 和干气分压 p_g 的关系如下

$$p=p_v+p_g \tag{6-1}$$

当操作压力较低的时候，可将湿空气视为理想气体，根据道尔顿分压定律

$$\frac{p_v}{p_g}=\frac{n_v}{n_g} \tag{6-2}$$

式中　n_v——湿空气中水汽的摩尔数，kmol；

n_g——湿空气中干气的摩尔数，kmol。

（2）湿度 H

又称湿含量，其定义为单位质量干气所带有的水汽质量，即

$$H=\frac{n_v M_v}{n_g M_g}=0.622\frac{n_v}{n_g} \tag{6-3}$$

式中　H——湿空气的湿度，kg 水汽/kg 干气；

M_v——水汽的摩尔质量，kg/kmol；

M_g——干气的摩尔质量，kg/mol。

常压下湿空气可视为理想气体，根据道尔顿分压定律

$$H=0.622\frac{p_v}{p-p_v} \tag{6-4}$$

可见湿度是总压 p 和水汽分压 p_v 的函数。

当空气中的水汽分压等于同温度下水的饱和蒸气压 p_s 时，表明湿空气呈饱和状态，此时，空气的湿度称为饱和湿度 H_s，即

$$H_s=0.622\frac{p_s}{p-p_s} \tag{6-5}$$

式中　H_s——湿空气的饱和湿度，kg 水汽/kg 干气。

（3）相对湿度 φ

在一定的总压 p 下，相对湿度 φ 的定义为：

$$\varphi=\frac{p_v}{p_s}\times 100\% \tag{6-6}$$

代入式（6-5）得

$$H=0.622\frac{\varphi p_s}{p-\varphi p_s} \tag{6-7}$$

相对湿度代表空气的饱和程度，由其可判断湿空气能否作为干燥介质；而湿度是湿空气含水量的绝对值，由湿度不能判别湿空气能否作为干燥介质。当 $p_v=p_s$ 时，$\varphi=1$，表示湿空气被水汽所饱和，称为饱和空气，饱和空气不能再吸收水分，因此不能作为干燥介质。当

$p_v=0$ 时，$\varphi=0$，表示湿空气中不含水分，为干气，这时的空气具有最大的吸湿能力。

【例 6-1】 已知湿空气中水汽分压为 10kPa，总压为 100kPa。试求该空气成为饱和湿空气时的温度和湿度。

解 当 $\varphi=1$ 时，$p_v=p_s=10\text{kPa}$，其相应的饱和温度可查附录——饱和水蒸气表，得到该饱和湿空气的温度 $t=45.3℃$。

该饱和湿空气的湿度（饱和湿度）为

$$H=H_s=0.622\frac{\varphi p_s}{p-\varphi p_s}=0.622\frac{10}{100-10}=0.0691\text{kg 水/kg 干气}$$

【例 6-2】 若将例 6-1 的湿空气分别加热到 60℃和 90℃时，其相对湿度各为多少？

解 当加热到 60℃时，查附录——饱和水蒸气表，得 60℃下水的饱和蒸气压 $p_{s1}=19.92\text{kPa}$，则 $\varphi_1=\frac{p_v}{p_{s1}}=\frac{10}{19.92}=0.502$ 或 50.2%。

当加热到 90℃时，查附录——饱和水蒸气表，得 90℃下水的饱和蒸气压 $p_{s2}=70.14\text{kPa}$ 则 $\varphi_2=\frac{p_v}{p_{s2}}=\frac{10}{70.14}=0.143$ 或 14.3%。

（4）湿空气的焓 I

以 1kg 干气为基准的干气的焓与所含水汽的焓之和，即

$$I=I_g+HI_v \tag{6-8}$$

式中 I_g——干气的焓，kJ/kg 干气；

I_v——水汽的焓，kJ/kg 水汽。

由于焓为相对值，在计算时通常取 0℃液态水和 0℃空气为基准态，所以

$$I=1.01t+(1.88t+2490)H \tag{6-9}$$

可以看出，湿空气的焓是温度和湿度的函数。

（5）湿空气的干球温度 t

在湿空气中，用普通温度计测得的温度，称为湿空气的干球温度，为湿空气的真实温度。

（6）湿球温度

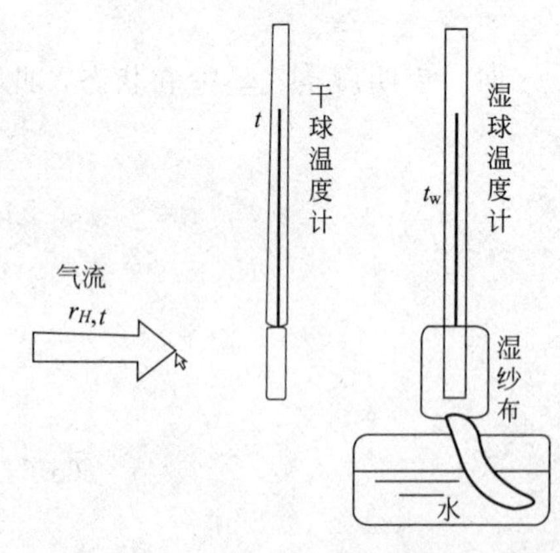

图 6-1 湿球温度计的原理

如图 6-1 所示，将温度计的感温球用湿纱布包裹，湿纱布的下端浸在水中（注意感温球不能与水接触），使纱布始终保持湿润，这种温度计称为湿球温度计。将其置于流动的湿空气中，达到稳态时，所测得的温度称为湿空气的湿球温度，以 t_w 表示。

当温度为 t、湿度为 H 的大量不饱和空气流过湿球温度计的湿纱布表面时，由于湿纱布表面的饱和蒸气压大于空气中的水蒸气压，在湿纱布表面和空气流之间存在着湿度差，使湿纱布表面的水分汽化被气流带走，水分汽化所需潜热，首先取自湿纱布中水的显热，引起湿纱布表面温度的降低，于是在湿纱布表面与气流之间形成了温度差，这一温度差将引起空气向湿纱布表面传递热量。当单位时间由空气向湿纱布传递的热量恰好等于单位时间内自湿纱布表面汽化水分所需的热量时，湿纱布表面就达到一稳定平衡温度，称此温度为湿球温度。因

湿空气的流量较大，自湿纱布的表面向空气汽化的水分量对湿空气的影响可以忽略不计，故认为湿空气的温度和湿度均不发生变化。

湿球温度 t_w 和绝热饱和温度 t_{as} 都是湿空气的 t 与 H 的函数，并且对空气-水物系，二者数值近似相等，但它们是两个完全不同的概念。湿球温度 t_w 是大量空气与少量水接触后水的稳定温度；而绝热饱和温度 t_{as} 是大量水与少量空气接触，空气达到饱和状态时的稳定温度，与大量水的温度 t_{as} 相同。少量水达到湿球温度 t_w 时，空气与水之间处于热量传递和水汽传递的动态平衡状态，是质热联合传递的平衡；而少量空气达到绝热饱和温度 t_{as} 时，空气与水的温度相同。

(7) 湿空气的露点温度

将不饱和的湿空气等湿冷却至饱和状态时的温度，称为湿空气的露点，用 t_d 表示。

从以上讨论可知，表示湿空气性质的特征的温度，有干球温度 t、露点 t_d、湿球温度 t_w 及绝热饱和温度 t_{as}。对于空气-水物系有下列关系

不饱和空气　　$t>t_{as}(\text{或 } t_w)>t_d$

饱和空气　　$t=t_{as}(\text{或 } t_w)=t_d$

2. 湿空气的 *I-H* 图

当总压一定时，表明湿空气性质的各项参数（t、p、φ、H、I、t_w 等），只要规定其中任意两个相互独立的参数，湿空气的状态就被确定。工程上为方便起见，将各参数之间的关系制成图线——湿度图。常用的湿度图有湿度——温度图（H-t）和焓湿度图（I-H），本章介绍焓湿度图的构成和应用。

(1) 焓湿度图的构成

如图 6-2 所示，在压力为常压下（$p=101.3\text{kPa}$）的湿空气的 I-H 图中，为了使各种关系曲线分散开，采用两坐标轴交角为 135°的斜角坐标系。为了便于读取湿度数据，将横轴上湿度 H 的数值投影到与纵轴正交的辅助水平轴上。图中共有 5 种关系曲线，图上任何一点都代表一定温度 t 和湿度 H 的湿空气状态。

现将图中各种曲线分述如下。

① 等湿线（即等 H 线）。等湿线是一组与纵轴平行的直线，在同一根等 H 线上不同的点都具有相同的温度值，其值在辅助水平轴上读出。图 6-2 中 H 的读数范围为 0～0.2kg/kg 干气。

② 等焓线（即等 I 线）。等焓线是一组与斜轴平行的直线。在同一条等 I 线上不同的点所代表的湿空气的状态不同，但都具有相同的焓值，其值可以在纵轴上读出。图 6-2 中 I 的读数范围为 0～680kJ/kg 干气。

③ 等温线（即等 t 线）。由式 $I=1.01t+(1.88t+2490)H$。

当空气的干球温度 t 不变时，I 与 H 成直线关系，因此在 I-H 图中对应不同的 t，可做出许多条等 t 线。上式为线性方程，等温线的斜率为（$1.88t+2490$），是温度的函数，故等温线相互之间不平行。温度越高，等温线斜率越大。图 6-2 中 t 的读数范围为 0～250℃。

④ 等相对湿度线（即等 φ 线）。等相对湿度线是一组从原点出发的曲线。根据 $H=0.622\dfrac{\varphi p_s}{p-p_s}$，可知当总压 p 一定时，对于任意规定的 φ 值，上式可简化为 H 和 p_s 的关系式，而 p_s 又是温度的函数，因此对应一个温度 t，就可根据饱和水蒸气表查到相应的 p_s 值。计算出相应的湿度 H，将上述各点（H，t）连接起来，就构成等相对湿度 φ 线。根据上述

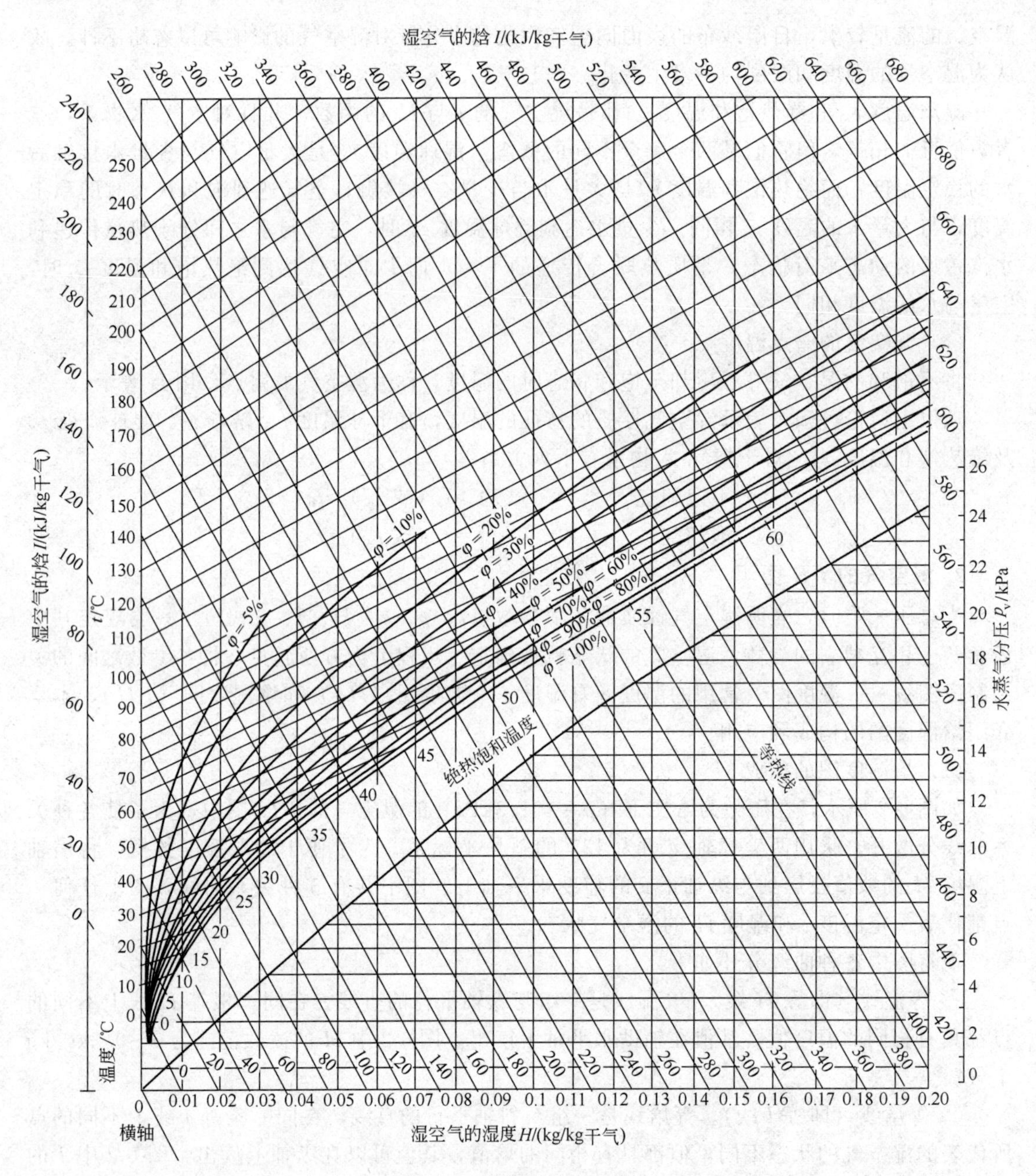

图 6-2 湿空气的 I-H 图

方法，可绘出一系列的等 φ 线群。$\varphi=100\%$ 的等 φ 线为饱和空气线，此时空气完全被水汽所饱和。饱和空气以上（$\varphi<100\%$）为不饱和空气区域。当空气的湿度 H 为一定值时，其温度 t 越高，则相对湿度 φ 值就越低，其吸收水汽的能力就越强。故湿空气进入干燥器之前，必须先经预热以提高其温度 t。目的除了为提高湿空气的焓值，使其作为载热体外，也是为了降低其相对湿度而提高吸湿力。$\varphi=0$ 时的等 φ 线为纵坐标轴。

⑤ 水汽分压线。该线表示空气的湿度 H 与空气中水汽分压 p_v 之间关系曲线，为了保持图面清晰，蒸汽分压线标绘在 $\varphi=100\%$ 曲线的下方，分压坐标轴在图的右边。

（2）I-H 图的用法

利用 I-H 图查取湿空气的各项参数非常方便。它们是相互独立的参数 t、φ、H 及 I。

进而可由 H 值读出与其相关但互不独立的参数 p_v、t_d 的数值；由 I 值读出与其相关但互不独立的参数 t_{as}、t_w 的数值。

【例 6-3】 已知图 6-3 中 A 代表一定状态的湿空气，试查取湿度 H、焓值 I、水汽分压 p_v、露点 t_d、湿球温度 t_w 值。

解 ① 湿度 H，由 A 点沿等湿线向下与水平辅助轴的交点 H，即可读出 A 点的湿度值。

② 焓值 I，通过 A 点作等焓线的平行线，与纵轴交于 I 点，即可读得 A 点的焓值。

③ 水汽分压 p_v，由 A 点沿等湿度线向下交水蒸气分压线于 C，在图右端纵轴上读出水汽分压值。

④ 露点 t_d，由 A 点沿等湿度线向下与 $\varphi=100\%$ 饱和线相交于 B 点，再由过 B 点的等温线读出露点 t_d 值。

⑤ 湿球温度 t_w（绝热饱和温度 t_{as}），由 A 点沿着等焓线与 $\varphi=100\%$ 饱和线相交于 D 点，再由过 D 点的等温线读出湿球温度 t_w（即绝热饱和温度 t_{as} 值）。

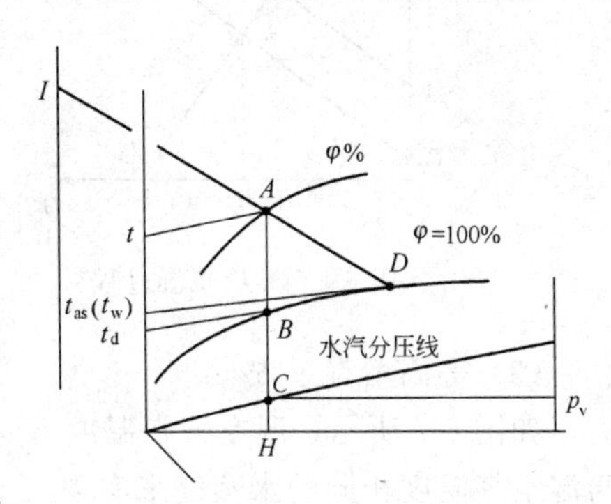

图 6-3　H-I 图的应用

通过上述查图可知，首先必须确定代表湿空气状态的点，然后才能查得各项参数。

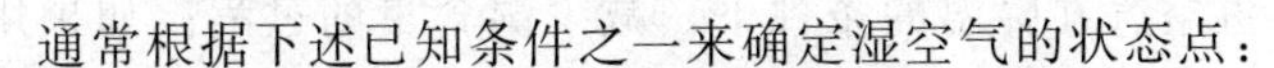

通常根据下述已知条件之一来确定湿空气的状态点：

① 湿空气的干球温度 t 和湿球温度 t_w，见图 6-4（a）；

② 湿空气的干球温度 t 和露点 t_d，见图 6-4（b）；

③ 湿空气的干球温度 t 和相对湿度 φ，见图 6-4（c）。

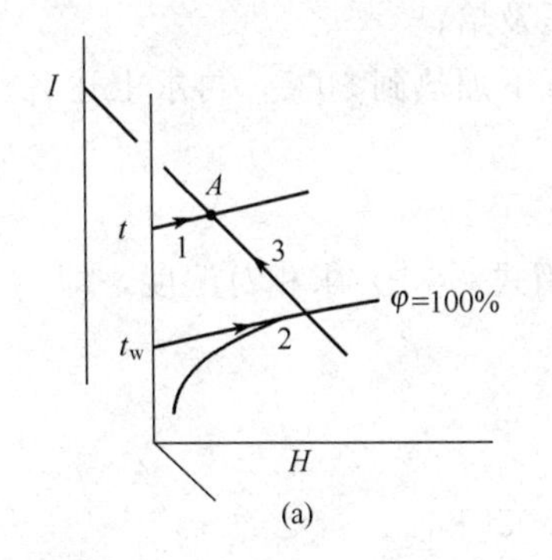

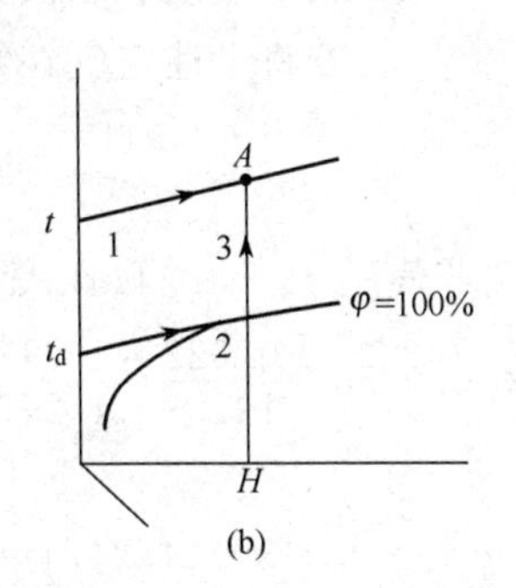

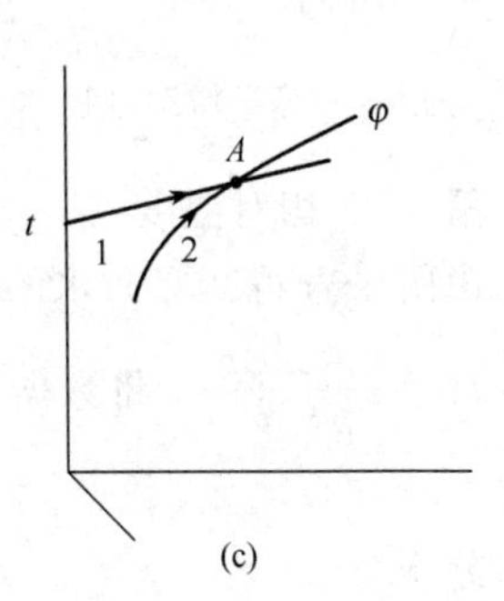

图 6-4　在 H-I 图中确定湿空气的状态点

3. 湿空气的增湿和减湿

在工业上常需将空气调节到一定的湿含量和一定的湿度，供生产过程通风使用，即湿空气的增湿和减湿，它包含以下几种方式。

（1）等焓减湿过程

如图 6-5 所示，湿空气在焓不变时，减少湿含量的变化过程。例如用固体吸湿剂处理湿空气时，空气中的水蒸气被吸附，湿含量降低，而水汽放出的吸附热又传给空气，所以 认为湿空气的焓近似不变。

(2) 等焓增湿过程

如图 6-6 所示，湿空气在焓不变时，增加湿含量的变化过程。用喷水的方法加热空气时，水吸收空气的热量蒸发变为水蒸气，空气的温度降低，水蒸气进入空气中使其湿含量增加。

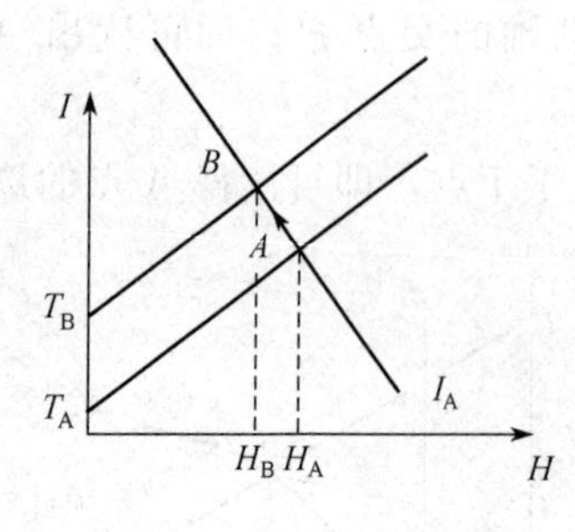

图 6-5　等焓减湿过程

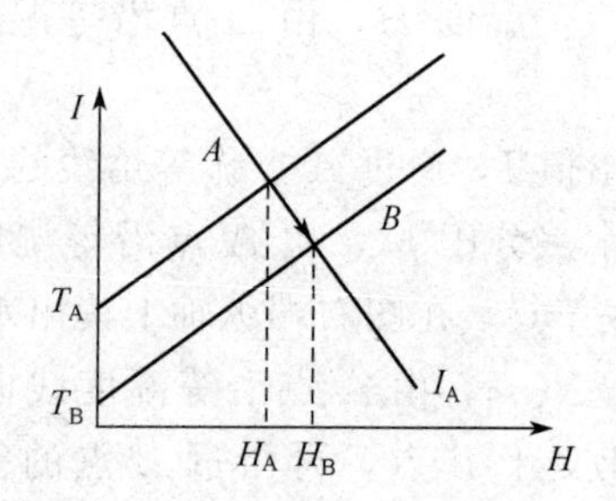

图 6-6　等焓增湿过程

(3) 等温增湿过程

如图 6-7 所示，湿空气在温度不变的条件下，增加湿含量的过程。可通过向空气中喷入与湿空气温度相同的水蒸气来实现。空气中增加水蒸气后，湿空气的焓和湿度都增加。

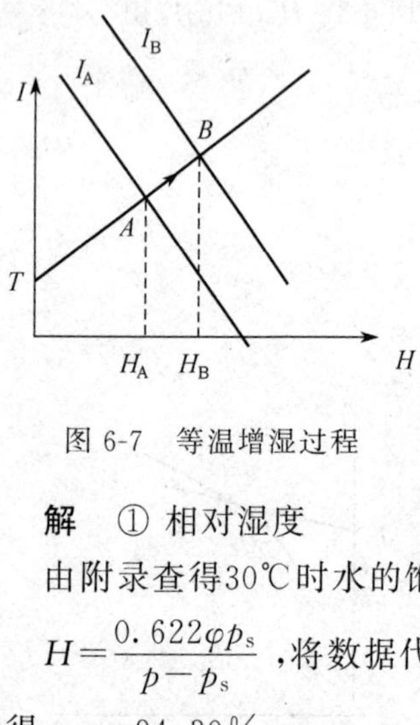

图 6-7　等温增湿过程

(4) 减湿冷却过程

湿空气在降温的条件下，减少湿含量的过程。如果用表面冷却器处理空气，且冷却器表面湿度低于空气的露点 t_d，则空气中的部分水蒸气将凝结为水，从而使湿空气减湿。

【例 6-4】 某常压空气的温度为 30℃，湿度为 0.0256kg/kg 干气，试求：

① 相对湿度、水汽分压及焓；

② 若将上述空气在常压下加热到 50℃，再求上述各性质参数。

解 ① 相对湿度

由附录查得30℃时水的饱和蒸气压 $p_s=4.2474\text{kPa}$。用式 (6-5) 求相对湿度，即

$H=\dfrac{0.622\varphi p_s}{p-p_s}$，将数据代入 $0.0256=\dfrac{0.622\times4.2474\varphi}{101.3-4.2474\varphi}$

解得　$\varphi=94.30\%$

水汽分压　$$p_v=\varphi p_s=0.9430\times4.2474=4.005\text{kPa}$$

湿空气的焓　$$I=(1.01+1.88H)t+2490H$$

$$I=(1.01+1.88\times0.0256)\times30+2490\times0.0256=95.49\text{kJ/kg 干气}$$

② 相对湿度

查出 50℃时水蒸气的饱和蒸气压为 12.340kPa。当空气被加热时，湿度并没有变化，若总压恒定，则水汽的分压也将不变，故

$$\varphi=\frac{p_v}{p_s}\times100\%=\frac{4.005}{12.34}\times100\%=32.46\%$$

因空气湿度没变，故水汽分压仍为 4.005kPa。

焓　$$I=(1.01+1.88\times0.0256)\times50+2490\times0.0256=116.7\text{kJ/kg 干气}$$

由以上计算可看出，湿空气被加热后虽然湿度没有变化，但相对湿度降低了，所以在干

燥操作中，总是先将空气加热后再送入干燥器内，目的是降低相对湿度以提高吸湿能力。

【例 6-5】 试应用 H-I 图确定：

① 例 6-4 中 30℃及 50℃时湿空气的相对湿度及焓；

② 常压下湿空气的温度为 30℃、湿度为 0.0256kg/kg 干气，试求该湿空气的露点 t_d、绝热饱和温度 t_{as} 和湿球温度 t_w。

解 ① 如图6-8（a）所示，$t=30$℃的等 t 线和 $H=0.0256$kg/kg 干气的等 H 线的交点 A 即为 30℃湿空气的状态点。由过点 A 的等 φ 线可确定 30℃湿空气的相对湿度为 $\varphi=94\%$；由过点 A 的等 I 线可确定 30℃湿空气的焓为 $I=95$kJ/kg 干气。

将 30℃的湿空气加热到 50℃，空气的湿度并没有变化，故 $t=50$℃的等 t 线和 $H=0.0256$kg/kg 干气的等 H 线的交点 B 即为 50℃时湿空气的状态点。由过点 B 的等 φ 线及等 I 线可确定 50℃时湿空气的相对湿度为 32%、焓为 117kJ/kg 干气。

② 如图 6-8（b）所示，首先根据 $t=30$℃、$H=0.0256$kg/kg 干气确定湿空气的状态点 A。

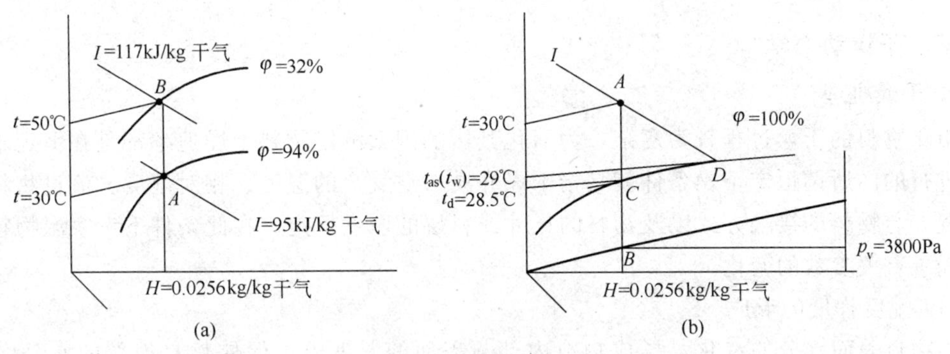

图 6-8　例 6-5 附图

由 A 点的等 H 线与 $p=f(H)$ 线的交点 B 所在的蒸汽分压线，可确定水汽分压为 $p_v=3800$Pa。

露点是等湿冷却至饱和时的温度，故由 A 点的等 H 线与 $\varphi=100\%$线的交点 C 所在的等 t 线，可确定湿空气的露点 t_d 为 28.5℃。

绝热饱和温度是等焓冷却至饱和时的温度，故由过点 A 的等 I 线与 $\varphi=100\%$线的交点 D 所在的等 t 线，可确定绝热饱和温度 t_{as} 为 29℃。

查图结果与计算结果比较可知，读图时有一定的误差，但避免了计算时试差的麻烦。

4. 湿物料的吸湿和解湿

（1）物料中含水量的表示方法

① 湿基含水量。湿物料中所含水分的质量分数称为湿物料的湿基含水量。

$$w=\text{湿物料中水分的质量}/\text{湿物料总质量}$$

② 干基含水量。不含水分的物料通常称为干料，湿物料中的水分的质量与干料质量之比，称为湿物料的干基含水量。

$$X=\text{湿物料中水分的质量}/\text{湿物料中干料质量}$$

两者的关系为

$$X=\frac{w}{1-w} \tag{6-10}$$

（2）物料中水分的分类

① 按物料与水分的结合方式分为化学结合水、物理化学结合水、机械结合水。

② 按水分去除的难易程度分为结合水和非结合水。

③ 按水分能否用干燥方法除去分类。

a. 自由水分。物料与一定温度和湿度的湿空气流充分接触，物料中的水分能被干燥除去的部分，称为自由水。

b. 平衡水分。在一定的条件下，物料表面水蒸气的分压与干燥介质的水蒸气分压达到相等的状态，两者水分交换达到动态平衡，此时物料所含的水分即为平衡水分，平衡水分表示物料在一定空气状态下干燥的极限。

影响平衡水分的因素较多，其中温度、空气的相对湿度和物料的种类是主要因素。

(3) 湿物料的吸湿和解湿

当物料表面水蒸气的分压小于干燥介质的水蒸气分压时，为湿物料的吸湿；当物料表面水蒸气的分压大于干燥介质的水蒸气分压时，为湿物料的解湿。例如干气通过湿物料，湿物料中的水蒸气将进入干气，则达到湿物料减湿效果。

三、干燥动力学

1. 干燥机理

由于物料的干燥过程较为复杂，为简化其影响因素测定物料干燥速率都是在恒定干燥条件下进行的。所谓恒定干燥条件就是指干燥介质（空气）的温度、相对湿度、流过物料表面的速度、与物料的接触方式以及物料的尺寸或料层的厚度恒定。在此条件下考察湿物料在干燥过程中有关参数的变化。

(1) 湿度梯度的形成

湿物料表面水分的汽化，形成物料内部与表面的湿度差，促使物料内部的水分向表面移动。

(2) 温度梯度的形成

在干燥过程中物料内外的温度不一致，温度梯度促使水分传递（称为热导湿），方向是从高温到低温。

以上两种梯度导致的水分传递称为内部扩散。

(3) 外部的传质推动力

水分由物料内部扩散到表面后，便在表面汽化，可认为在表面附近存在一层气膜，在气膜内水蒸气分压等于物料中水分的蒸气压，水分在气相中的传质推动力为此蒸气压与气相主体中水蒸气分压之差。

水分的内部扩散和表面汽化是同时进行的，但在干燥过程的不同阶段其速率不同，从而控制干燥速率的机理也不相同。原因在于受到物料的结构、性质、湿度等条件和干燥介质的影响。

① 在干燥过程中，当物料中水分表面汽化的速率远小于内部扩散的速率时，称为表面汽化控制。

强化措施（对对流干燥而言）：提高空气的温度，降低相对湿度，改善空气与物料的接触和流动情况，均有助于提高干燥速率。

② 当物料中水分表面汽化的速率远大于内部扩散的速率，称为内部扩散控制。

强化措施：从改善内部扩散着手，如减少物料厚度、使物料堆积疏松、搅拌或翻动物料、采用微波干燥等。

2. 干燥速率

（1）干燥曲线与干燥速率曲线

湿物料干基水分含量为

$$X=\frac{G'-G'_C}{G'_C} \tag{6-11}$$

式中　G'——某一时刻湿物料的质量，kg；

G'_C——干料质量，kg。

将湿物料每一时刻的干基含水量 X 与干燥时间 τ 标绘在坐标纸上，即得到干燥曲线，如图 6-9(a) 所示。由图 6-9(a) 可以直接读出，在一定的干燥条件下，将某物料干燥至某一干基含水量所需的时间。

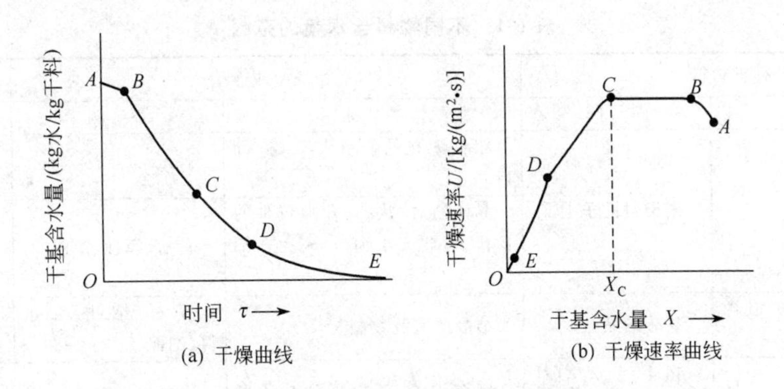

图 6-9　恒定空气条件下的干燥试验

干燥速率为单位时间内在单位干燥面积上汽化的水分量 W'，如用微分式表示

$$U=\frac{dW'}{A\,d\tau}=\frac{-G'_C\,dX}{A\,d\tau} \tag{6-12}$$

式中，负号表示物料含水量随着干燥时间的增加而减少。

据此，以干燥速率为纵坐标，以干基含水量为横坐标标绘成曲线，即为干燥速率曲线，如图 6-9（b）所示。

（2）恒速干燥阶段

在此阶段，整个物料表面都有充分的非结合水分，物料表面的蒸气压与同温度下水的蒸气压相同。所以在恒定干燥条件下，物料表面与空气间的传热和传质过程与测定湿球温度的情况类似。此时物料内部水分扩散速率大于表面水分汽化速率，故属于表面汽化控制阶段。空气传给物料的热量等于水分汽化所需的热量，物料表面的温度始终保持为空气的湿球温度。该阶段干燥速率的大小，主要取决于空气的性质，而与湿物料性质关系很小。

① 图 6-9 中 AB（或 BA）段。属于物料的预热阶段。A 点代表时间为零时的情况，AB 为湿物料不稳定的加热过程，在该过程中，物料的含水量及其表面温度均随时间而变化。物料含水量由初始含水量降至与 B 点相应的含水量，而温度则由初始温度升高（或降低）至与空气的湿球温度相等的温度。一般该过程的时间很短，在分析干燥过程中常可忽略，将其作为恒速干燥的一部分。

② 图 6-9（b）中 BC 段。在 BC 段内干燥速率保持恒定，称为恒速干燥阶段。在该阶段，湿物料表面温度为空气的湿球温度 t_w。C 点为恒速阶段转为降速阶段的点，称为临界点，所对应湿物料的含水量称为临界含水量，用 X_C 表示。临界含水量与湿物料的性质及干

燥条件有关。

表6-1、表6-2给出了不同物料临界含水量的范围。

（3）降速干燥阶段

当物料含水量降至临界含水量 X_C 以后，由图6-9(b)可知，干燥速率随含水量减少而降低。这是由于水分由物料内部向物料表面迁移的速率低于湿物料表面水分汽化的速率，在物料表面出现干燥区域，表温逐渐升高，随着干燥的进行，干燥区域逐渐增大，而干燥速率的计算是以总表面积为基准的，所以干燥速率下降。此为降速干燥阶段的第一部分，称为不饱和表面干燥，如图6-9(b)中 CD 所示。最后物料表面的水分完全汽化，水分的汽化面由物料表面移向内部。随着干燥的进行，水分的汽化面继续内移，直至物料的含水量降至平衡含水量 X^* 时，干燥即行停止。如图6-9(b)中的 E 点所示。

表6-1 不同物料含水量的范围

有机物料		无机物料		临界含水量
特 征	举 例	特 征	举 例	水分(干基)/%
很粗的纤维	未染过的羊毛	粗核无孔的物料大于50[筛目]	石英	3～5
		晶体的、粒状的、孔隙较少的物料、颗粒大小为50～325[筛目]	食盐、海沙、矿石	5～15
晶体的、粒状的、孔隙较小的物料	麸酸结晶	结晶体有孔物料	硝石、细沙、黏土料、细泥	15～25
粗纤维细粉	粗毛线、乙酸纤维、印刷纸、碳素颜料	细沉淀物，无定形和胶体形态的物料，无机颜料	碳酸钙、细陶土、普鲁士蓝	25～50
细纤维，无定形的和均匀状态的压紧物料	淀粉、亚硫酸、纸浆、厚皮革	浆状，有机物的无机盐	碳酸钙、碳酸镁、二氧化钛、硬脂酸钙	50～100
分散的压紧物料，胶体状态和凝胶状态的物料	糊墙纸，动物胶	有机物的无机盐催化剂，吸附剂	硬脂酸锌，四氯化锡，硅胶，氢氧化铝	100～3000

表6-2 某些物料的临界含水量（大约值）

物 料			空气条件		临界含水量
品种	厚度/mm	速度/(m/m)	温度/℃	相对湿度	/(kg/kg干料)
黏土	64	1.0	37	0.10	0.11
黏土	15.9	1.2	32	0.10	0.13
黏土	25.4	10.6	25	0.40	0.17
高岭土	30	2.1	40	0.40	0.181
铬革	10	1.5	49	—	1.25
砂<0.44mm	25	2.0	54	0.17	0.21
0.044～0.074	25	3.1	53	0.014	0.10
0.149～0.177	25	3.5	53	0.15	0.053
0.288～0.295	25	3.5	55	0.17	0.053
新闻纸	—	0.0	19	0.35	1.0
铁杉木	25	4.0	22	0.34	1.28
羊毛织物	—	—	25	—	0.31
白墨粉	3.18	1.0	39	0.20	0.084
白墨粉	6.4	1.0	37	—	0.04
白墨粉	16	9～11	26	0.40	0.13

在降速阶段，干燥速率主要取决于水分在物料内部的迁移速率，这时外界空气条件不是影响干燥速率的主要因素，主要因素是物料的结构、形状和大小等。

某些湿物料干燥时，干燥曲线的降速段中有一转折点 D，把降速段分为第一降速阶段和第二降速阶段。D 点称为第二临界点，如图 6-10 所示。但也有一些湿物料在干燥时不出现转折点，整个降速阶段形成了一个平滑曲线，如图 6-11 所示。

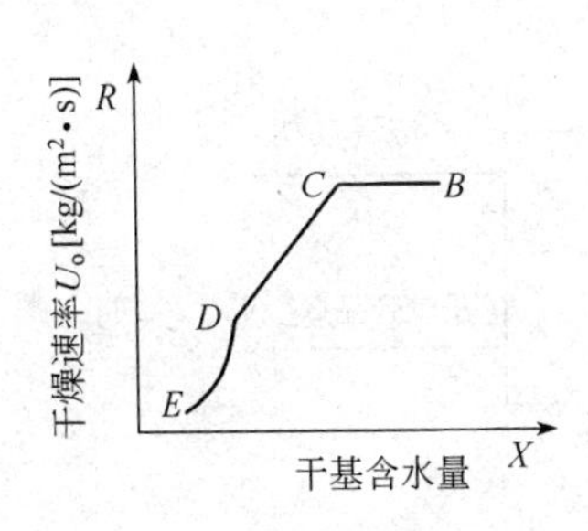

图 6-10　干燥速率曲线（一）

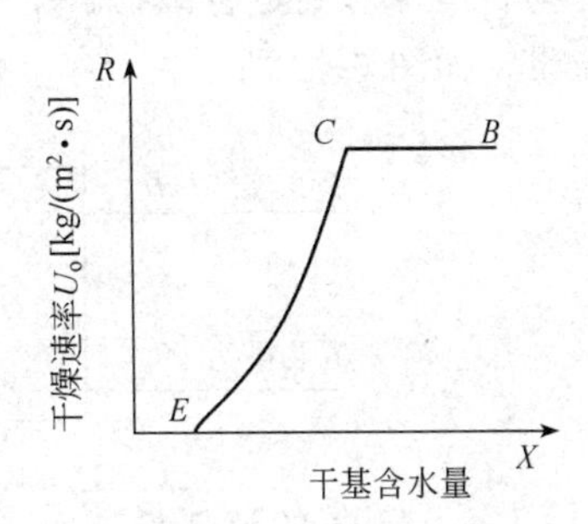

图 6-11　干燥速率曲线（二）

3. 干燥时间

（1）恒速干燥阶段

$$\tau_1=\frac{G'_C(X_1-X_C)}{AU_C} \tag{6-13}$$

式中　τ_1——恒速阶段的干燥时间，s；

X_1——物料的初始含水量，kg 水/kg 干料；

X_C——物料的临界含水量，kg 水/kg 干料；

A——干燥总表面积，m^2；

U_C——干燥速率，kg/(m^2·h)；

G'_C——干料质量，kg。

（2）降速干燥阶段

$$\tau_2=\frac{G'_C\ln[(X_C-X^*)/(X_2-X^*)]}{K_xA} \tag{6-14}$$

式中　τ_2——降速阶段干燥时间，s；

X^*——物料的平衡含水量，kg/kg 干料；

X_2——物料的最终含水量，kg/kg 干料；

K_x——比例系数，kg/(m^2·h·ΔX)。

因此，物料干燥所需时间为

$$\tau=\tau_1+\tau_2 \tag{6-15}$$

对于间歇操作的干燥器而言，还应考虑装卸物料所需时间 τ'，则每批干燥物料所需的时间为：

$$\tau=\tau_1+\tau_2+\tau' \tag{6-16}$$

任务二　干燥过程的计算

一、干燥过程的物料衡算

通过物料衡算可确定将湿物料干燥到规定的含水量所蒸发的水分量、空气消耗量、干燥产品的流量，如图 6-12 所示。

图 6-12　物料衡算

令　　L——干气的消耗量，kg 干气/s；

H_1，H_2——湿空气进、出干燥器时的湿度，kg 水汽/kg 干气；

X_1，X_2——物料进、出干燥器时的干基含水量，kg 水汽/kg 干料；

G_1，G_2——物料进、出干燥器时的流量，kg 湿料/s。

1. 水分蒸发量 W

对图 6-12 所示的连续干燥器做水分的物料衡算，以 1s 为基准。

$$W=L(H_2-H_1)=G_C(X_1-X_2) \tag{6-17}$$

$$LH_1+G_CX_1=LH_2+G_CX_2 \tag{6-18}$$

式中　G_C——干物料的质量流量，kg 干料/s。

2．干空气消耗量 L

$$L=\frac{G_C(X_1-X_2)}{H_2-H_1}=\frac{W}{H_2-H_1} \tag{6-19}$$

令 $l=L/W$，称为比空气用量，其意义是从湿物料中气化 1kg 水分所需的干空气量。

$$l=\frac{L}{W}=\frac{1}{H_2-H_1} \tag{6-20}$$

如果新鲜空气进入干燥器前先通过预热器加热，由于加热前后空气的湿度不变，以 H_0 表示进入预热器时的空气湿度，则有

$$l=\frac{1}{H_2-H_1}=\frac{1}{H_2-H_0} \tag{6-21}$$

式（6-21）说明：比空气用量只与空气的最初和最终湿度有关，而与干燥过程所经历的途径无关。

湿空气的消耗量为：

$$L'=L(1+H_1)=L(1+H_0) \tag{6-22}$$

3. 干燥产品的流量 G_C

$$G_C=G_2(1-W_2)=G_1(1-W_1)$$

$$G_2=\frac{G_1(1-W_1)}{1-W_2} \tag{6-23}$$

式中　W_1，W_2——物料进、出干燥器时的湿基含水量。

【例 6-6】 在一连续干燥器中，每小时处理湿物料 1000kg，经干燥后物料的含水量由

10%降至2%。以热空气为干燥介质，初始湿度 $H_1=0.008$kg 水/kg 干气，离开干燥器时湿度为 $H_2=0.05$ kg 水/kg 干气，假设干燥过程中无物料损失，试求：水分蒸发量、空气消耗量以及干燥产品量。

解　① 水分蒸发量:将物料的湿基含水量换算为干基含水量，即

$$X_1=\frac{W_1}{1-W_1}=\frac{0.1}{1-0.1}=0.111\text{kg 水/kg 干料}$$

$$X_2=\frac{W_2}{1-W_2}=\frac{0.02}{1-0.02}=0.0204\text{kg 水/kg 干料}$$

进入干燥器的干物料为

$$G_C=G_1(1-W_1)=1000\times(1-0.1)=900\text{kg 干料/h}$$

水分蒸发量为

$$W=G_C(X_1-X_2)=900\times(0.111-0.0204)=81.5\text{kg 水/h}$$

② 空气消耗量

$$L=\frac{W}{H_2-H_1}=\frac{81.5}{0.05-0.008}=1940\text{kg 干气/h}$$

原湿空气的消耗量为

$$L'=L(1+H_1)=1940\times(1+0.008)=1960\text{kg 湿空气/h}$$

单位空气消耗量（比空气用量）为

$$l=\frac{1}{H_2-H_1}=\frac{1}{0.05-0.008}=23.8\text{kg 干气/kg 水}$$

③ 干燥产品量

$$G_2=G_1\frac{1-W_1}{1-W_2}=1000\times\frac{1-0.1}{1-0.02}=918.4\text{kg/h}$$

$$G_2=G_1-W=1000-81.5=918.5\text{kg/h}$$

二、热量衡算

通过干燥器的热量衡算可以确定物料干燥所消耗的热量或干燥器排出空气的状态（H_2，t_2，I_2），如图 6-13 所示。

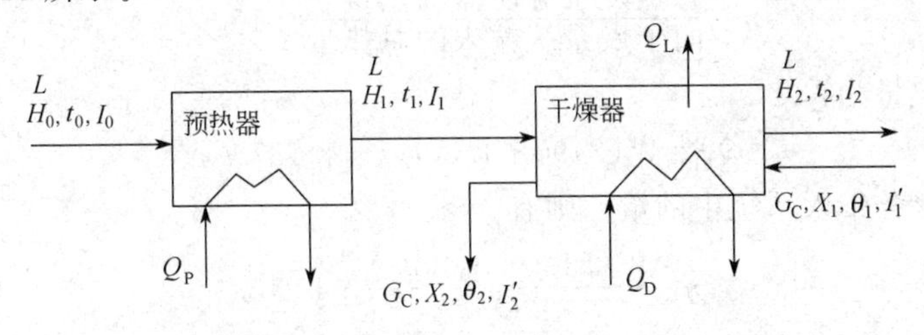

图 6-13　热量衡算

图中　Q_P——预热器的传热速率，kW；

Q_D——向干燥器中补充热量的速率，kW；

Q_L——干燥器的热损失速率，kW。

1. 预热器的热量衡算

若忽略预热器的热损失，以1s为基准，则有

$$LI_0+Q_P=LI_1 \tag{6-24}$$

$$Q_P = L(I_1 - I_0) \quad (6\text{-}25)$$

2. 干燥器的热量衡算

$$LI_1 + G_C I'_1 + Q_D = LI_2 + G_C I'_2 + Q_L \quad (6\text{-}26)$$

$$Q_D = L(I_2 - I_1) + G(I'_2 - I'_1) + Q_L \quad (6\text{-}27)$$

3. 干燥系统消耗的总热量

$$Q = Q_P + Q_D = L(I_2 - I_0) + G_C(I'_2 - I'_1) + Q_L \quad (6\text{-}28)$$

湿物料的焓

$$I' = c_s\theta + Xc_W\theta = (c_s + Xc_W)\theta = c_m\theta \quad (6\text{-}29)$$

式中 c_s——干物料的比热容，kJ/(kg 干料·℃)；

c_W——水分的比热容，为 4.187kJ/(kg 水·℃)；

c_m——湿物料的比热容，kJ/(kg 湿料·℃)。

假设：

① 新鲜空气中水蒸气的焓等于离开干燥器时废空气中水蒸气的焓，即：$I_{V0} = I_{V2}$。

② 进出干燥器的湿物料比热容相等，即：$c_{m1} = c_{m2} = c_m$。

$$\begin{aligned} Q &= Q_P + Q_D = L(I_2 - I_0) + G_C(I'_2 - I'_1) + Q_L \\ &= L[(c_g t_2 + H_2 I_{V2}) - (c_g t_0 + H_0 I_{V0})] + G_C(c_{m2}\theta_2 - c_{m1}\theta_1) + Q_L \\ &= L[c_g(t_2 - t_0) + I_{V2}(H_2 - H_0)] + G_C c_m(\theta_2 - \theta_1) + Q_L \end{aligned}$$

$$W = L(H_2 - H_0) \qquad I_{V2} = r_0^0 + c_V t_2$$

因为

$$\begin{aligned} Q &= Q_P + Q_D \\ &= Lc_g(t_2 - t_0) + W(r_0^0 + c_v t_2) + G_c c_m(\theta_2 - \theta_1) + Q_L \\ &= 1.01L(t_2 - t_0) + W(2490 + 1.88t_2) + G_c c_m(\theta_2 - \theta_1) + Q_L \end{aligned} \quad (6\text{-}30)$$

由上式可以看出，向系统输入的热量用于加热空气、加热物料、蒸发水分、热损失四个方面。

4. 干燥系统的热效率

$$\eta = \frac{\text{蒸发水分所需的热量}}{\text{向干燥系统输入的总热量}} \times 100\% \quad (6\text{-}31)$$

蒸发水分所需的热量为：

$$Q_V = W(2490 + 1.88t_2) - 4.187\theta l_W \quad (6\text{-}32)$$

若忽略湿物料中水分带入系统中的焓，则有

$$\eta = \frac{W(2490 + 1.88t_2)}{Q} \times 100\% \quad (6\text{-}33)$$

提高热效率的措施：使离开干燥器的空气温度降低，湿度增加（注意吸湿性物料）；提高热空气进口温度（注意热敏性物料）；废气回收，利用其预热冷空气或冷物料；注意干燥设备和管路的保温隔热，减少干燥系统的热损失。

【例 6-7】 如图 6-14 所示，某糖厂的回转干燥器的生产能力为 4030kg/h（产品），湿基含水量为 1.27%，于 310℃进入干燥器，离开干燥器时的温度为 360℃，含水量为 0.18%，此时糖的比热容为 1.26kJ/(kg 干料·℃)。干燥用空气的初始状况为：干球温度 200℃，湿球温度 170℃，预热至 970℃后进入干燥室。空气自干燥室排出时，干球温度为 400℃，湿球温度为 320℃，试求：①蒸发的水分量；②新鲜空气用量；③预热器蒸汽用量，加热蒸汽压为 200kPa（绝压）；④热效率。

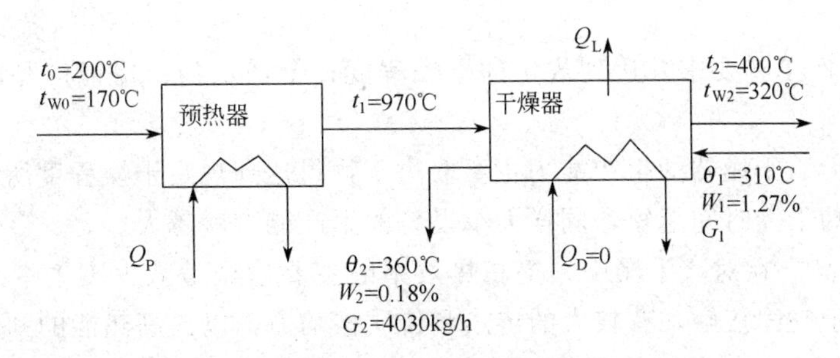

图 6-14　例 6-7 附图

解　① 水分蒸发量。将物料的湿基含水量换算为干基含水量，即

$$X_1=\frac{W_1}{1-W_1}=\frac{1.27\%}{1-1.27\%}=0.0129\text{kg 水/kg 干料}$$

$$X_2=\frac{W_2}{1-W_2}=\frac{0.18\%}{1-0.18\%}=0.0018\text{kg 水/kg 干料}$$

进入干燥器的干料为

$$G_C=G_2(1-W_2)=4030\times(1-0.18\%)=4022.7\text{kg 干料/h}$$

水分蒸发量为

$$W=G_C(X_1-X_2)=4022.7\times(0.0129-0.0018)=44.6\text{kg 水/h}$$

② 新鲜空气用量。首先计算干气消耗量。

由图查得　当 $t_0=200℃$，$t_{W0}=170℃$时，$H_0=0.011\text{kg 水/kg 干料}$

当 $t_2=400℃$，$t_{W2}=320℃$时，$H_2=0.0265\text{kg 水/kg 干料}$

干气消耗量为

$$L=\frac{W}{H_2-H_1}=\frac{44.6}{0.0265-0.011}=2877.4\text{kg 干气/h}$$

新鲜空气消耗量为

$$L'=L(1+H_0)=2877.4\times(1+0.011)=2909\text{kg 新鲜气/h}$$

③ 预热器中的蒸汽用量。

查 H-I 图，得

$$I_0=48\text{kJ/kg 干气}$$

$$I_1=127\text{kJ/kg 干气}$$

$$I_2=110\text{kJ/kg 干气}$$

$$Q_P=L(I_1-I_0)=2877.4\times(127-48)=2.27\times10^5\text{kJ/h}$$

查饱和蒸气压表得：200kPa（绝压）的饱和水蒸气的潜热为 2204.6kJ/kg，故蒸汽消耗量为：$2.27\times10^5/2204.6=103\text{kg/h}$。

④ 热效率。若忽略湿物料中水分带入系统中的焓，则有

$$\eta=\frac{W(2490+1.88t_2)}{Q}\times100\%=\frac{44.6\times(2490+1.88\times400)}{2.27\times10^5}=63.7\%$$

任务三　干燥设备

食品工业中，由于被干燥物料的性质、干燥程度的要求、生产能力大小等各不相同，因

此，所采用的干燥器的结构及形式多种多样。为优化生产，提高效益，干燥设备应满足以下基本要求。

① 能满足生产工艺要求。达到规定的干燥程度；干燥均匀；保证产品的形状、大小及光泽等。

生产能力要大。干燥器的生产能力主要取决于物料达到规定干燥程度所需的时间，干燥速率越快，所需的干燥时间越短，同样大小设备的生产能力就越大。

② 热效率要高。在对流干燥中，提高热效率的主要途径是减少废气带走的热量。干燥器的结构应有利于气固接触，有较大的传热和传质推动力，以提高热能的利用率。

③ 动力消耗要低。干燥系统的流动阻力要小，以降低动力消耗。

④ 操作控制方便。干燥操作控制水平高，劳动强度低，附属设施少，对环境污染小。

一、干燥设备的结构和特点

干燥设备类型很多，现就食品工业中常用的干燥设备进行简单介绍。

1. 气流干燥设备

气流干燥器适用于热敏性、易氧化物料的干燥。如图 6-15 所示，其原理是将形态为粉粒的物料，一边随热气流顺流输送，一边进行干燥。

优点：传热传质过程被强化，物料停留时间短，运输方便、操作稳定、成品质量稳定。

缺点：对除尘设备要求严格，系统流动阻力大，由于干燥管较长，故对厂房要求有一定的高度。

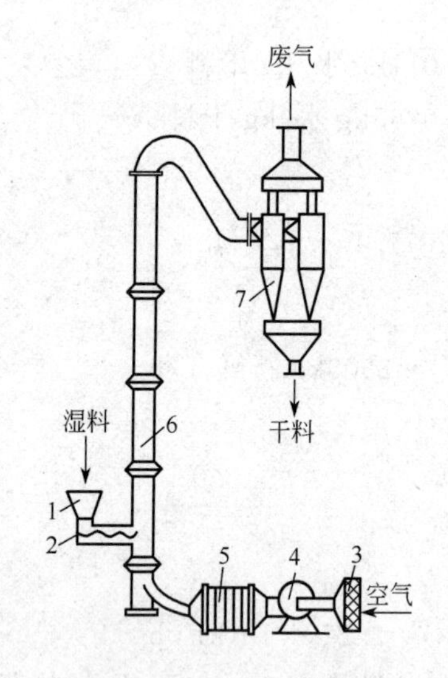

图 6-15　气流干燥器

1—料斗；2—螺旋加料器；3—空气过滤器；4—风机；5—预热器；6—干燥管；7—旋风分离器

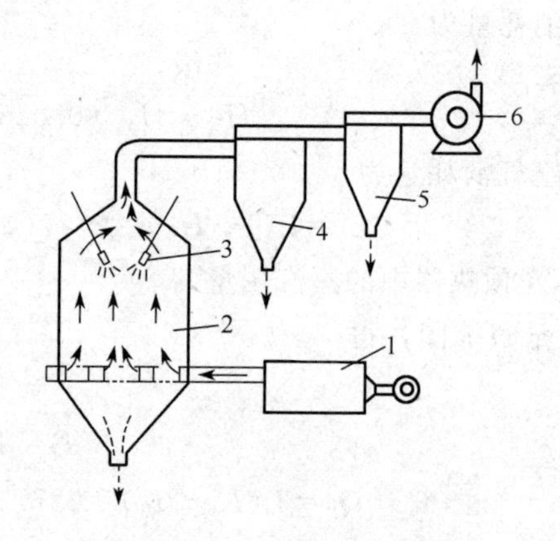

图 6-16　喷雾干燥流程

1—热风炉；2—喷雾干燥器；3—压力喷嘴；4—一次旋风分离器；5—二次旋风分离器；6—排风机

2. 喷雾干燥设备

喷雾干燥是用雾化器将料液分散成雾滴，与热空气等干燥介质直接接触，使水分迅速蒸发的干燥方法。图 6-16 为典型的喷雾干燥流程图。料液经过压力喷嘴 3，被分散成无数细小雾滴进入喷雾干燥器 2，热空气通过热风炉 1 进入喷雾干燥器 2，在干燥器中料液和热空气经过热量、质量交换，雾滴迅速被干燥成产品进入塔底，已经降温增湿的空气经过一次旋风分离器4和二次旋风分离器5回收夹带的产品微粒后，由排风机排入大气中。图6-17是并流型喷雾干燥器，并流是指喷雾器内雾滴与空气流向相同，它又分为垂直上升并流、垂直下降并流和水平并流三种。

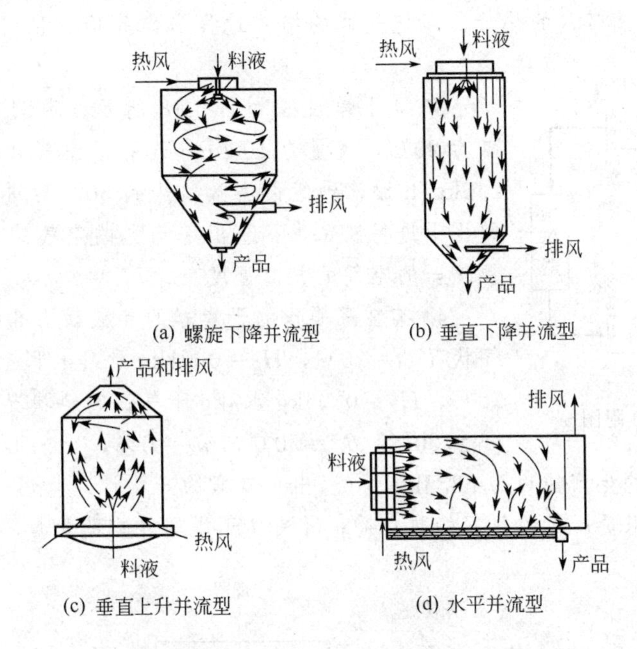

图6-17　并流型喷雾干燥器

喷雾干燥的优点：物料干燥时间短，改变操作条件即可控制或调节产品指标，流程较短。

喷雾干燥的缺点：经常发生黏壁现象，影响产品质量，对气体的分离要求高，体积传热系数较小，对于不能用高温载热体干燥的物料所需要的设备庞大。

3. 其他类型干燥设备

其他还有厢式干燥器（盘式干燥器）、带式干燥器、沸腾床干燥器、转筒干燥器等。

二、干燥设备在食品生产中的应用

食品干燥技术是自古以来利用的基本技术之一，也是近年来用来提高食品原料附加价值的关键技术。最近，随着各食品企业对HACCP认识的加强及消费者对产品提出了高品质和更加细微化的要求，对食品原辅料的干燥工艺和条件越来越严格。现在正在食品加工中经常利用的干燥设备有喷雾干燥、带式干燥、真空冷冻干燥等，近年来新开发应用的还有喷雾干燥加工造粒设备、微波等复合化干燥设备。

例如，在方便食品制造过程中主要应用的是喷雾干燥、冻结干燥和滚筒干燥三大设备；食品生产中经常使用的是无损于食品风味、不易引起变色和变质的喷雾干燥、冷冻真空干燥和真空皮带式干燥等高品质干燥设备。另一方面，由于冻结和真空操作的运转费用很高，考虑到产品品质和成本费用，不得不转用滚筒干燥或其他干燥方法。此外，也有与冷冻真空干燥产品混合使用的方法。

自测题

1. 在常压下将干球温度65℃、湿球温度40℃的空气冷却至25℃，计算1kg干气中凝结出多少水分？1kg干气放出多少热量？

2. 在温度为80℃、湿度为0.01kg/kg干气的空气流中喷入流速为0.1kg/s的水滴。水滴温度为30℃，全部汽化被气流带走。干气体的流量为10kg干气/s，不计热损失。试求：

① 喷水后气体的热焓增加了多少？喷水后气体的温度降低到多少度？

② 如果忽略水滴带入的热焓，即把气体的增湿过程当作等焓变化过程，则增湿后气体的温度降到几度？

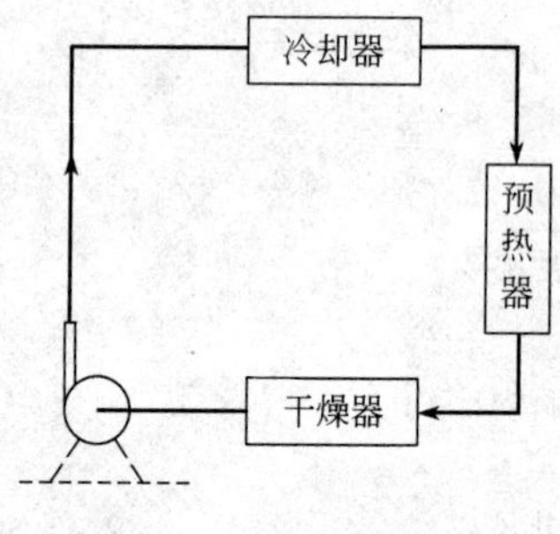

图 6-18　习题 3 附图

3. 某干燥过程如图 6-18 所示。现测得温度为30℃，露点为20℃，流量为1000m^3/h的湿空气在冷却器中除去水分2.5kg/h后，再经预热器预热到60℃后进入干燥器。操作在常压下进行。试求：①出冷却器的空气的温度和湿度；② 出预热器的空气的相对湿度。

4. 某常压操作的干燥器的参数如图 6-19 所示，其中：空气状况 $t_0=20$℃，$H_0=0.01$kg水/kg干气，$t_1=120$℃，$t_2=70$℃，$H_2=0.05$kg水/kg干气；物料状况 $\theta_1=30$℃，含水量 $w_1=20\%$，$\theta_2=50$℃，$w_2=5\%$，干料比热容 $c_{ps}=1.5$kg/(kg·℃)；干燥器的生产能力为53.5kg/h（以出干燥器的产物计），干燥器的热损失忽略不计，试求：①空气用量；②预热器的热负荷；③应向干燥器补充的热量。

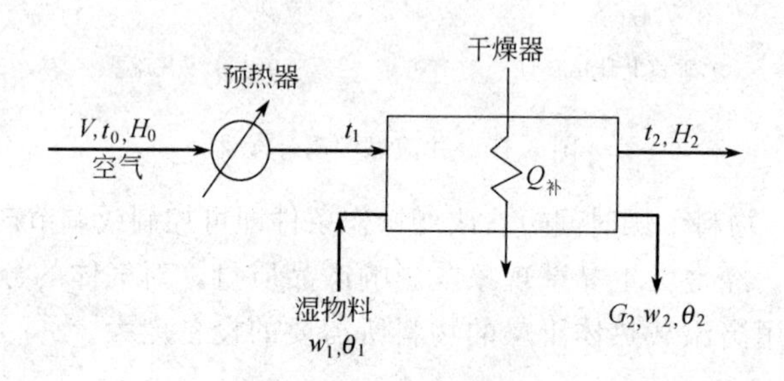

图 6-19　习题 4 附图

5. 一理想干燥器在总压100kPa下将物料由含水50%干燥至含水1%，湿物料的处理量为20kg/s。室外空气温度为25℃，湿度为0.005kg水/kg干气，经预热后送入干燥器。废气排出温度为50℃，相对湿度60%。试求：①空气用量；②预热温度；③干燥器的热效率。

6. 一理想干燥器在总压为100kPa下，将湿物料由含水20%干燥至1%，湿物料的处理量为1.75kg/s。室外大气温度为20℃，湿球温度为16℃，经预热后送入干燥器。干燥器出口废气的相对湿度为70%。现采用两种方案：

① 将空气一次预热至120℃送入干燥器；

② 预热至120℃进入干燥器后，空气增湿至 $\varphi=70\%$。再将此空气在干燥器内加热至100℃（中间加热）继续与物料接触，空气再次增湿至 $\varphi=70\%$ 排出器外。求上述两种方案的空气用量和热效率。

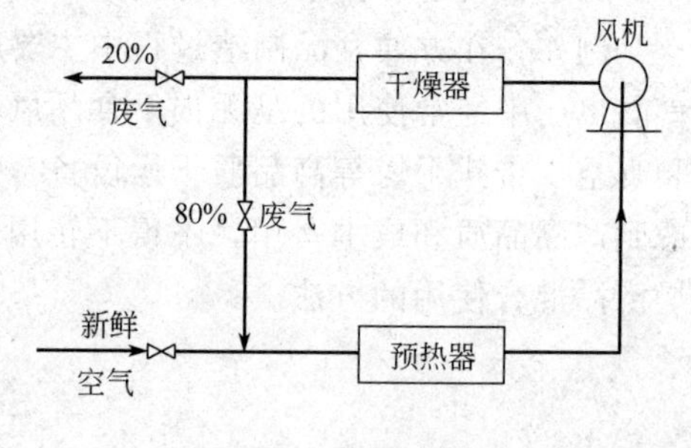

图 6-20　习题 7 附图

7. 从废气中取80%（质量分数）与湿度为0.0033kg水/kg干气、温度为16℃的新鲜空气混合后进入预热器（如图 6-20 所示）。已知废气的温度为67℃，湿度为0.03kg水/kg干气。物料最初含水量为 47%，最终含水量为 5%（以上均为湿基），干燥器的生产能力为 1500kg 湿物料/h。试求干燥器每小时消耗的空气量和预热器的耗热量。设干燥器是理想干燥器。

项目小结

干燥是利用热能使湿物料中的水分或其他溶剂被汽化去除，从而得到固体产品的操作。干燥方法按照热能供给湿料的方式分为传导干燥、对流干燥、辐射干燥、介电加热干燥；按照操作压力分为常压干燥和真空干燥；按照操作方式分为连续干燥和间歇干燥。干燥广泛应用于食品工业生产中。本项目主要从干燥理论、干燥设备及操作方法进行详细介绍。

项目七　蒸　馏

【学习目标】

1. 通过学习，使学生掌握蒸馏的基本理论，能利用物料衡算和热量衡算理论正确进行蒸馏塔的初步设计计算。

2. 了解塔板结构及塔板性能的理论知识。

3. 掌握精馏塔的操作。

蒸馏是利用互溶液体混合物中各组分沸点的不同，将液体混合物分离成为较纯组分的一种单元操作。蒸馏操作之所以能够分离互溶的液体混合物，是由于溶液中各组分的沸点不同，沸点低的组分容易汽化，称为易挥发组分，而沸点高的组分不易汽化，称为难挥发组分。因此，蒸馏所得的蒸汽中与其冷凝后形成的液体（简称馏出液）中，低沸点组分的含量较多；而残留的液体（简称残液）中，高沸点组分的含量较多。故用蒸馏方法处理液体混合物，可以得到较纯的馏出液和较纯的残液，达到混合物分离的目的。

蒸馏操作主要用于分离液体均相混合物，蒸馏操作是白酒生产不可缺少的操作之一。

任务一　蒸馏理论

在蒸馏操作中，各组分均有一定的挥发性。如果蒸馏系统中仅含两组分，则液相和汽相中均有此两组分，这样的系统称为双组分系统或二元系统。

一、双组分溶液的汽液相平衡

（一）双组分理想溶液的汽液相平衡

1. 理想溶液的概念

根据溶液中同分子间作用力与异分子间作用力的差异，可将溶液分为理想溶液和非理想溶液。所谓理想溶液，是指在这种溶液内，组分 A、B 分子间作用力 a_{AB} 与纯组分 A 的分子间作用力 a_{AA} 或纯组分 B 的分子间作用力 a_{BB} 相等，即 $a_{AA}=a_{BB}=a_{AB}$。反之，纯组分间作用力 a_{AA} 及 a_{BB} 与组分 A、B 分子间作用力 a_{AB} 不相等，则称该溶液为非理想溶液。

2. 理想溶液的特点

① 两个完全互溶的挥发性组分（A、B 两组分）所构成的理想溶液，其汽液平衡关系服从拉乌尔定律，即

$$p=p^{\circ}x \tag{7-1}$$

式中　p——溶液上方某组分的平衡分压，Pa；

p°——在当时温度下该纯组分的饱和蒸气压，Pa；

x——溶液中该组分的摩尔分数。

② 若汽液平衡时总压 p 不很高（如 10atm 以内），道尔顿分压定律可适用于汽相，即

$$p=p_A+p_B \tag{7-2}$$

3. 双组分理想溶液汽液相平衡关系相图

将双组分体系相平衡关系图用平面图形表示出来，经常使用以下几种相图：

① 一定温度下的压力-组成图，即 p-x 图、p-y 图；

② 一定压力下的温度-组成图，即 t-x-y 图；

③ 一定压力下的 y-x 图。

（1）p-x 图、p-y 图

对于由 A、B 二组分构成的理想溶液，$x_A+x_B=1$，可省略下标，用 x 表示 A 组分（易挥发组分）的摩尔分数，则 B 组分（难挥发组分）的摩尔分数为（$1-x$）。

如前所述，理想溶液服从拉乌尔定律，蒸汽是理想气体，服从道尔顿分压定律。

在平衡时，根据拉乌尔定律：

$$p_A=p_A^\circ x_A$$

$$p_B=p_B^\circ x_B=p_B^\circ(1-x_A)$$

根据道尔顿分压定律，溶液上方蒸汽总压力 p 为

$$p=p_A+p_B=p_A^\circ x_A+p_B^\circ(1-x_A)$$

或

$$p=(p_A^\circ-p_B^\circ)x_A+p_B^\circ \tag{7-3}$$

$$x_A=\frac{p-p_B^\circ}{p_A^\circ-p_B^\circ} \tag{7-3(a)}$$

对于混合溶液为理想溶液，而其上方蒸汽为理想气体的系统，有

$$py_A=p_A^\circ x_A \qquad py_B=p_B^\circ x_B$$

$$y_A=\frac{p_A^\circ}{p}x_A \qquad y_B=\frac{p_B^\circ}{p}x_B \tag{7-3(b)}$$

因为对于双组分混合物有 $x_A+x_B=1$，$y_A+y_B=1$

因此，$\dfrac{py_A}{p_A^\circ}+\dfrac{py_B}{p_B^\circ}=\dfrac{py_A}{p_A^\circ}+\dfrac{p(1-y_A)}{p_B^\circ}=1$

整理得

$$p=\frac{p_A^\circ p_B^\circ}{(p_B^\circ-p_A^\circ)y_A+p_A^\circ} \tag{7-4}$$

式中　p——汽相总压，Pa；

p_A，p_B——组分 A 和 B 的汽相平衡分压，Pa；

p_A°，p_B°——纯组分 A 和 B 的饱和蒸气压，Pa；

x_A，x_B——组分 A 和 B 平衡时在液相中的摩尔分数；

y_A，y_B——组分 A 和 B 平衡时在汽相中的摩尔分数。

式（7-3）表示双组分理想溶液在一定温度下溶液上方蒸气压力 p 与液相组成 x_A 的关系，称为液相等温线方程式，将该式标绘在直角坐标系上，即得压力-组成（p-x）相图。p-x 图为一直线，称为液相等温线，如图 7-1 所示。

同理式（7-4）表示双组分理想溶液在一定温度下溶液上方蒸气压力 p 与汽相组成 y_A 的关系，称为汽相等温线方程式，所对应的曲线为压力-组成（p-y）相图，称为汽相等温线。如图 7-1 所示，它在液相等温线之下。

（2）t-x-y 图

蒸馏操作通常是在一定外压下进行，而且在操作过程中，溶液的温度随其组成而变，故恒压下的温度-组成图对蒸馏过程的分析具有实际意义。

对于任意两组分的理想溶液，利用一定温度下纯组分的饱和蒸气压数据，由式［7-3(a)］和式［7-3(b)］即可求得该温度下平衡时的汽、液相组成，由此可以以 x 或 y 为横坐标，以 t 为纵坐标，绘出一定压力下的 t-x 及 t-y 两条曲线，这就是温度-组成相图，即 t-x-y 图，如图7-2所示。

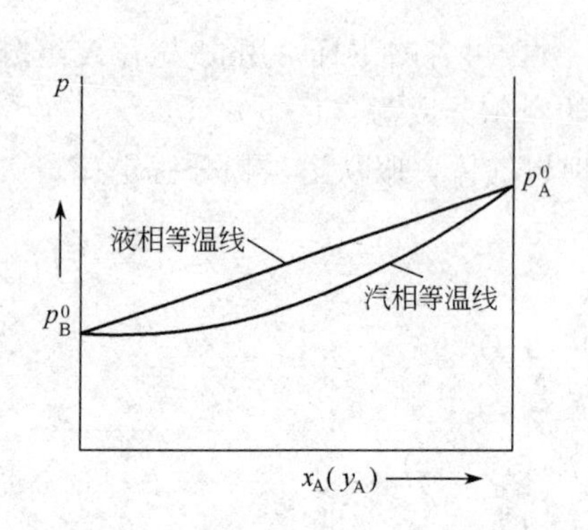

图 7-1　理想溶液压力-组成图

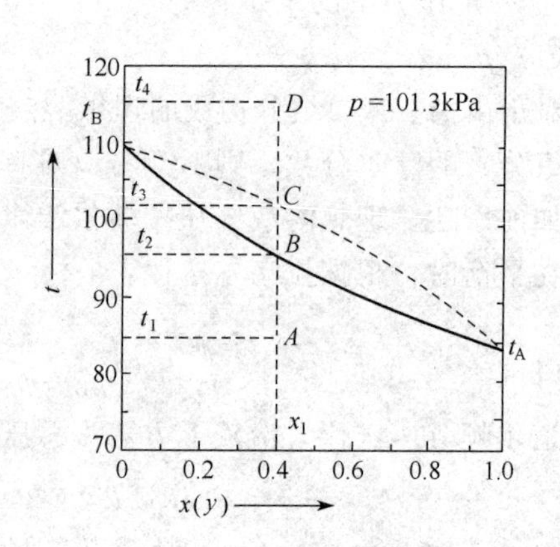

图 7-2　理想溶液温度-组成图

图 7-2 中，上面的曲线为汽相线（亦称冷凝曲线或露点曲线），它表示饱和蒸汽的冷凝温度与汽相组成（浓度）之间的关系；下面的曲线为液相线（亦称沸腾曲线或泡点曲线），它表示溶液沸腾温度与液相组成（浓度）的关系。

t-x-y 图将整个坐标平面分成三个区域，汽相线以上代表过热蒸汽，称为汽相区；液相线以下代表未沸腾的液体，称为液相区；汽相线和液相线包围的区域表示汽液同时存在，称为汽液共存区，在该区内，汽液两相互成平衡，其平衡组成由等温线与汽相线、液相线的交点求得。

从 t-x-y 图可以了解蒸馏过程中汽、液组成的变化。举例如下：现对处于 A 点（温度为 t_1，组成为 x_1）的混合液进行加热，当温度升高到 t_2（B 点）时，溶液开始沸腾，产生气泡，点 B 称为泡点，其温度 t_2 称为泡点温度，因此，液相线又称泡点线，该体系由原来的单一液相体系转为汽、液两相体系，该气泡的汽相组成为 y_B。若温度继续升至 t_2 与 t_3 之间，则体系进入汽液共存区，在平衡的两相中，汽相组成要大于液相组成，亦即随着温度的升高，易挥发性组分在液相中的含量将逐渐减少，这就是蒸馏分离的理论依据。同样，若将温度为 t_4、组成为 y_D 的过热混合蒸气冷却，当温度降到 t_3（C 点）时，混合气体开始冷凝，产生第一滴液体，相应的温度称为露点温度，因此，饱和蒸汽线也称露点线，其相应的相组成变化可由图查出。

从图 7-2 可知：

① 因易挥发组分在汽相组成中所占的分数大于它在液相组成中所占的分数，故汽相线位于液相线之上。

② 因平衡时，汽、液两相具有同样的温度，故汽、液平衡状态的点在同一温度下的同一水平线上。

③ 纯组分 A 的沸点为 t_A，纯组分 B 的沸点为 t_B，由它们组成的溶液的沸点介于二者之间，而且偏于组分含量高的一方。

④ 当平衡温度升高时，液相中的低沸点组分 A 减少，高沸点组分 B 增多，温度降低时

则相反。

（3）相平衡（y-x）图

在蒸馏设备设计计算中广泛应用的是汽液平衡组成的相图，即一定外压下的 y-x 图。y-x 图绘制方法有两种。

① 由上述 t-x-y 平衡数据直接绘制，即将 t-x-y 数据中的每组 x、y 值在坐标平面上以点表示出来并连成线，即为 y-x 线，如图 7-3 所示就是与图 7-2 相对应的 y-x 图。由于汽相中易挥发组分的含量比液相中多，即 $y>x$，故平衡曲线位于对角线上方，且平衡曲线离对角线越远，越有利于在蒸馏时分离各组分。

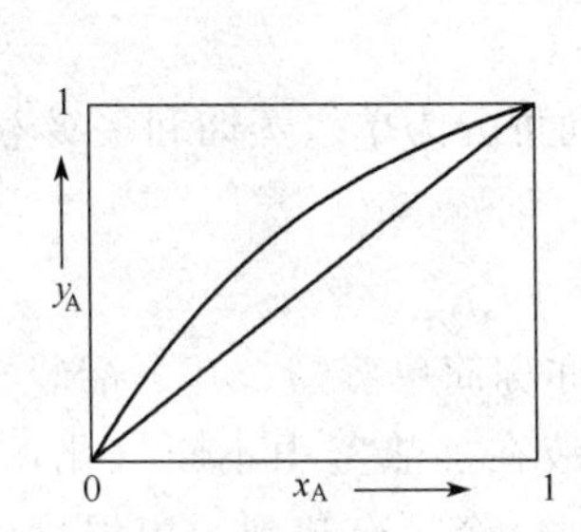

图 7-3　理想溶液相平衡（y-x）图

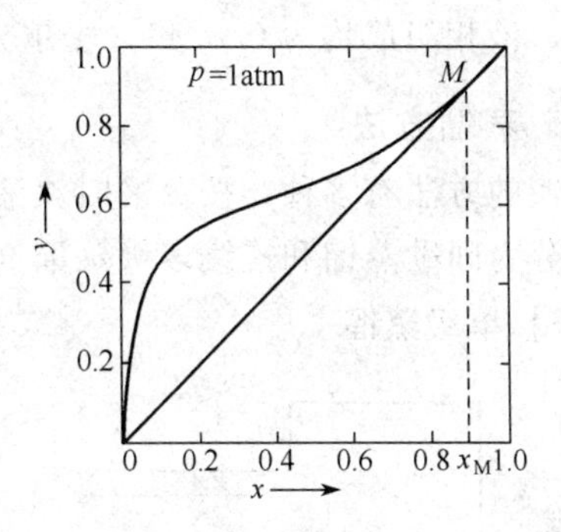

图 7-4　乙醇-水溶液相平衡（y-x）图

② 因蒸馏分离的依据是混合液中各组分挥发度不同，用相对挥发度表示 y、x 之间的关系为

$$y=\frac{\alpha x}{1+(\alpha-1)x} \tag{7-5}$$

式中　y，x——某温度下汽液平衡时，易挥发组分（A 组分）在汽相和液相中的摩尔分数；

α——相对挥发度，$\alpha=\frac{(p_A/x_A)}{(p_B/x_B)}$，对于理想溶液 $\alpha=\frac{p_A^\circ}{p_B^\circ}$。

相对挥发度可用以判断某混合物能否用蒸馏方法分离和分离的难易程度。α 越大，表明该混合液越适于用蒸馏方法分离。α 是温度、压力和浓度的函数。但在多数工业应用中 α 的变化不大。在蒸馏塔中，常取塔底和塔顶温度下相对挥发度的几何平均值作为整个塔中物系的相对挥发度，再由式（7-5）计算 y、x 值，并绘制成 y-x 图。

【例 7-1】 某双组分理想溶液，在压力为 101.3kPa 时沸点为 90℃，求汽液相平衡组成及物系的相对挥发度。已知 90℃时纯 A 组分的饱和蒸气压 $p_A^\circ=135.5$kPa，纯 B 组分的饱和蒸气压 $p_B^\circ=54.0$kPa。

解　① 计算 A、B 组分汽液相平衡组成

由式［7-3(a)］　$$x_A=\frac{p-p_B^\circ}{p_A^\circ-p_B^\circ}=\frac{101.3-54.0}{135.5-54.0}=0.58$$

由式［7-3(b)］　$$y_A=\frac{p_A^\circ}{p}x_A=\frac{135.5}{101.3}\times 0.58=0.78$$

平衡时，B 组分在液相和汽相的组成为

$$x_B=1-0.58=0.42$$

$$y_B=1-0.78=0.22$$

② 计算物系的相对挥发度

由式
$$\alpha=\frac{p_A^{\circ}}{p_B^{\circ}}=\frac{135.5}{54.0}=2.51$$

（二）双组分非理想溶液汽液相平衡

蒸馏中所处理的混合物，除理想溶液外，很多是非理想溶液，即对拉乌尔定律有偏差的溶液。对拉乌尔定律有正偏差的溶液，将出现最低恒沸点，对拉乌尔定律有负偏差的溶液，将出现最高恒沸点。恒沸点在 y-x 图上的反映是平衡曲线 y-x 与对角线相交。其交点说明，处于恒沸点的汽液两相，其组成是相同的，即恒沸点处汽、液相组成相同，因而达不到分离的目的。图 7-4 为常压下乙醇-水溶液相平衡图，乙醇-水溶液的恒沸点 M 为 78.15℃，恒沸点处气、液相组成均为 0.8943（摩尔分数）。

二、蒸馏方法

蒸馏的方法有多种，按蒸馏时汽液相接触次数的不同可分为单级蒸馏和多级蒸馏。多级蒸馏又分为间歇蒸馏和连续多级蒸馏（又称为精馏）。

（一）单级蒸馏

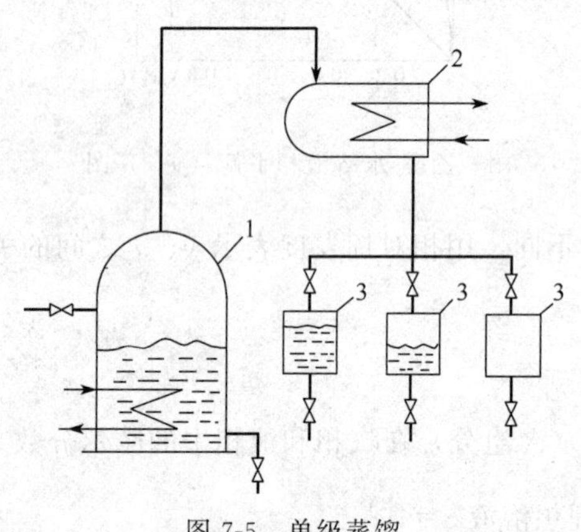

图 7-5　单级蒸馏

1—加热釜；2—冷凝器；3—储槽

单级蒸馏亦称简单蒸馏，其蒸馏装置如图 7-5 所示。使混合液在加热釜中不断汽化，产生的蒸气进入冷凝器 2，冷凝冷却到一定温度的馏出液，可按不同组成范围导入储槽 3 中。由于 $y>x$，馏出液易挥发组分较多，因而釜内溶液易挥发组分的含量 x 将随时间的延续而逐渐降低，而釜液沸点逐渐升高，当釜中液相浓度下降到规定要求时，即停止操作；将釜中残液排出后，再加新混合液于釜中进行蒸馏。

此蒸馏方式可用于初步分离，适用于对相对挥发度大的混合液进行分离，目前，一些小烧酒厂常用此法制得高度白酒。如图 7-6 所示，将发酵成熟的醪装入密闭蒸桶中加热，使料液沸腾，所产生的酒气引入冷凝器冷凝并冷却成低温的成品酒。

（二）多级蒸馏

单级蒸馏只能使液体混合物得到部分分离，当要求得到高纯度产品时，通常达不到生产要求，原因是混合物仅经历一次部分汽化或部分冷凝（称单级分离）。欲使两组分完全分离，则必须采用多级分离法。多级蒸馏就是在同一设备或多个设备内采用多次分离的过程来达到产品要求的分离纯度。

1. 间歇蒸馏

间歇蒸馏装置如图 7-7 所示，在蒸馏釜上安装具有多级塔板的蒸馏塔，将原料液整批全部加入蒸馏釜中，对釜加热，进行蒸馏，蒸气上升穿过各级塔板到达塔顶，经冷凝器冷凝后，部分取出作为塔顶产品，部分作为回流液体入塔。间歇多级蒸馏因有多级塔板及回流操作，使上升的蒸气与下降的液体在塔内多次部分汽化，多次部分冷凝，从而实现轻、重组分较充分地分离，但由于原料液是一次加入釜内的，釜中轻组分含量会逐渐下降，产生的蒸气中轻组分含量也会越来越少，故蒸馏进行到一定程度，操作应停止，排出残液，重新投料、

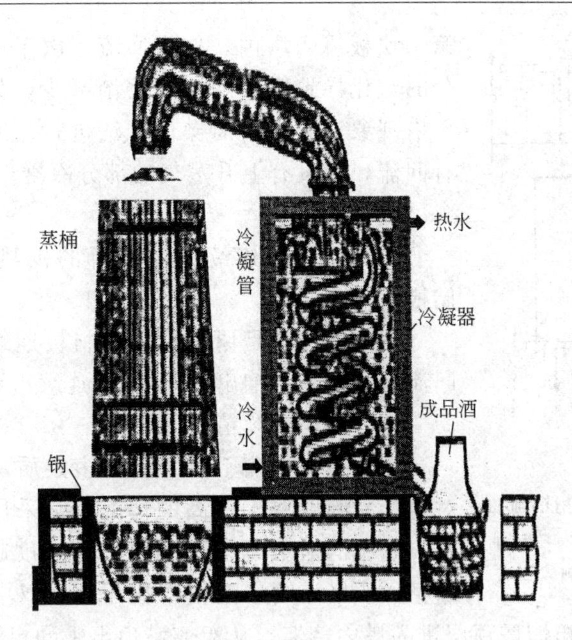

图 7-6　白酒蒸馏装置

蒸馏。

2. 连续多级蒸馏——精馏

在大规模工业生产中，常采用连续多级蒸馏——精馏方法得到高纯度产品。

精馏的主要设备是精馏塔，其次塔顶安装有冷凝器、冷却器，塔底安有用于加热液体的再沸器（塔釜）。现分述如下。

（1）精馏塔

精馏的主要设备是精馏塔，塔内装有一定数量的塔板，在精馏塔内自下而上上升的蒸气与自上而下回流到每一块塔板上的液层接触，蒸气将热量传给板上的液体，使液体部分汽化，而蒸气被部分冷凝成液体，因此，混合液每经一块塔板就部分汽化一次，蒸气每经一块塔板就部分冷凝一次。如此逐板进行部分汽化、部分冷凝，实现传热传质，结果全塔各板中，易挥发组分在汽相中的浓度自下而上逐板增加，而其在液相中的浓度自上而下逐板减少，温度自下而上逐板降低，最后从塔顶引出的蒸气经冷凝后，可得到几乎纯净的易挥发组分，而塔底引出的液体则几乎是纯净的难挥发组分。

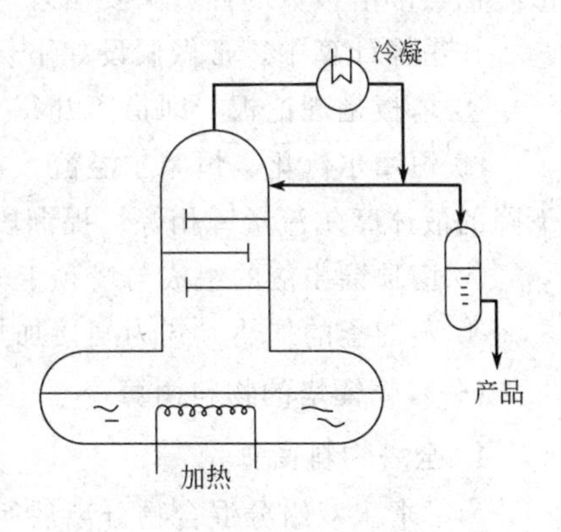

图 7-7　间歇蒸馏

精馏塔按进料板位置不同，将其分成两段，进料板以上的部分称为精馏段，而进料板以下的部分（包括进料板）称为提馏段。精馏段的作用是自下而上逐步增浓汽相中的易挥发组分，即浓缩轻组分，提高易挥发组分的浓度；而提馏段的作用是自上而下逐步提高液相中难挥发组分的浓度，即浓缩重组分，使随釜液带走的液体中轻组分含量减少，从而提高轻组分的收率。

（2）冷凝、冷却装置

从塔顶引出的蒸气需冷凝、冷却成液体，该液体一部分作为塔顶产品，另一部分从塔顶

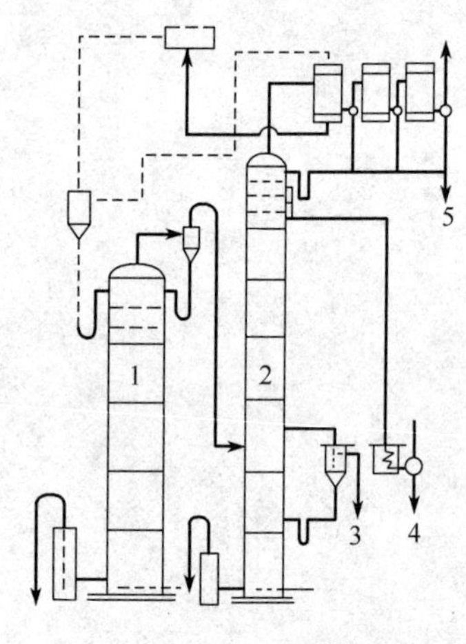

图 7-8　双塔连续醪液精馏流程

1—粗馏塔；2—精馏塔；3—杂醇油；4—酒精；5—醛酒

第一块板流入塔内，称为回流，由于蒸馏过程中，易挥发组分的汽化导致塔板上液体逐渐减少，如不加以补充，会产生干塔现象，导致精馏操作无法进行。回流是必不可少的，没有回流，就没有上升蒸气的部分冷凝。

（3）塔釜

使精馏操作连续稳定进行的供热装置，也可作残液暂储槽。

精馏操作就是原料液从进料板连续进入，塔顶连续引出回流液及产品（馏出液），塔底连续得到塔底产品（残液）。

（4）多塔连续精馏

由于单塔精馏不能分离很多杂质，成品质量较差，所以对于产品纯度要求较高的情况，常采用双塔、三塔或多塔精馏。系统的塔数越多，所得产品纯度越高。如图 7-8 所示为酒精厂双塔连续醪液精馏流程图。双塔分别为粗馏塔和精馏塔。经预热的醪液从粗馏塔顶层进入塔内蒸馏，从粗馏塔顶出来的粗酒精蒸气经冷凝器冷凝成液体后进入精馏塔（此为液相进塔方式），经进一步提浓精馏后，冷却后的酒精可达到成品酒精规定的浓度。

三、双组分精馏的计算

根据精馏装置的组成可推知，精馏的计算主要包括精馏塔、再沸器、冷凝器的计算。再沸器及冷凝器的计算在传热一章已述及，在此仅讨论精馏塔的工艺计算。因为精馏塔主要是由多块塔板构成的板式塔，所以，精馏塔的计算主要解决完成一定分离任务所需实际塔板数，而实际塔板数的计算又要由理论塔板数求得，因此需引入精馏塔物料衡算。

在精馏计算中，常做假设如下。

① 塔板是理论板，即指离开每一块塔板的汽液相互成平衡，即满足汽液相平衡关系。

② 恒摩尔汽化、恒摩尔溢流。在塔的精馏段内，每一塔板上升的蒸气摩尔流量皆相等，下降的液体摩尔流量皆相等；提馏段内也是如此。

③ 塔顶馏出液的组成与塔顶上升蒸气的组成（浓度）相同。

④ 蒸馏釜的加热方式为间接加热。

（一）精馏塔的物料衡算

1. 全塔物料衡算

为了求出双组分混合物分离后所得塔顶产品及塔底产品流量，需要利用全塔物料守恒的关系进行计算，如图 7-9 所示。

以整个精馏塔作为衡算系统，可以写出：

总物料衡算
$$F=D+W \tag{7-6}$$

易挥发组分衡算
$$Fx_F=Dx_D+Wx_W \tag{7-7}$$

式中　F——原料液流量，mol/s；

D——塔顶产品（馏出液）流量，mol/s；

W——塔底产品（残液）流量，mol/s；

x_F——原料液中易挥发组分的摩尔分数；

x_D——馏出液中易挥发组分的摩尔分数；

x_W——釜残液中易挥发组分的摩尔分数。

通常 F、x_F、x_D、x_W 均为已知，只需计算塔顶、塔底产品量。

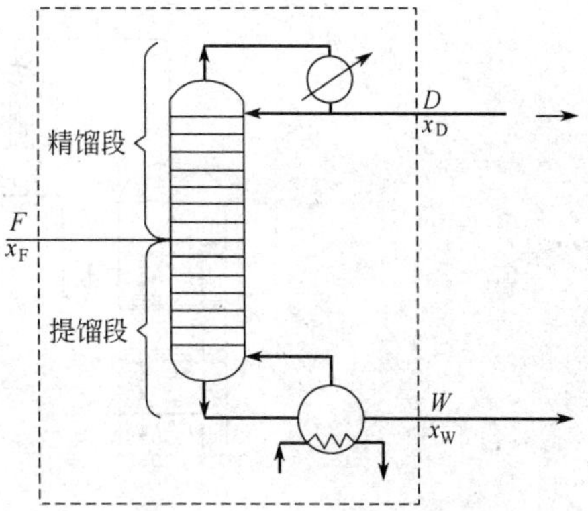

精馏段
提馏段
F x_F
D x_D
W x_W

图 7-9　全塔物料衡算

【例 7-2】 在常压连续精馏塔中，每小时将 5000kg 含乙醇 20%（质量分数，以下同）的乙醇水溶液进行分离。要求塔顶产品中乙醇含量不低于 92%，釜中乙醇含量不高于 2%，试求馏出液量和残液量（分别用 kg/h 及 kmol/h 表示）。

解　由式（7-6）和式（7-7）

$$F=D+W$$

$$Fx_F=Dx_D+Wx_W$$

得

$$D=\frac{x_F-x_W}{x_D-x_W}F$$

① 以 kg/h 为单位表示的馏出液量和残液量。

已知　$x_F=0.20$，$x_D=0.92$，$x_W=0.02$，$F=5000\text{kg/h}$

则

$$D=\frac{0.20-0.02}{0.92-0.02}\times5000=1000\text{kg/h}$$

$$W=F-D=5000-1000=4000\text{kg/h}$$

② 以 kmol/h 为单位表示的馏出液量和残液量。

将题中已知质量分数及质量流量进行单位换算，因乙醇的摩尔质量为 46g/mol，水的摩尔质量为 18g/mol，所以

进料组成

$$x_F=\frac{\frac{20}{46}}{\frac{20}{46}+\frac{80}{18}}=0.089$$

残液组成

$$x_W=\frac{\frac{2}{46}}{\frac{2}{46}+\frac{98}{18}}=0.008$$

馏出液组成

$$x_D=\frac{\frac{92}{46}}{\frac{92}{46}+\frac{8}{18}}=0.818$$

原料液平均摩尔质量　$M_F=0.089\times46+(1-0.089)\times18=20.5\text{g/mol}$

$$F=\frac{5000}{20.5}=243.9\text{kmol/h}$$

则

$$D=\frac{x_F-x_W}{x_D-x_W}F=\frac{0.089-0.008}{0.818-0.008}\times243.9=24.4\text{kmol/h}$$

$$W=243.9-24.4=219.5\text{kmol/h}$$

2. 精馏段物料衡算——精馏段操作线方程

如图 7-10，按虚线范围做物料衡算如下。

总物料衡算

$$V=L+D \tag{7-8}$$

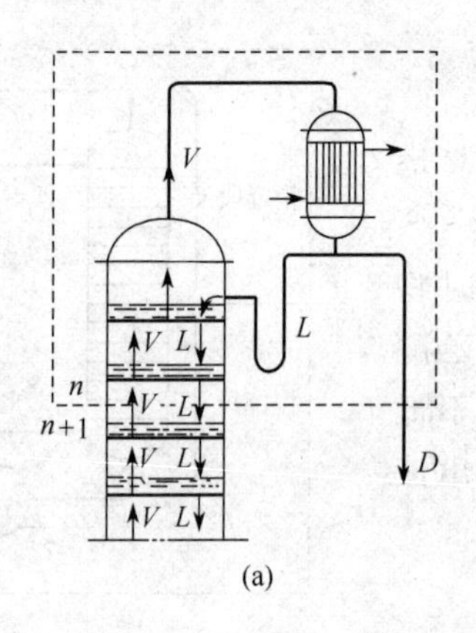

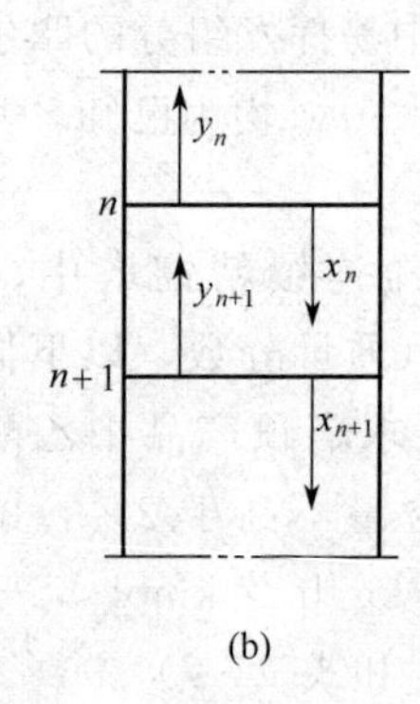

图 7-10 精馏段物料衡算

易挥发组分衡算 $$Vy_{n+1}=Lx_n+Dx_D \tag{7-9}$$

式中 x_n——精馏段内从第 n 块塔板下降的液体中易挥发组分的摩尔分数；

y_{n+1}——精馏段内从第 $n+1$ 块塔板上升的蒸气中易挥发组分的摩尔分数；

V——精馏段内每块塔板上升的蒸气流量，mol/s；

L——精馏段内每块塔板下降的液体流量，mol/s。

由式（7-8）和式（7-9）可得

$$y_{n+1}=\frac{L}{L+D}x_n+\frac{D}{L+D}x_D \tag{7-10}$$

令 $R=\frac{L}{D}$（表示塔板回流液流量与塔顶产品流量的比值，称为回流比），代入上式得

$$y_{n+1}=\frac{R}{R+1}x_n+\frac{1}{R+1}x_D \tag{7-11}$$

式（7-11）称为精馏段操作线方程。它表示在一定操作条件下，从精馏段内任一塔板（第 n 块）下降的液体中易挥发组分含量 x_n，与升向该板的蒸气中易挥发组分含量 y_{n+1} 之间的关系。将式（7-11）中的下标去掉并标注在 y-x 图上，可得到一条直线，其斜率为 $\frac{R}{R+1}$，在 y 轴上的截距为 $\frac{x_D}{R+1}$，该直线称为精馏段操作线。

3. 提馏段物料衡算——提馏段操作线方程式

如图 7-11 所示，按虚线范围做物料衡算。

总物料衡算 $$L'=V'+W \tag{7-12}$$

易挥发组分衡算 $$L'x_m=V'y_{m+1}+Wx_W \tag{7-13}$$

式中 x_m——提馏段内从第 m 块塔板下降的液体中易挥发组分的摩尔分数；

y_{m+1}——提馏段内从第 $m+1$ 块塔板上升的蒸气中易挥发组分的摩尔分数；

V'——提馏段内每块塔板上升的蒸气流量，mol/s；

L'——提馏段内每块塔板下降的液体流量，mol/s。

由式（7-12）和式（7-13）可得

$$y_{m+1}=\frac{L'}{L'-W}x_m-\frac{W}{L'-W}x_W \tag{7-14}$$

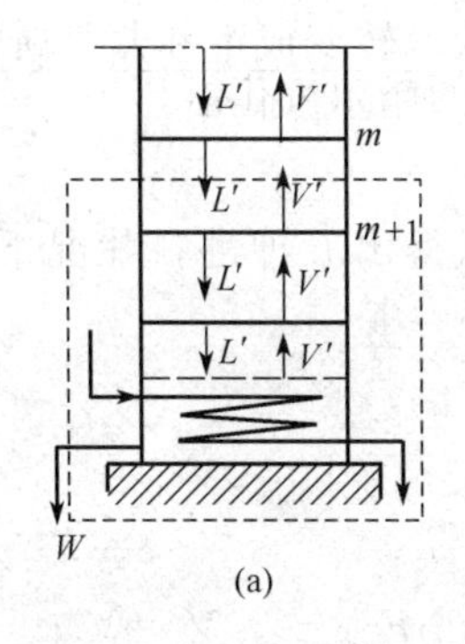

(a)

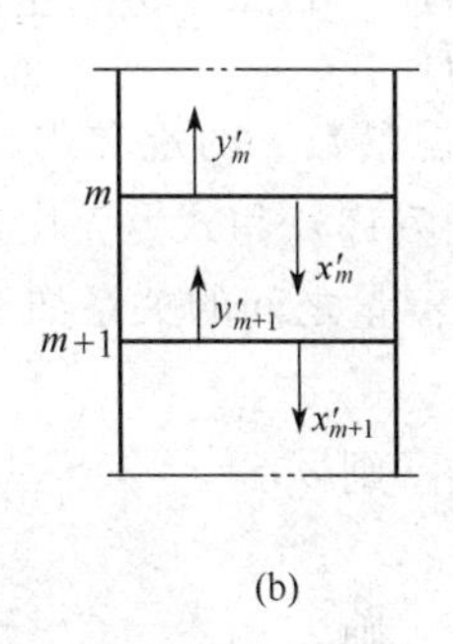

(b)

图 7-11　提馏段物料衡算

式（7-14）称为提馏段操作线方程。它表示在一定的操作条件下，从提馏段内任一塔板（第 m 块）下降的液体中易挥发组分含量 x_m，与升向该板的蒸气中易挥发组分含量 y_{m+1} 之间的关系。在提馏操作中 L'、W 及 x_W 均为定值，故式（7-14）仍为一条直线，直线斜率为 $\frac{L'}{L'-W}$，该直线称为提馏段操作线。

（二）进料状况和加料方程

1. 进料状况种类

如图 7-12 表示加料板的物流情况，加料板位置应选择在板上物料组成与进料组成最接近的地方。在生产实际中，引入塔内的原料有五种不同的状况：低于沸点的冷液体；沸点的饱和液体；温度介于泡点和露点之间的气、液混合物；露点的饱和蒸气；高于露点的过热蒸气。

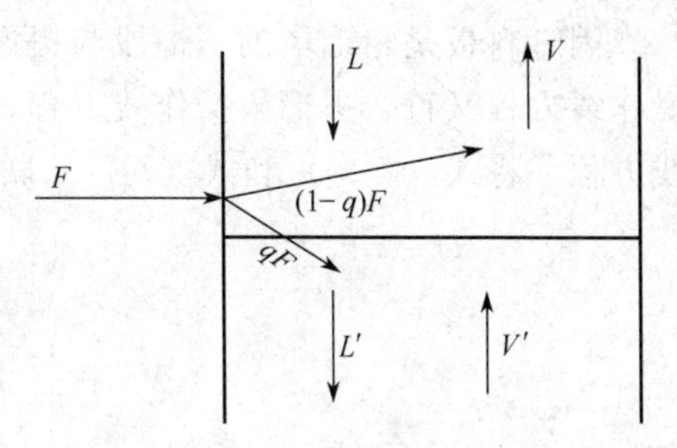

图 7-12　加料板的物流情况

进料状况不同将影响加料板上升蒸气和下降液体的流量，为此，将引入一个用来表示进料状况的参数 q。

2. 进料状况参数 *q*

如图 7-12 所示，设进料为汽液混合物，进料总量为 F，进料状况下混合物中液相质量分数为 q，则汽相质量分数为（$1-q$），因此，由进料板流入提馏段的液体量为 qF，由进料板进入精馏段的上升的蒸气量为 $(1-q)F$，对加料板做物料衡算

液相物料衡算
$$L'=L+qF \tag{7-15}$$

汽相物料衡算
$$V=V'+(1-q)F \tag{7-16}$$

将式（7-15）代入式（7-14）中，得出

$$y_{m+1}=\frac{L+qF}{L+qF-W}x_m-\frac{W}{L+qF-W}x_W \tag{7-17}$$

式（7-17）为提馏段操作线方程式的又一表达式。

式（7-15）和式（7-16）中的 q 与进料状况的关系可由热量衡算确定。设进料、饱和液体、饱和蒸气的摩尔焓分别为 H_F、H_L 和 H_V（J/mol），对进料进行热量衡算，有

$$FH_F=qFH_L+(1-q)FH_V \tag{7-18}$$

则

$$q=\frac{H_V-H_F}{H_V-H_L}=\frac{\text{每摩尔进料由进料状况转变成饱和蒸气所需的热量}}{\text{进料的摩尔汽化潜热}} \tag{7-19}$$

式（7-19）即为进料状况参数 q 的定义式。

由式（7-15）、式（7-16）和式（7-19）可以得出五种进料状况下的 q 值及相应的精馏段、提馏段汽相、液相流量之间的关系如下。

① 过冷液体进料，

因 $H_F<H_L$， 则 $q>1$， $L'>L$ $V'>V$

② 饱和液体进料，

因 $H_F=H_L$， 则 $q=1$， $L'=L+F$ $V'=V$

③ 汽液混合物进料，

因 $H_L<H_F<H_V$， 则 $0<q<1$， $L'=L+qF$ $V'=V-(1-q)F$

④ 饱和蒸气进料，

因 $H_F=H_V$， 则 $q=0$， $L'=L$ $V'=V-F$

⑤ 过热蒸气进料，

因 $H_F>H_V$， 则 $q<0$， $L'<L$ $V'<V$

3. 进料状况方程

因进料板是精馏塔的精馏段与提馏段的交界板，因此，进料状况参数 q 要既符合精馏段操作线方程又符合提馏段操作线方程，将满足这一条件的关系式称为进料状况方程，又称 q 线方程。将式（7-10）和式（7-17）联立，略去角标。

$$y=\frac{L}{L+D}x+\frac{D}{L+D}x_D$$

$$y=\frac{L+qF}{L+qF-W}x-\frac{W}{L+qF-W}x_W$$

经整理得

$$qFy-(D+W)y=qFx-(Dx_D+Wx_W) \tag{7-20}$$

由式（7-6） $$D+W=F$$

由式（7-7） $$Dx_D+Wx_W=Fx_F$$

将上两式代入式（7-20）得

$$(q-1)Fy=qFx-Fx_F$$

消去 F，整理得

$$y=\frac{q}{q-1}x-\frac{x_F}{q-1} \tag{7-21}$$

式（7-21）即为 q 线方程式，因精馏段和提馏段操作线在此线上相交，故也称为操作线交点轨迹方程式。

式（7-21）在 y-x 图上为一直线，该直线过点 $e(x_F, x_F)$，斜率为 $\frac{q}{q-1}$，该线称为 q 线。如图 7-13 所示为五种进料状况的 q 线。

4. 进料状况对 q 线及操作线的影响

由式（7-10）和式（7-17）知，q 线只对提馏段操作线方程有影响。进料状况不同，则 q 值不同，q 线的斜率也不同，q 线与精馏段操作线的交点也不同，因而导致提馏段操作线的位置不同。图 7-13 中表示五种不同进料状况的 q 线位置以及它们对提馏段操作线的影响。

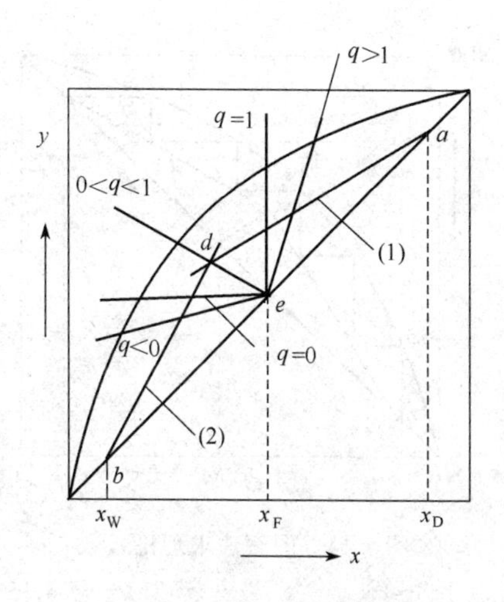

图 7-13 五种进料状况的 q 线

① 过冷液体进料，$q>1$，q 线斜率 $\frac{q}{q-1}>0$，q 线为过 e 点的斜向右上方的直线；

② 饱和液体进料，$q=1$，q 线与 x 轴垂直；

③ 气液混合物进料，$0<q<1$，q 线斜率 $\frac{q}{q-1}<0$，q 线为过 e 点的斜向左上方的直线；

④ 饱和蒸气进料，$q=0$，q 线为过 e 点的与 x 轴平行的直线；

⑤ 过热蒸气进料，$q<0$，q 线斜率 $\frac{q}{q-1}>0$，q 线为过 e 点的斜向左下方的直线。

（三）精馏操作塔板数的求法

在精馏塔设计中，为了计算塔的高度，必须先求实现分离任务所需的塔板数（实际板数）。而实际塔板数是由理论塔板数计算而来的。所谓理论塔板，是指自该塔板上升的蒸气与自该板下降的液体互成平衡的塔板，理论塔板也称平衡板。理论塔板数的求取是连续精馏过程设计的基础，在设计中先求得理论塔板数，然后用塔板效率加以校正，即可求得实际板数，求取理论板数的前提条件是：已知 x_F、x_D、x_W 及精馏段、提馏段操作线方程、汽液相平衡关系式。

1. 逐板计算法

因塔顶采用全凝器使从塔顶第一块板上升的蒸气进入冷凝器后得到全部冷凝，从塔顶第一块板上升的蒸气组成与塔顶馏出液、塔顶回流液的组成相同，即

$$y_1=x_D$$

因每一块塔板上的汽液相组成 y_n-x_n 均符合汽液相平衡关系，而 x_n 与 y_{n+1} 符合精馏段或提馏段操作线方程式，方法如下。

由 $y_1=x_D$，利用汽液相平衡方程由 y_1 求得 x_1，再利用精馏段操作线方程式由 x_1 计算 y_2，同理，y_2 与 x_2 互成平衡，即可用汽液相平衡方程由 y_2 求得 x_2，利用精馏段操作线方程式由 x_2 再求 y_3 等，如此反复计算，直至计算到 $x_n \leqslant x_F$ 时，说明第 n 块板是加料板，该板应属于提馏段。即精馏段理论塔板数为 $n-1$ 块。应注意，在上述计算中每使用一次汽液相平衡方程，即表示需要一块理论塔板。

采用同样的方法求提馏段理论塔板数，此时，从加料板开始计算，即提馏段第一块板的液相组成 $x'_1=x_n$，利用提馏段操作线方程式求得 y'_2，再利用汽液相平衡方程求得 x'_2，如此反复计算至 $x'_m \leqslant x_W$ 为止。因为提馏段塔底的再沸器相当于一块塔板，故提馏段所需理论塔板数为 $m-1$ 块。

2. 图解法

逐板计算法计算理论塔板数比较准确，但比较费时，图解法克服了逐板计算法的缺点，简单易行。图解法求理论塔板数的依据与逐板计算法相同，只是用汽液相平衡线和操作线分别代替汽液相平衡方程和操作线方程，图解法求理论塔板数的步骤如下。

（1）作汽液相平衡曲线

在 y-x 直角坐标平面上，根据二组分汽液相平衡组成的数据绘出相应汽液相平衡曲线，

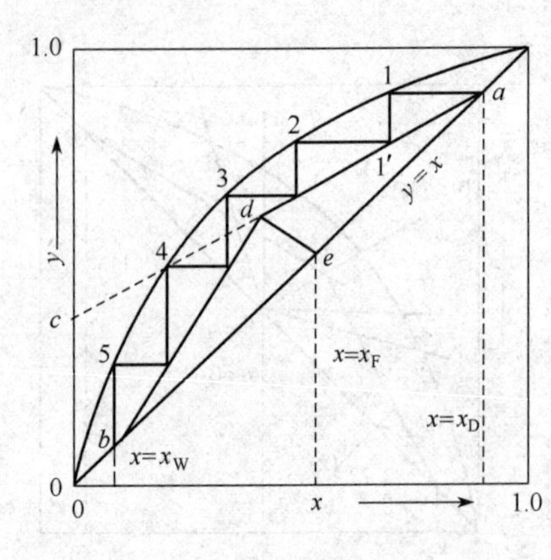

图 7-14 图解法求理论板数

并绘出对角线 $y=x$。如图 7-14 所示。

（2）作精馏段操作线

根据塔顶馏出液组成，在对角线上确定点 $a(x_D, x_D)$，由精馏段操作线的截距$\frac{x_D}{R+1}$，在 y 轴上确定点 $c\left(0, \frac{x_D}{R+1}\right)$，连接 ac，得精馏段操作线。

（3）作提馏段操作线

根据进料组成，在对角线上确定点 $e(x_F, x_F)$，按进料状况计算出 q 线斜率$\frac{q}{q-1}$的值，以 e 点为起点作斜率为$\frac{q}{q-1}$的直线，与精馏段操作线交于点 d。再根据塔釜残液组成，在对角线上确定点 $b(x_W, x_W)$，连接 bd，即为提馏段操作线。

（4）作梯级，求理论塔板数

从点 a 作水平线交汽液相平衡线于点 1，点 1 表示汽相组成 y_1 与液相组成 x_1 的平衡关系，相当于逐板计算法中使用了一次汽液相平衡关系，因此，点 1 代表一块理论塔板。再由点 1 作垂线交精馏段操作线于 $1'$点，$1'$点的纵坐标 y_2 与横坐标 x_1 的关系是操作线表示的关系，相当于逐板计算法使用了一次操作线方程，即由 x_1 求得 y_2，再由 $1'$点作水平线交汽液相平衡线于点 2，点 2 表示汽相组成 y_2 与液相组成 x_2 的平衡关系，点 2 代表第二块塔板，依此类推，在精馏段操作线与汽液相平衡线之间绘出由水平线与垂直线组成的直角梯级，每一个梯级代表一块塔板。当梯级做到垂线交于 d 点或跨过 d 点时，表示精馏段已结束，该板已属于提馏段的第一块板，于是，d 点以后的梯级应改在提馏段操作线与汽液相平衡线之间绘出，当梯级做到垂线交于 b 点或跨过 b 点时，图解完成，得到的总的梯级数即为总理论塔板数。如图 7-14 中，精馏段理论塔板数为 2 个，提馏段理论塔板数为 3 个（含塔釜），总理论塔板数为 5 个。

3. 实际板数

理论塔板数是基于理想板基础计算的，实际塔板的分离作用达不到理论塔板的要求，理论板数 $N_{理}$ 与实际板数 N 之比称为塔板效率，用 E 表示。

$$N=\frac{N_{理}}{E} \tag{7-22}$$

（四）回流比的影响和选择

回流是保证精馏过程连续稳定进行的必要条件。在精馏塔设计计算中，F、D、W、x_F、x_D、x_W 均由生产任务直接规定或间接确定，只有回流比 R 和进料状况参数 q 需要在设计中选定，前已述及 q 的确定方法，现就 R 的选定方法加以讨论。首先讨论两种极端操作情况时的回流比 R 值，即全回流和最小回流比。

1. 全回流

塔顶上升蒸气冷凝后全部回流入塔，这种操作方式称为全回流。此时塔顶没有产品流出，$D=0$，$R=\frac{L}{D}=\infty$，这时，不向塔内进料，$F=0$，也不取出塔底产品，$W=0$。精馏段操作线与提馏段操作线成为一条线，其斜率$\frac{R}{R+1}=1$，截距$=\frac{x_D}{R+1}=0$，即此时操作线方程

为 $y=x$，也就是说，全回流时，操作线与对角线 $y=x$ 相重合。

可见，全回流时操作线与汽液相平衡线之间偏离最大，在平衡线与操作线之间所画直角梯阶的跨度最大，故所需的理论塔板数最少，将此时的塔板数称为最小理论塔板数。

全回流是回流比的上限，因其不投料、不取产品，故对生产无实际意义，只用于精馏塔的开工阶段或实验研究中。

2. 最小回流比

当回流比 R 由全回流逐渐减小时，精馏段操作线在 y 轴上的截距将随之逐渐增大，精馏段操作线与提馏段操作线逐渐靠近平衡线，完成分离任务所需的理论塔板数也逐渐增多，当回流比减小到操作线与汽液相平衡线有接触点［图 7-15（a）中的 d_1 点和（b）中的 d_2 点］时，相应的回流比即为最小回流比 R_{min}。最小回流比时，在操作线与相平衡线之间画直角梯级，需要无限多的梯级才能到达接触点且无法通过接触点，因此所需塔板数最多。

最小回流比是回流比的下限，因其完成分离任务所需塔板数为无限多，故实际生产也不能采用。但在精馏塔的设计中，常依据最小回流比 R_{min} 来选定适宜回流比。下面分两种情况分别讨论最小回流比 R_{min} 的计算方法。

（1）相平衡曲线无下凹

如图 7-15（a）所示，作 q 线交汽液相平衡线于点 d_1，连接 ad_1 即为精馏段操作线，该线斜率为

$$\frac{R_{min}}{R_{min}+1}=\frac{y_1-y_d}{x_D-x_d}=\frac{x_D-y_d}{x_D-x_d}$$

整理得

$$R_{min}=\frac{x_D-y_d}{y_d-x_d} \tag{7-23}$$

式中　x_d、y_d——q 线与平衡线的交点坐标，可由图中查得。

（2）相平衡曲线有下凹

如图 7-15（b）所示，由 $a(x_D，x_D)$ 向平衡线作切线，该切线与 q 线交于点 d_2，ad_2 即为精馏段操作线，该线斜率为

$$\frac{R_{min}}{R_{min}+1}=\frac{ah}{dh}=\frac{x_D-y_d}{x_D-x_d}$$

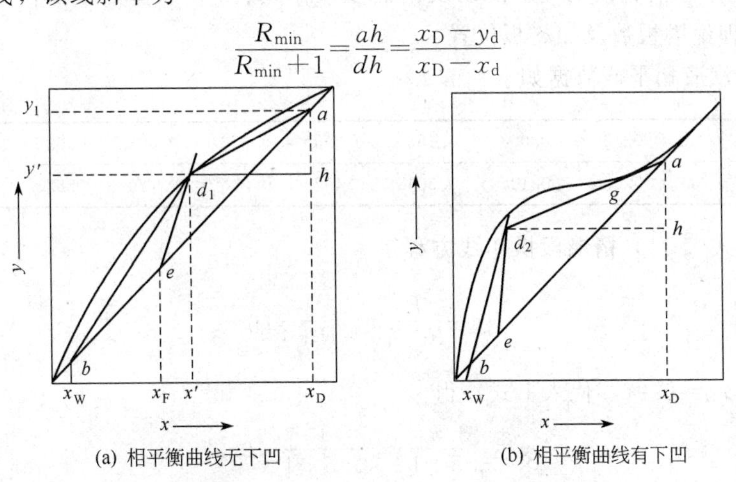

图 7-15　最小回流比 R_{min} 的计算

同理
$$R_{\min}=\frac{x_D-y_d}{y_d-x_d}$$

式中　x_d、y_d——q 线与切线的交点坐标，可由图中查得。

3. 适宜回流比的选择

由以上讨论可知，对于一定的分离任务，全回流和最小回流比均不能为生产所用，实际回流比的选择应根据经济核算，以操作费用和设备费用的总和最小为原则。即实际回流比介于全回流和最小回流比之间，此时的回流比称为适宜回流比，用 R 表示。

(1) R 与操作费用的关系

精馏的操作费用主要是指塔底再沸器的加热及塔顶冷凝器的冷却所需费用，而两者又都取决于塔内上升的蒸汽量。由塔顶物料衡算知：

$$V=L+D=RD+D=(R+1)D$$

所以，当 D 一定时，R 增大，则上升的蒸气量增大，加热和冷却费用随之增多，即操作费用相应增加。

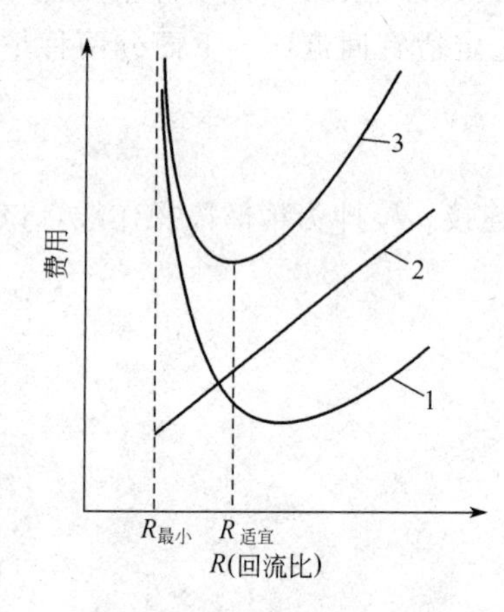

图 7-16　适宜回流比的确定

1—设备费；2—操作费；3—总费用

(2) R 与设备费用的关系

精馏的设备费用是指精馏塔及其附属设备的折旧费用，主要取决于设备的尺寸。当 $R=R_{\min}$ 时，理论塔板数为无穷多，故设备费用为无穷大；随着 R 的增加，理论塔板数逐渐减少，设备费用逐渐降低，但 R 增加，V 也增加，当 R 增加到一定程度时，再沸器和冷凝器的尺寸要加大，因此设备费用又将回升。

如图 7-16 所示，精馏塔的总费用是操作费用和设备费用之和，总费用曲线最低点所对应的回流比即为最适回流比。通常情况下，适宜回流比 $R=(1.2\sim2)R_{最小}$。

【例 7-3】 常压下，用连续精馏塔分离苯-甲苯混合液，原料液 $x_F=0.30$，要求馏出液 $x_D=0.97$，残液 $x_W=0.02$（均为摩尔分数）。若泡点进料，回流比为 3.5，求：

① 写出精馏段操作线方程；

② 作出苯-甲苯混合液的 y-x 图以及精馏段操作线、q 线和提馏段操作线，并求出完成分离任务所需理论塔板数及加料板位置。

苯-甲苯的汽液相平衡数据如下：

液相摩尔分数 x_A	0.000	0.058	0.155	0.255	0.376	0.508	0.639	0.830	1.000
气相摩尔分数 y_A	0.000	0.128	0.304	0.452	0.596	0.720	0.820	0.930	1.000

解　① 由式(7-11) 精馏段操作线方程

$$y=\frac{R}{R+1}x+\frac{1}{R+1}x_D$$

已知 $R=3.5$，$x_D=0.97$，代入上式，得

$$y=\frac{3.5}{3.5+1}x+\frac{1}{3.5+1}\times0.97$$

即 $y=0.78x+0.216$

② y-x 图以及精馏段操作线、q 线和提馏段操作线图形作法如下。

a. 作 y-x 图。根据本题附表所列汽液相平衡数据，在 y-x 直角坐标系中做出平衡曲线即 y-x 线。

b. 精馏段操作线。在 y-x 图上作对角线 $y=x$；在对角线上确定点 a（0.97，0.97），在 y 轴上确定点 c（0，0.216），连接 ac，直线 ac 即为精馏段操作线。

c. q 线。在对角线上确定点 e（0.30，0.30），由点 e 作垂直于 x 轴的直线，即为 q 线。

d. 提馏段操作线。在对角线上确定点 b（0.02，0.02），q 线与精馏段操作线的交点为点 d，连接 bd，直线 bd 即为提馏段操作线。

e. 完成分离任务所需理论塔板数及加料板位置。从点 a 开始在汽液相平衡线（即 y-x 线）与精馏段操作线之间作直角梯级，每做出一个梯级就代表精馏段的一块理论塔板，跨过点 d 的梯级为进料级，该板为进料板，此板已属于提馏段的第一块理论塔板，此时应改为在汽液相平衡线与提馏段操作线之间作直角梯级，当梯级做到垂线已到达或刚跨过 b 点，图解完成。如图 7-17 所示，由图知完成此分离任务共需理论塔板数为 13 块，其中精馏段 6 块，提馏段 7 块（含塔釜），加料板为从塔顶数起的第 7 块塔板。

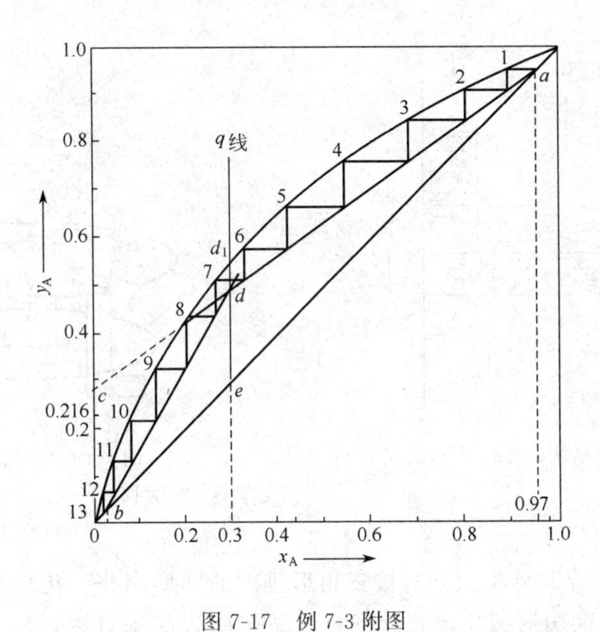

图 7-17　例 7-3 附图

任务二　精馏装置

前已述及精馏过程的主要设备是精馏塔，精馏塔又分为板式塔和填料塔，其中，精馏操作板式塔应用较广泛。因此，本节将介绍板式塔。

一、板式塔的结构和性能

板式塔是分级接触式的气液传质设备，其主体为一圆筒形的壳体，内装有按一定间距放置的水平塔板。液体借重力作用，由上层塔板经降液管流至下层塔板，横向流过塔板后又进入降液管。如此逐板流下，最终由塔底排出。气体由塔底靠压力差逐板向上流，最终由塔顶流出，因此，汽液两相在每一块塔板上呈错流，如图 7-18 所示。

塔板是板式塔的主要部件，根据塔板结构特点，可分为泡罩塔、浮阀塔、筛板塔、斜孔塔等，目前，国内外主要使用的是筛板塔和浮阀塔。现简单介绍几种板式塔。

1. 筛板塔

塔板上开有许多均匀分布的小孔，称为筛孔，孔径一般为3～8mm，筛孔在塔板上排成正三角形。塔板上还装有溢流管，液体沿溢流管下流。溢流管上端高出塔板一定高度，以维持板上有一定高度的液层，称为溢流堰。溢流管的下端伸入下层塔板上的液体中，形成液封，使上升蒸气不能由溢流管通过。在正常操作时，通过筛孔的上升气流应能阻止液体通过筛孔向下渗漏，液体只能通过溢流管逐板下流。

筛板塔的优点：结构简单，塔板造价低，生产能力大，板效率较高，压力降小，液面落差小。缺点是操作弹性小，筛孔小时易堵塞。

2. 浮阀塔

浮阀塔是20世纪50年代发展起来的一种新型汽液传质设备，与筛板塔一样，是当今应用最广泛的一种精馏塔。

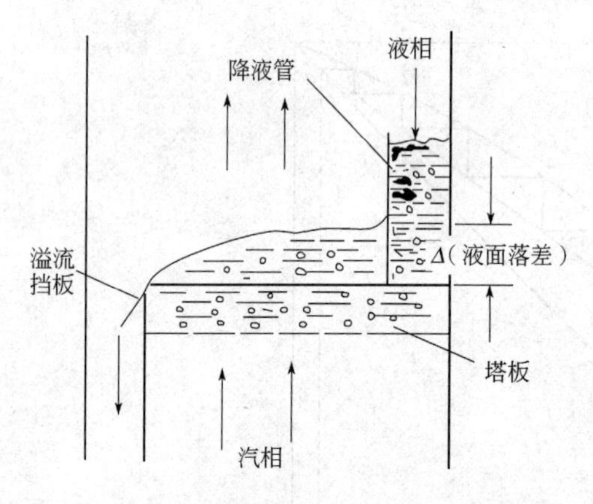

图7-18　板式塔结构及流体流动状况

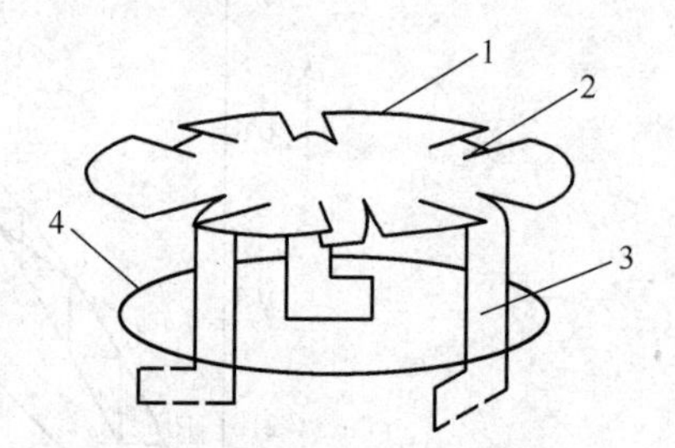

图7-19　浮阀塔板结构

1—浮阀片；2—定距片；3—浮阀腿；4—塔板的阀孔

如图7-19所示，浮阀塔板上开有按三角形排列的圆形阀孔（孔径39mm），每个孔上安置一个直径为48mm的圆形阀片，阀片下有三条带脚钩的垂直腿，插入阀孔中，阀腿可限定浮阀的开度，阀片底部有三处突起可使阀与塔板间保持约2.5mm的距离，保证气流畅通，操作稳定。阀片随气速变化而上下浮动，故称为浮阀。塔板上浮阀的开度会随气体流量变化自动调节，气体流量小时浮阀开度小，气体仍能保持一定气速通过液层，气体流量大时浮阀开度大，使气速不致过高。可见通过浮阀自动调节气体从浮阀送出的速度基本不变，鼓泡性能可以保持均衡一致。

浮阀塔板具有生产能力大、操作弹性大、结构简单、造价低等优点；缺点是阀片易松脱或被卡住，导致该阀孔处的气、液流动状况失常。浮阀塔适用于从低黏度到高黏度物料的蒸馏。

二、塔板上流体流动状况

评价塔性能的主要指标是生产能力、塔板效率、操作弹性、塔板压力降，这些指标均与塔板结构和塔内汽液两相流动状况密切相关。对筛板塔和浮阀塔的研究表明，塔板上可能存在三种汽液接触状况。

1. 鼓泡状态

发生在气体流速较低的区域，气体被分散成断续的气泡，此接触状态下，湍动程度小，传质面积小，因而传质速率低，分离效率低。

2. 泡沫状态

气体流量增大，两相接触由鼓泡状态变为泡沫状态，泡沫剧烈湍动，气泡不断破裂和生成，为传质创造了有利条件。

3. 喷射状态

蒸馏中，筛孔或阀孔中吹出的高速气流使液体喷散成液滴，使汽液两相形成喷射接触状态，液体流经一块塔板经多次聚合和分散，为传质创造了良好条件。

三、塔板负荷性能

在塔板结构及处理物系一定时，其操作状况随汽液两相负荷而改变。欲维持正常操作，需将汽液负荷的波动限制在一定范围内。通常以液相负荷 L（液相体积流量）为横坐标，以汽相负荷 V（汽相体积流量）为纵坐标，标绘各种极限条件下的 L-V 关系曲线，得到负荷性能曲线，如图 7-20 所示。

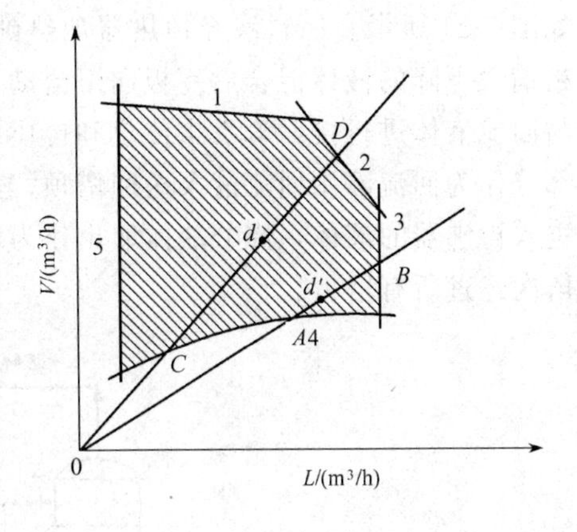

图 7-20　塔板负荷性能图

图中线 1 为雾沫夹带上限线，线 2 为液泛线，线 3 为液相负荷上限线，线 4 为漏液线，线 5 为液相负荷下限线，由此五条线围成的区域为塔的适宜操作区。

精馏塔在实际操作时的汽液两相流量可以用图上的一个点来表示，该点称为操作点。当精馏操作在恒汽液比下进行时，汽液比为定值，操作线是经过原点、斜率为 V/L 的直线。由塔板负荷性能图可以求得汽液比恒定条件下塔板的操作弹性。操作弹性一般用该操作线与塔板负荷性能图交点的汽相负荷上下限之比表示。如图 7-20 中 $0AB$ 线和 $0CD$ 线分别表示不同汽液比时的操作曲线，$0AB$ 线的塔板操作弹性为 V_B/V_A；$0CD$ 线的塔板操作弹性为 V_D/V_C，显然，$0CD$ 线的塔板操作弹性比 $0AB$ 线的塔板操作弹性大，即 d 点的操作弹性比 d' 点的操作弹性大。当操作点位于操作范围区域中央时，表示塔的操作弹性大。

四、塔高和塔径

板式塔的塔高取决于实际板数和板间距，由理论板数 $N_理$ 求得实际板数 N 后，一般板间距在 0.2～0.6mm，故塔的有效高度为

$$H=NH_T \tag{7-24}$$

板式塔的塔径由下式计算

$$D_T=\sqrt{\frac{4q_V}{\pi u}} \tag{7-25}$$

式中 D_T——塔内径，m；

q_V——塔内上升蒸气的体积流量，m^3/s；

u——塔内允许的空塔气速，设计中 $u=(0.6\sim0.8)u_{max}$，m/s。

五、板式塔的应用

板式塔是逐级接触型的气液传质设备，因板式塔直径越大，效率越高，且塔径大，便于检修。因此，当生产中要求精馏塔塔径较大（直径大于0.8m）时，常用板式塔。同时，由于板式塔不易堵塞，故适用于处理有悬浮物的液体，如酒精的精馏就是用板式塔蒸馏发酵液而达到分离的目的。

任务三 精馏操作

一、连续精馏流程

连续精馏流程由原料液泵、精馏塔、塔顶冷凝器、馏出液储槽、再沸器等组成，其流程如图7-21所示。原料液经预热器加热到指定温度后，进入加料板引入塔内，在加料板上与精馏段下降的液体混合后逐板向下流动，最后流入塔底再沸器中。在每块塔板上，上升蒸气与回流液体进行接触，发生传热和传质。上升到塔顶的蒸气进入全凝器，冷凝后的冷凝液，部分作为回流液用回流液泵送回塔顶，部分经冷却器冷却后作为塔顶产品（馏出液）送出。进入再沸器的液体，部分液体取出作为塔釜产品（釜残液），部分液体汽化后产生上升蒸气依次经过所有塔板。

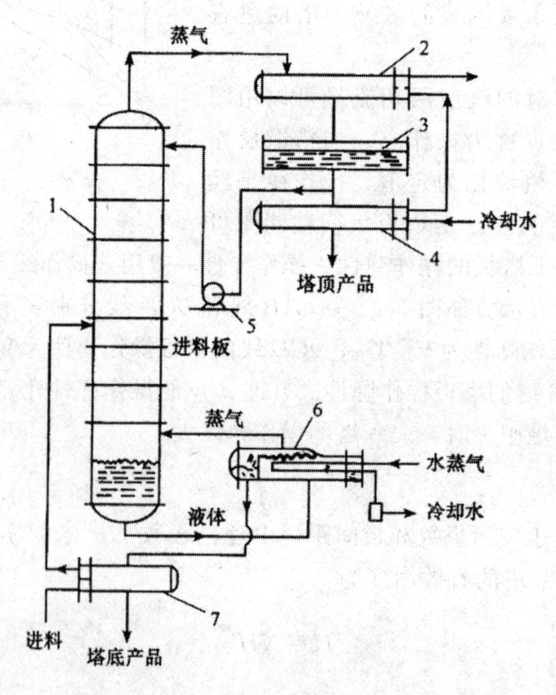

图7-21 连续精馏流程

1—精馏塔；2—全凝器；3—储槽；

4—冷却器；5—回流液泵；6—再沸器；7—原料预热器

由于企业生产不同产品的生产任务不同，操作条件多样，下面从共性角度说明精馏塔的运行和控制。

二、精馏操作的开车与停车操作

1. 开车操作

开车过程按以下步骤进行。

（1）准备工作

检查仪器、仪表、阀门等是否齐全、正确、灵活，做好开车前的准备。

（2）预进料

先打开放空阀，通入氮气或水蒸气等惰性气体置换系统中的空气，以防在进料时出现事故。打开进料阀，达到指定液位后关闭进料阀。

（3）再沸器开始加热

打开塔顶冷凝器的冷凝水（或其他冷凝介质），再沸器开始供热。

（4）建立回流

在全回流情况下继续加热，直到塔温、塔压均达到规定要求，产品质量符合要求。

（5）进料与出产品

打开进料阀进料，同时从塔顶和塔釜采出产品，调节到指定的回流比。

（6）控制调节

对塔的操作条件和参数逐步调整，使塔的负荷、产品质量逐步且尽快达到正常操作值，转入正常操作。

精馏塔开车时，要注意进料要平稳，再沸器的升温速度要缓慢，其原因是塔的上部为干板，塔板上没有液体，如果蒸气上升过快，没有气液接触，就可能把过量的难挥发组分带到塔顶，塔顶产品长时间达不到要求。随着塔内压力的增大，应当开启塔顶通气口，排除塔内的空气或惰性气体，进行压力调节。待回流槽内的液面达到在1/2以上时开始打回流，并保持回流槽的液面不变。当塔釜液面维持在1/2～2/3时，可停止进料，进行全回流操作，同时对塔顶、塔釜产品进行分析，待产品质量合格后，就可以逐渐加料，并从塔顶和塔釜采出馏出液和釜残液，调节回流量和加热蒸汽量，逐步转入正常操作状态。

2. 停车操作

停车方法与停车前的状态有关，不同的状态，停车的方法及停车后的处理方法不同。

（1）正常停车

生产进行一段时间后，设备需进行检查或检修而有计划地停车，此属正常停车。这种停车是逐步减少物料的加入，直到完全停止。待物料蒸完后，停止供汽加热，降温并卸掉系统压力；停止供水，将系统中的溶液排放干净。打开系统放空阀，并对设备进行清洗。若原料气中含有易燃、易爆的气体，要用惰性气体对系统进行置换，当置换气中含氧量小于0.5%，易燃气总含量小于5%时为合格。最后用鼓风机向系统送入空气，置换气中氧含量大于20%即为合格。

（2）紧急停车

紧急停车指生产中由于一些意想不到的特殊情况而造成的停车。如一些设备的损坏、电气设备的电源发生故障、仪表失灵等，都会造成生产装置的紧急停车。

发生紧急停车时，首先应停止进料，调节塔釜加热蒸汽量和凝液采出量，使操作处于待生产的状态，此时，应积极抢修，排除故障，待故障排除后，按开车程序恢复生产。

(3) 全面紧急停车

当生产过程中突然停电、停水、停蒸汽或发生其他重大事故时，则要全面紧急停车。全面紧急停车时，要根据事故原因做相应的处理。对于自动化程度较高的生产装置，为防止全面紧急停车的发生，一般工厂均有备用电源，当生产断电时，备用电源立即送电。

自测题

1. 乙醇水溶液中，乙醇的质量为20kg，水的质量为60kg，求乙醇和水在混合物中的质量分数、摩尔分数及该混合物的摩尔质量。

2. 已知在由氧气和氮气组成的空气混合物中，氧气的摩尔分数为0.21，求该混合物中氧气和氮气的体积分数、质量分数及其在标准大气压下的分压值。

3. 在1atm（1atm=101325Pa，下同）下，乙苯-苯乙烯的平衡数据如下。

温度/℃	82.1	80.72	80.15	79.33	78.64	77.86	76.98	76.19	75.05	74.25	74.05
液相摩尔分数 x_A	0.0	0.091	0.141	0.235	0.319	0.412	0.522	0.619	0.764	0.887	1.0
气相摩尔分数 y_A	0.0	0.144	0.211	0.324	0.415	0.511	0.611	0.699	0.814	0.914	1.0

根据上表中的数据作出1atm下乙苯-苯乙烯的 t-x-y 图，并回答以下问题：

① 在1atm下，含乙苯质量分数为0.3的乙苯-苯乙烯混合液的泡点及相应的平衡蒸气组成；

② 若将该溶液在1atm下加热到78.3℃，这时溶液处于什么状态？汽液相组成如何？

③ 溶液全部汽化为饱和蒸气的温度？

4. 常压连续精馏操作中，原料液流量为80kmol/h，泡点进料。已知操作线方程如下：

精馏段 $y=0.833x+0.163$

提馏段 $y=1.737x-0.062$

求：① 原料液、馏出液及残液的组成及回流比；

② 塔顶和塔底产品摩尔流量；

③ 精馏段和提馏段上升蒸气摩尔流量；

④ 精馏段和提馏段下降液体摩尔流量。

5. 某精馏塔分离A（易挥发组分）、B（难挥发组分）两组分组成的物系，要求塔顶产品 $x_D=0.98$，塔顶采用全凝器，泡点回流，回流比为3。试求塔顶第一块板及第二块板的汽、液相组成。已知常压下A-B混合液的平均相对挥发度为2.47。

6. 在连续精馏塔中，已知精馏段操作线方程和 q 线方程分别为：

精馏段操作线方程 $y=0.731x+0.261$

q 线方程 $y=3.63x-1.16$

求：① 进料状况参数 q，并说明进料状况；

② 原料液组成；

③ 精馏段操作线与提馏段操作线的交点坐标。

7. 用连续精馏塔分离含苯44%及甲苯56%的混合液，于常压下进行精馏，要求塔顶馏出液含苯98%，釜液含甲苯98%（以上均为摩尔分数），泡点进料。

求：① 混合液的最小回流比；

② 若实际回流比为最小回流比的1.2倍，求实际回流比（苯-甲苯气液相平衡数据参照例8-3）。

8. 用某常压精馏塔分离含30%乙醇的乙醇-水溶液。每小时进料量为5000kg，泡点进料。塔顶产品含91%乙醇，塔底残液中乙醇不得超过1%（以上均为质量分数）。试求：

① 馏出液及残液摩尔流量；

② 最小回流比及最适回流比（$R=1.5R_{min}$）；

③ 精馏段、提馏段及全塔的理论塔板数；

④ 若板效率为65%，精馏段、提馏段及全塔的实际塔板数及加料板位置。

常压下乙醇-水溶液的平衡数据如下表：

液相中乙醇摩尔分数 x	气相中乙醇摩尔分数 y	液相中乙醇摩尔分数 x	气相中乙醇摩尔分数 y
0.00	0.000	0.45	0.635
0.01	0.110	0.50	0.657
0.02	0.175	0.55	0.678
0.04	0.273	0.60	0.698
0.06	0.340	0.65	0.725
0.08	0.392	0.70	0.755
0.10	0.430	0.75	0.785
0.14	0.482	0.80	0.820
0.18	0.513	0.85	0.855
0.20	0.525	0.894	0.894
0.25	0.551	0.90	0.898
0.30	0.575	0.95	0.942
0.35	0.595	1.00	1.000
0.40	0.614		

项目小结

蒸馏是利用互溶液体混合物中各组分沸点的不同，将液体混合物分离成为较纯组分的一种单元操作。蒸馏操作是白酒生产不可缺少的操作之一。本项目以双组分蒸馏为主，详细介绍了蒸馏理论、精馏装置以及精馏操作方法。

项目八　萃　　取

【学习目标】

1. 掌握液-液相平衡关系，包括三角形相图、杠杆定律、分配曲线和分配系数；以及部分互溶体系萃取过程的计算。

2. 了解多级错流萃取的基本理论、过程计算及萃取设备。

任务一　萃取理论

液-液相平衡是萃取传质过程进行的极限，与气液传质相同，在讨论萃取之前，首先要了解液-液相的平衡问题。由于萃取的两相通常为三元混合物，故其组成和相平衡的图解表示法与前述气液传质不同，在此首先介绍三元混合物组成在三角形坐标图上的表示方法，然后介绍液-液平衡相图及萃取过程的基本原理。

一、萃取的基本概念

1. 萃取的分类

对于液体混合物的分离，除可采用蒸馏的方法外，还可采用萃取的方法，即在液体混合物（原料液）中加入一种与其基本不相混溶的液体作为溶剂，造成第二相，利用原料液中各组分在两个液相中的溶解度不同而使原料液混合物得以分离。液-液萃取，亦称溶剂萃取，简称萃取或抽提。选用的溶剂称为萃取剂，以 S 表示；原料液中易溶于 S 的组分，称为溶质，以 A 表示；难溶于 S 的组分称为原溶剂（或稀释剂），以 B 表示。如果萃取过程中，萃取剂与原料液中的有关组分不发生化学反应，则称之为物理萃取，反之则称之为化学萃取。

2. 萃取的原理

萃取操作的基本过程如图 8-1 所示。将一定量萃取剂加入原料液中，然后加以搅拌使原料液与萃取剂充分混合，溶质通过相界面由原料液向萃取剂中扩散，所以萃取操作与精馏、吸收等过程一样，也属于两相间的传质过程。搅拌停止后，两液相因密度不同而分层：一层以溶剂 S 为主，并溶有较多的溶质，称为萃取相，以 E 表示；另一层以原溶剂（稀释剂）B

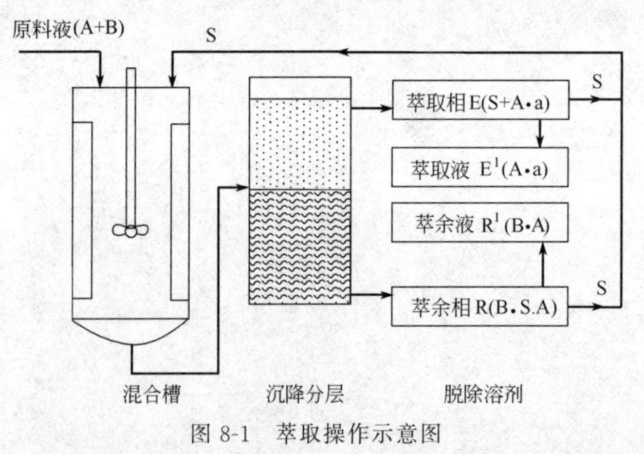

图 8-1　萃取操作示意图

为主，且含有未被萃取完的溶质，称为萃余相，以 R 表示。若溶剂 S 和 B 为部分互溶，则萃取相中还含有少量的 B，萃余相中亦含有少量的 S。由上可知，萃取操作并没有得到纯净的组分，而是新的混合液：萃取相 E 和萃余相 R。为了得到产品 A，并回收溶剂以供循环使用，尚需对这两相分别进行分离。通常采用蒸馏或蒸发的方法，有时也可采用结晶等其他方法。脱除溶剂后的萃取相和萃余相分别称为萃取液和萃余液，以 E′和 R′表示。对于一种液体混合物，究竟是采用蒸馏还是萃取加以分离，主要取决于技术上的可行性和经济上的合理性。一般在下列情况下采用萃取方法更为有利。

① 原料液中各组分间的沸点非常接近，即组分间的相对挥发度接近于 1，若采用蒸馏方法很不经济；

② 料液在蒸馏时形成恒沸物，用普通蒸馏方法不能达到所需的纯度；

③ 原料液中需分离的组分含量很低且为难挥发组分，若采用蒸馏方法需将大量稀释剂汽化，能耗较大；

④ 原料液中需分离的组分是热敏性物质，蒸馏时易于分解、聚合或发生其他变化。

二、相平衡关系图

1. 三角形坐标图及杠杆规则

(1) 三角形坐标图

三角形坐标图通常有等边三角形坐标图、等腰直角三角形坐标图和非等腰直角三角形坐标图，如图 8-2 所示，其中以等腰直角三角形坐标图最为常用。

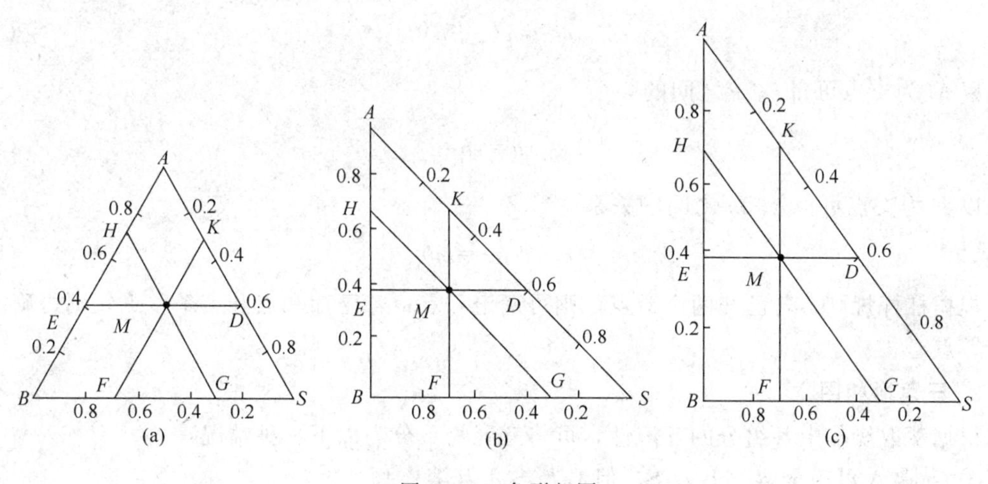

图 8-2　三角形相图

一般而言，在萃取过程中很少遇到恒摩尔流的简化情况，故在三角形坐标图中混合物的组成常用质量分数表示。习惯上，在三角形坐标图中，AB 边以 A 的质量分数作为标度，BS 边以 B 的质量分数作为标度，SA 边以 S 的质量分数作为标度。三角形坐标图的每个顶点分别代表一个纯组分，即顶点 A 表示纯溶质 A，顶点 B 表示纯原溶剂（稀释剂）B，顶点 S 表示纯萃取剂 S。三角形坐标图三条边上的任一点代表一个二元混合物系，第三组分的组成为零。例如 AB 边上的 E 点，表示由 A、B 组成的二元混合物系，由图可读得：A 的组成为 0.4，则 B 的组成为 (1.0－0.4)＝0.6，S 的组成为零。

三角形坐标图内任一点代表一个三元混合物系。例如 M 点即表示由 A、B、S 三个组分组成的混合物系。其组成可按下法确定：过物系点 M 分别作对边的平行线 ED、HG、KF，则由点 E、G、K 可直接读得 A、B、S 的组成分别为：$x_A=0.4$、$x_B=0.3$、$x_S=0.3$。在诸三角形坐标图中，等腰直角三角形坐标图可直接在普通直角坐标纸上进行标绘，且读数较为方便，故目前多采用等腰直角三角形坐标图。在实际应用时，一般首先由两直角边的标度读得 A、S 的组成 x_A 及 x_S，再根据归一化条件求得 x_B。

（2）杠杆规则

如图 8-3 所示，将质量为 r(kg)、组成为 x_A、x_B、x_S 的混合物系 R 与质量为 e(kg)、组成为 y_A、y_B、y_S 的混合物系 E 相混合，得到一个质量为 m(kg)、组成为 z_A、z_B、z_S 的新混合物系 M，其在三角形坐标图中分别以点 R、E 和 M 表示。M 点称为 R 点与 E 点的和点，R 点与 E 点称为差点。

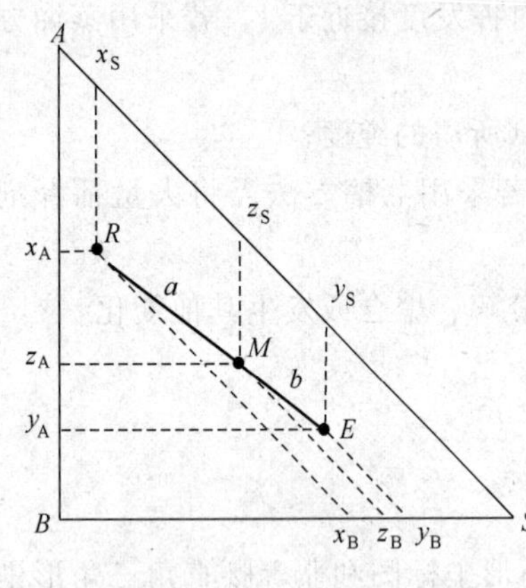

图 8-3　杠杆规则的应用

点 M 与差点 E、R 之间的关系可用杠杆规则描述如下。

① 几何关系。和点 M 与差点 E、R 共线。即：和点在两差点的连线上；一个差点在另一差点与和点连线的延长线上。

② 数量关系。和点与差点的量 m、r、e 与线段长 a、b 之间的关系符合杠杆原理，即

以 R 为支点可得 m、e 之间的关系

$$ma=e(a+b) \tag{8-1}$$

以 M 为支点可得 r、e 之间的关系

$$ra=eb \tag{8-2}$$

以 E 为支点可得 r、m 之间的关系

$$r(a+b)=mb \tag{8-3}$$

根据杠杆规则，若已知两个差点，则可确定和点；若已知和点和一个差点，则可确定另一个差点。

2. 三角形相图

根据萃取操作中各组分的互溶性，可将三元物系分为以下三种情况：

① 溶质 A 可完全溶于 B 及 S，但 B 与 S 不互溶；

② 溶质 A 可完全溶于 B 及 S，但 B 与 S 部分互溶；

③ 溶质 A 可完全溶于 B，但 A 与 S 及 B 与 S 部分互溶。

习惯上，将①、②两种情况的物系称为第Ⅰ类物系，而将③情况的物系称为第Ⅱ类物系。工业上常见的第Ⅰ类物系有丙酮（A）-水（B）-甲基异丁基酮（S）、乙酸（A）-水（B）-苯（S）及丙酮（A）-氯仿（B）-水（S）等；第Ⅱ类物系有甲基环己烷（A）-正庚烷（B）-苯胺（S）、苯乙烯（A）-乙苯（B）-二甘醇（S）等。在萃取操作中，第Ⅰ类物系较为常见，以下主要讨论这类物系的相平衡关系。

（1）溶解度曲线及连接线

设溶质 A 可完全溶于 B 及 S，但 B 与 S 为部分互溶，其平衡相图如图 8-4 所示。此图是

在一定温度下绘制的，图中曲线 R_0、R_1、R_2、R_i、R_n、K、E_n、E_i、E_2、E_1、E_0 称为溶解度曲线，该曲线将三角形相图分为两个区域：曲线以内的区域为两相区，以外的区域为均相区。位于两相区内的混合物分成两个互相平衡的液相，称为共轭相，连接两共轭液相相点的直线称为连接线，如图 8-4 中的 R_iE_i 线（$i=0,1,2,\cdots,n$）。显然萃取操作只能在两相区内进行。

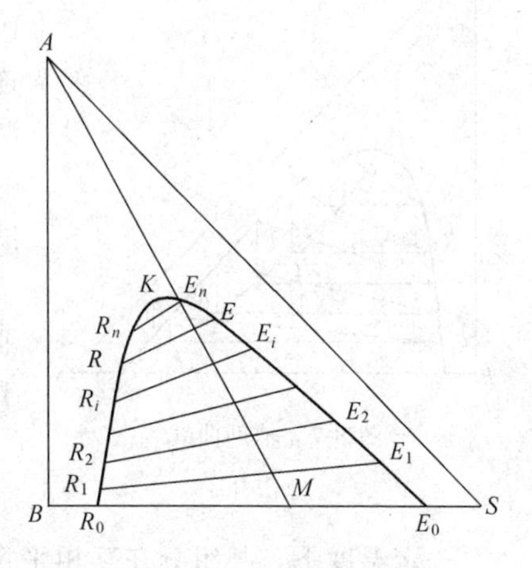

图 8-4　溶解度曲线

溶解度曲线可通过下述实验方法得到：在一定温度下，将组分 B 与组分 S 以适当比例相混合，使其总组成位于两相区，设为 M，则达平衡后必然得到两个互不相溶的液层，其相点为 R_0、E_0。在恒温下，向此二元混合液中加入适量的溶质 A 并充分混合，使之达到新的平衡，静置分层后得到一对共轭相，其相点为 R_1、E_1，然后继续加入溶质 A，重复上述操作，即可以得到$n+1$对共轭相的相点 R_i、E_i($i=0, 1, 2, \cdots, n$)，当加入 A 的量使混合液恰好由两相变为一相时，其组成点用 K 表示，K 点称为混溶点或分层点。连接各共轭相的相点及 K 点的曲线即为实验温度下该三元物系的溶解度曲线。

若组分 B 与组分 S 完全不互溶，则点 R_0 与 E_0 分别与三角形顶点 B 及顶点 S 相重合。

一定温度下第Ⅱ类物系的溶解度曲线和连接线见图 8-5，通常连接线的斜率随混合液的组成而变，但同一物系其连接线的倾斜方向一般是一致的，有少数物系，例如吡啶-氯苯-水，当混合液组成变化时，其连接线的斜率会有较大的改变，如图 8-6 所示。

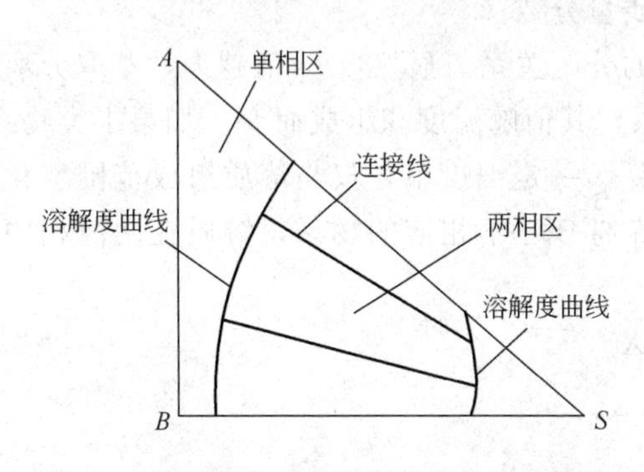

图 8-5　第Ⅱ类物系的溶解度曲线和连接线

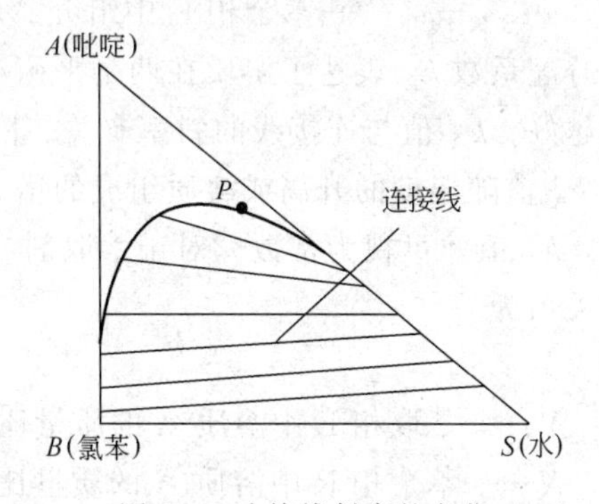

图 8-6　连接线斜率的变化

(2) 辅助曲线和临界混溶点

一定温度下，测定体系的溶解度曲线时，实验测出的连接线的条数（即共轭相的对数）总是有限的，此时为了得到任何已知平衡液相的共轭相的数据，常借助辅助曲线（亦称共轭曲线）。

辅助曲线的做法如图 8-7 所示，通过已知点 R_1、R_2、… 分别作 BS 边的平行线，再通过相应连接线的另一端点 E_1、E_2 分别作 AB 边的平行线，各线分别相交于点 F、G、…，连接这些交点所得的平滑曲线即为辅助曲线。利用辅助曲线可求任何已知平衡液相的共轭相。如图 8-7 所示，设 R 为已知平衡液相，自点 R 作 BS 边的平行线交辅助曲线于点 H，自点 H 作 AB 边的平行线，交溶解度曲线于点 E，则点 E 即为 R 的共轭相点。

辅助曲线与溶解度曲线的交点为 P，显然通过 P 点的连接线无限短，即该点所代表的

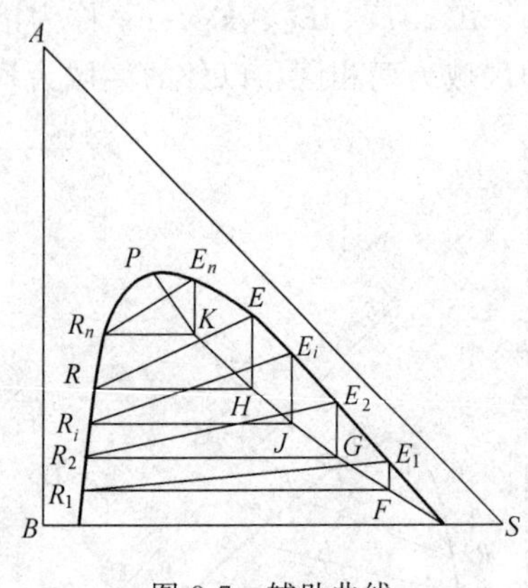

图 8-7　辅助曲线

平衡液相无共轭相，相当于该系统的临界状态，故称点 P 为临界混溶点。P 点将溶解度曲线分为两部分：靠原溶剂 B 一侧为萃余相部分，靠溶剂 S 一侧为萃取相部分。由于连接线通常都有一定的斜率，因而临界混溶点一般并不在溶解度曲线的顶点。临界混溶点由实验测得，但仅当已知的连接线很短即共轭相接近临界混溶点时，才可用外延辅助曲线的方法确定临界混溶点。

通常，一定温度下的三元物系溶解度曲线、连接线、辅助曲线及临界混溶点的数据均由实验测得，有时也可从手册或有关专著中查得。

3. 分配系数和分配曲线

（1）分配系数

一定温度下，某组分在互相平衡的 E 相与 R 相中的组成之比称为该组分的分配系数，以 k 表示，即溶质 A 的分配系数

$$k_{\mathrm{A}}=\frac{w_{\mathrm{AE}}}{w_{\mathrm{AR}}} \tag{8-4(a)}$$

原溶剂 B 的分配系数

$$k_{\mathrm{B}}=\frac{w_{\mathrm{BE}}}{w_{\mathrm{BR}}} \tag{8-4(b)}$$

式中　w_{AE}，w_{BE}——萃取相 E 中组分 A、B 的质量分数；

w_{AR}，w_{BR}——萃余相 R 中组分 A、B 的质量分数。

分配系数 k_{A} 表达了溶质在两个平衡液相中的分配关系。显然，k_{A} 值越大，萃取分离的效果越好。k_{A} 值与连接线的斜率有关。同一物系，其值随温度和组成而变。如第Ⅰ类物系，一般 k_{A} 值随温度的升高或溶质组成的增大而降低。一定温度下，仅当溶质组成范围变化不大时，k_{A} 值才可视为常数。对于萃取剂 S 与原溶剂 B 互不相溶的物系，溶质在两液相中的分配关系为

$$Y=KX \tag{8-5}$$

式中　Y——萃取相 E 中溶质 A 的质量比组成；

X——萃余相 R 中溶质 A 的质量比组成；

K——相组成以质量比表示时的分配系数。

（2）分配曲线

由相律可知，温度、压力一定时，三组分体系两液相呈平衡时，自由度为 1。故只要已知任一平衡液相中的任一组分的组成，则其他组分的组成及其共轭相的组成就为确定值。换言之，温度、压力一定时，溶质在两平衡液相间的平衡关系可表示为

$$w_{\mathrm{AE}}=f(w_{\mathrm{AR}}) \tag{8-6}$$

式中　w_{AE}——萃取相 E 中组分 A 的质量分数；

w_{AR}——萃余相 R 中组分 A 的质量分数。

式（8-6）为分配曲线的数学表达式。

如图 8-8 所示，若以 x 为横坐标，以 y 为纵坐标，则可在 y-x 直角坐标图上得到表示这一对共轭相组成的点 N。每一对共轭相可得一个点，将这些点连接起来即可得到曲线 ONP，

称为分配曲线。曲线上的 P 点即为临界混溶点。分配曲线表达了溶质 A 在互成平衡的 E 相与 R 相中的分配关系。若已知某液相组成，则可由分配曲线求出其共轭相的组成。若在分层区内 w_{AE} 均大于 w_{AR}，即分配系数 $k_A>1$，则分配曲线位于 $w_{AE}=w_{AR}$ 直线的上方，反之则位于 $w_{AE}=w_{AR}$ 直线的下方。若随着溶质 A 组成的变化，连接线倾斜的方向发生改变，则分配曲线将与对角线出现交点，这种物系称为等溶度体系。

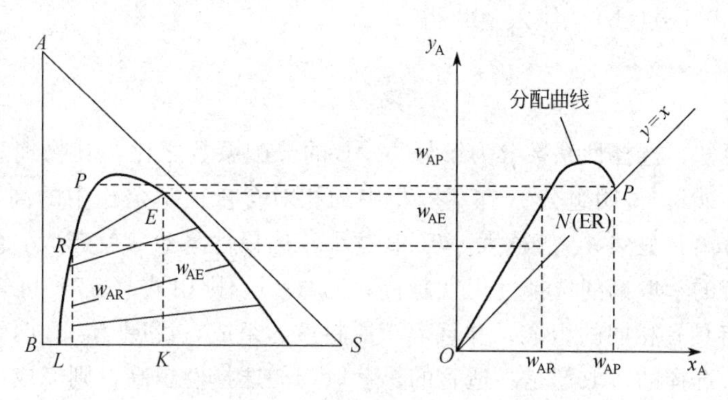

图 8-8 有一对组分部分互溶时的分配曲线

4. 温度对相平衡的影响

通常物系的温度升高，溶质在溶剂中的溶解度增大，反之减小。因此，温度明显地影响溶解度曲线的形状、连接线的斜率和两相区面积，从而也影响分配曲线的形状。如图 8-9 所示为温度对第Ⅰ类物系溶解度曲线和连接线的影响。显然，温度升高，分层区面积减小，不利于萃取分离的进行。

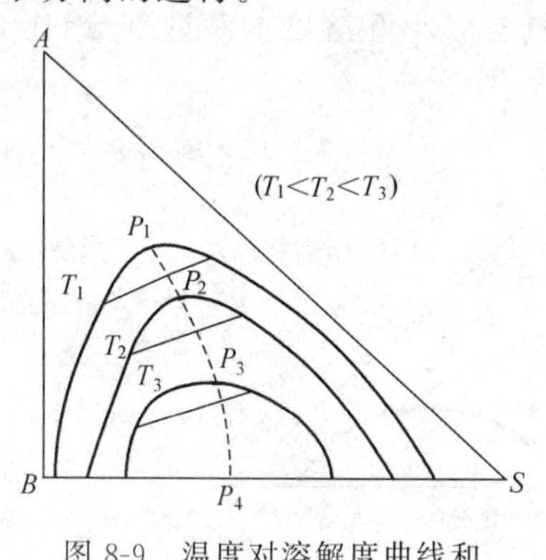

图 8-9 温度对溶解度曲线和连接线的影响（第Ⅰ类物系）

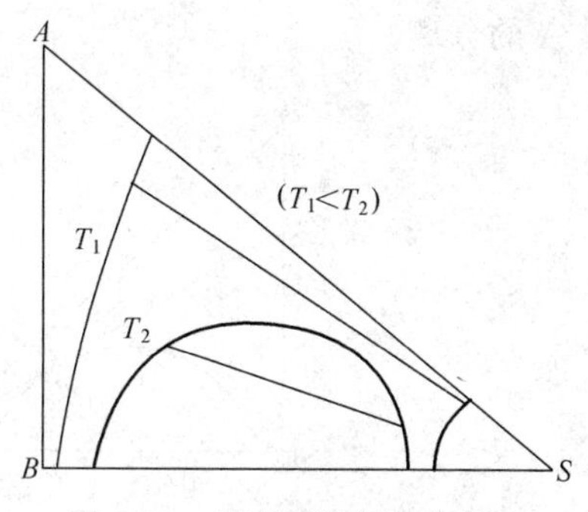

图 8-10 温度对溶解度曲线和连接线的影响（第Ⅱ类物系）

对于某些物系，温度的改变不仅可引起分层区面积和连接线斜率的变化，甚至可导致物系类型的转变。如图 8-10 所示，当温度为 T_1 时为第Ⅱ类物系，而当温度升至 T_2 时则变为第Ⅰ类物系。

三、萃取剂的选择

选择合适的萃取剂是保证萃取操作能够正常进行且经济合理的关键。萃取剂的选择主要考虑以下因素。

1. 萃取剂的选择性及选择性系数

萃取剂的选择性是指萃取剂 S 对原料液中两个组分溶解能力的差异。若 S 对溶质 A 的溶解能力比对原溶剂 B 的溶解能力大得多，即萃取相中 w_{AS} 比 w_{BS} 大得多，萃余相中 w_{BR} 比 w_{AR} 大得多，那么这种萃取剂的选择性就好。

萃取剂的选择性可用选择性系数 β 表示，其定义式为

$$\beta=\frac{\text{萃取相中 A 的质量分数}}{\text{萃取相中 B 的质量分数}}\Bigg/\frac{\text{萃余相中 A 的质量分数}}{\text{萃余相中 B 的质量分数}}$$

将式［8-4(a)］、式［8-4(b)］代入上式得

$$\beta=\frac{k_A}{k_B} \tag{8-7}$$

由 β 的定义可知，选择性系数 β 为组分 A、B 的分配系数之比，其物理意义颇似蒸馏中的相对挥发度。若 $\beta>1$，说明组分 A 在萃取相中的相对含量比萃余相中的高，即组分 A、B 得到了一定程度的分离，显然 k_A 值越大，k_B 值越小，选择性系数 β 就越大，组分 A、B 的分离也就越容易，相应的萃取剂的选择性也就越高；若 $\beta=1$，则由式（8-7）可知萃取相和萃余相在脱除溶剂 S 后将具有相同的组成，并且等于原料液的组成，说明 A、B 两组分不能用此萃取剂分离，换言之所选择的萃取剂是不适宜的。萃取剂的选择性越高，则完成一定的分离任务所需的萃取剂用量也就越少，相应的用于回收溶剂操作的能耗也就越低。由式（8-7）可知，当组分 B、S 完全不互溶时，则选择性系数趋于无穷大，显然这是最理想的情况。

2. 原溶剂 B 与萃取剂 S 的互溶度

如前所述，萃取操作都是在两相区内进行的，达平衡后均分成两个平衡的 E 相和 R 相。若将 E 相脱除溶剂，则得到萃取液，根据杠杆规则，萃取液组成点必为 *SE* 延长线与 *AB* 边的交点，显然溶解度曲线的切线与 *AB* 边的交点即为萃取相脱除溶剂后可能得到的具有最高溶质组成的萃取液，由图 8-11 可知，选择与组分 B 具有较小互溶度的萃取剂 S_1 比 S_2 更利于溶质 A 的分离。

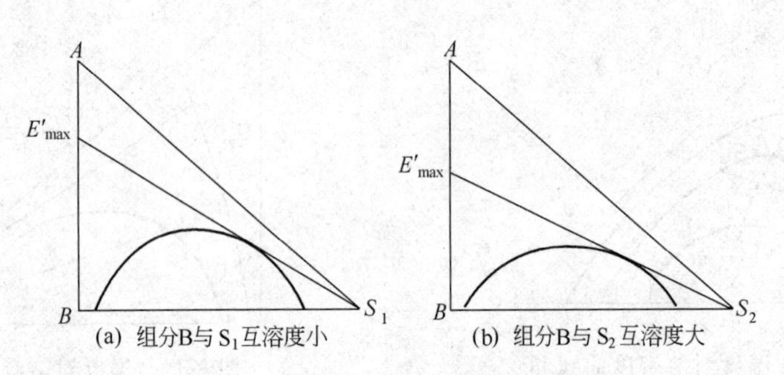

图 8-11　互溶度对萃取操作的影响

3. 萃取剂回收的难易与经济性

萃取后的 E 相和 R 相，通常以蒸馏的方法进行分离。萃取剂回收的难易直接影响萃取操作的费用，从而在很大程度上决定萃取过程的经济性。因此，要求萃取剂 S 与原料液中的组分的相对挥发度要大，不应形成恒沸物，并且最好是组成低的组分为易挥发组分。若被萃取的溶质不挥发或挥发度很低时，则要求 S 的汽化热要小，以节省能耗。

4. 萃取剂的其他物性

为使两相在萃取器中能较快分层，要求萃取剂与被分离混合物有较大的密度差，特别是对没有外加能量的设备，较大的密度差可加速分层，提高设备的生产能力。两液相间的界面张力对萃取操作具有重要影响。萃取物系的界面张力较大时，分散相液滴易聚结，

有利于分层，但界面张力过大，则液体不易分散，难以使两相充分混合，反而使萃取效果降低。界面张力过小，虽然液体容易分散，但易产生乳化现象，使两相较难分离，因此，界面张力要适中。常用物系的界面张力数值可从有关文献查取。溶剂的黏度对分离效果也有重要影响。溶剂的黏度低，有利于两相的混合与分层，也有利于流动与传质，故当萃取剂的黏度较大时，往往加入其他溶剂以降低其黏度。此外，选择萃取剂时，还应考虑其他因素，如萃取剂应具有化学稳定性和热稳定性，对设备的腐蚀性要小，来源充分，价格较低廉，不易燃易爆等。

通常，很难找到能同时满足上述所有要求的萃取剂，这就需要根据实际情况加以权衡，以保证满足主要要求。

【例 8-1】 一定温度下测得的 A、B、S 三元物系的平衡数据如本题附表所示。

① 绘出溶解度曲线和辅助曲线；

② 查出临界混溶点的组成；

③ 求当萃余相中 $w_{AR}=20\%$时的分配系数 k_A 和选择性系数 β；

④ 在 1000kg 含 30%A 的原料液中加入多少公斤萃取剂才能使混合液开始分层？

⑤ 对于第（4）项的原料液，欲得到含 36%A 的萃取相 E，试确定萃余相的组成及混合液的总组成。

例 8-1 附表 A、B、S 三元物系平衡数据（质量分数） 单位：%

编号		1	2	3	4	5	6	7	8	9	10	11	12	13	14
E 相	w_{AE}	0	7.9	15	21	26.2	30	33.8	36.5	39	42.5	44.5	45	43	41.6
	w_{SE}	90	82	74.2	67.5	61.1	55.8	50.3	45.7	41.4	33.9	27.5	21.7	16.5	15
R 相	w_{AR}	0	2.5	5	7.5	10	12.5	15.0	17.5	20	25	30	35	40	41.6
	w_{SR}	5	5.05	5.1	5.2	5.4	5.6	5.9	6.2	6.6	7.5	8.9	10.5	13.5	15

解 ①溶解度曲线和辅助曲线。

由题给数据，可绘出溶解度曲线 LPJ，由相应的连接线数据，可作出辅助曲线 JCP，如本题图 8-12 所示。

② 临界混溶点的组成。

辅助曲线与溶解度曲线的交点 P 即为临界混溶点，由附图可读出该点处的组成为

$w_A=41.6\%$，$w_B=43.4\%$，$w_S=15.0\%$

③ 分配系数 k_A 和选择性系数 β。

根据萃余相中 $w_{AR}=20\%$，在图中定出 R_1 点，利用辅助曲线定出与之平衡的萃取相 E_1 点，由附图读出两相的组成为

E 相 $w_{AE}=39.0\%$，$w_{BE}=19.6\%$

R 相 $w_{AR}=20.0\%$，$w_{BR}=73.4\%$

由式［8-4(a)］、式［8-4(b)］计算分配系数，即

$$k_A=\frac{w_{AE}}{w_{AR}}=\frac{39.0}{20.0}=1.95$$

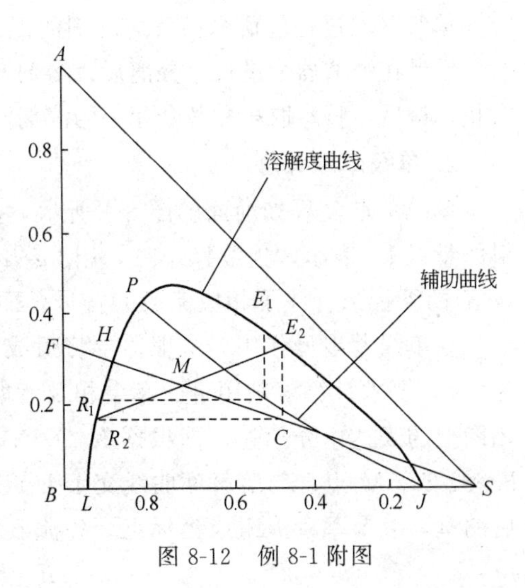

图 8-12 例 8-1 附图

$$k_B=\frac{w_{BE}}{w_{BR}}=\frac{19.6}{73.4}=0.267$$

由式（8-7）计算选择性系数，即

$$\beta=\frac{k_A}{k_B}=\frac{1.95}{0.267}=7.303$$

④ 使混合液开始分层的溶剂用量。

根据原料液的组成在 AB 边上确定点 F，连接点 F、S，则当向原料液中加入 S 时，混合液的组成点必位于直线 FS 上。当 S 的加入量恰好使混合液的组成落于溶解度曲线的 H 点时，混合液即开始分层。分层时溶剂的用量可由杠杆规则求得，即

$$\frac{S}{F}=\frac{\overline{HF}}{\overline{HS}}=\frac{8}{96}=0.0833$$

所以

$$S=0.0833F=0.0833\times1000=83.3\text{kg}$$

⑤ 两相的组成及混合液的总组成。

根据萃取相中 $w_{AR}=36\%$，在图中定出 E_2 点，由辅助曲线定出与之平衡的 R_2 点。由图读得

$$w_A=17.0\%,\ w_B=77.0\%,\ w_S=6.0\%$$

R_2E_2 线与 FS 线的交点 M 即为混合液的总组成点，由图读得

$$w_A=23.5\%,\ w_B=55.5\%,\ w_S=21\%$$

四、萃取操作的流程和计算

理论萃取级，即无论进入该级的两股液流（原料和溶剂或前一级的萃余相和后一级的萃取相）的组成如何，经过萃取后，从该级流出的萃取相和萃余相为互成平衡的两个相。实际生产用萃取设备中，要两相在尚未达到平衡前即离开此级，故理论级并不存在，但其可作为衡量实际萃取级传质优劣的标准。萃取过程计算时，各级均按理论级计算。

（一）单级萃取

1. 单级萃取过程原理

单级萃取过程包括原料液与溶剂的混合及两相传质达平衡后的分离。前者在混合器中进行，后者在澄清器中进行。分离后以溶剂 S 为主的一相为萃取相，以原溶剂 B 为主的一相为萃余相，最后，将萃取相和萃余相中的溶剂回收，即可得萃取液和萃余液。溶剂循环使用。

2. 单级萃取计算

单级萃取流程如前面的图 8-1 所示，操作可以连续，也可以间歇，间歇操作时，各股物料的量以 kg 表示，连续操作时，用 kg/h 表示。为了简便起见，萃取相组成 Y 及萃余相组成 X 的下标只标注了相应流股的符号，而不注明组分符，以后不再说明。

在单级萃取操作中，一般需要将组成为 X_F 的定量原料液 F 进行分离，规定萃余相组成为 X_R，要求计算溶剂用量、萃余相及萃取相的量以及萃取相组成。单级萃取操作在三角形相图上的表达中介绍过，即根据 X_F 及 X_R 在图 8-13 上确定点 F 及 R 点，过 R 作连接线与 FS 线交于 M 点，与溶解度曲线交于 E 点。图中 E' 及 R' 点为从 E 相及 R 相中脱除全部溶剂后的萃取液及萃余液组成坐标点，各流股组成可从相应点直接读出。先做总物料平衡得

$$F+S=E+R=M \tag{8-8}$$

各股流量由杠杆定律求得：

$$S=F\times\frac{\overline{MF}}{\overline{MS}} \tag{8-9}$$

$$E=M\times\frac{\overline{MR}}{\overline{ER}} \tag{8-10}$$

$$E'=F\times\frac{\overline{FR'}}{\overline{E'R'}} \tag{8-11}$$

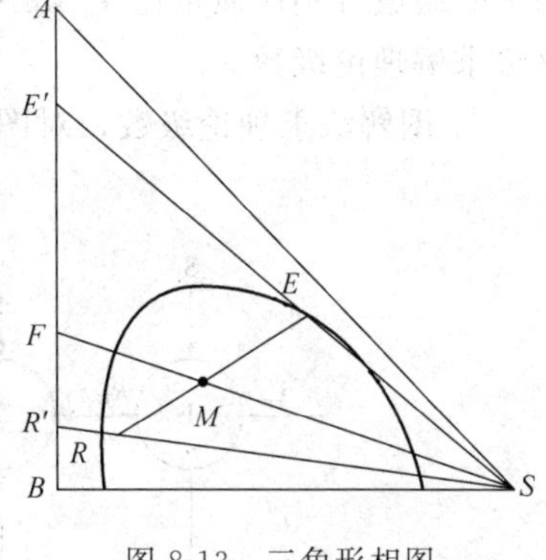

图 8-13　三角形相图

对式（8-8）做溶质 A 的衡算得

$$FX_F+SY_S=EY_E+RX_R=MX_M \tag{8-12}$$

联立式（8-8）、式（8-10）及式（8-12）并整理得

$$E=\frac{M(X_M-X_R)}{Y_E-X_R} \tag{8-13}$$

同理，可得到 E' 和 R' 的量，即

$$E'=\frac{F(X_F-X'_R)}{Y'_E-X'_R} \tag{8-14}$$

$$R'=F-E' \tag{8-15}$$

（二）多级错流萃取

1. 多级错流萃取过程原理

经单级萃取得到的萃余相中往往含溶质较多，要想得到低组成的萃余相，需要大量的溶剂。为了用较少的溶剂萃取出较多的溶质，可采用多级萃取过程，按加料方式分为多级错流萃取和多级逆流萃取过程。多级错流接触萃取操作中，每级都加入新鲜溶剂，前级的萃余相为后级的原料，这种操作方式的传质推动力大，只要级数足够多，最终可得到溶质组成很低的萃余相，但溶剂的用量很多。

2. 多级错流萃取计算

多级错流萃取计算中，通常已知 F、X_F 及各级溶剂的用量 S_i，规定最终萃余相组成 X_n，要求计算理论级数。

（1）B、S 部分互溶时理论级数

对于组成 B、S 部分互溶物系，求算多级错流接触萃取的理论级数，其解法是单级萃取图解的多次重复。

原料液为 A、B 二元溶液，各级均用纯溶剂进行萃取（即 $y_{S1}=y_{S2}=\cdots=0$），由原料液流量 F 和第一级的溶剂用量 S_1 确定第一级混合液的组成点 M_1，通过 M_1 作连接线 E_1R_1，且由第一级物料衡算可求得 R_1。在第二级中，依 R_1 与 S_2 的量确定混合液的组成点 M_2，过 M_2 作连接线 E_2R_2，如此重复，直到得到的 X_n 达到或低于指定值时为止，所作连接线的数目即所需的理论级数。

溶剂总用量为各级溶剂用量之和，各级溶剂用量可以相等，也可以不等，但根据计算可知，只有在各级溶剂用量相等时，达到一定的分离程度溶剂的总用量为最小。

（2）B、S 完全不互溶时的理论级数

在操作条件下，若萃取剂 S 与稀释剂 B 互不相溶，此时采用直角坐标图计算更为方便。设每一级的溶剂加入量相等，则各级萃取相中溶剂 S 的量和萃余相中稀释剂 B 的量均可视为常数，萃取相中只有 A、S 两组分，萃余相中只有 B、A 两组分，将溶质在萃取相和萃余相中的组成分别用质量比 Y（kgA/kgS）和 X（kgA/kgB）表示，并可在 Y-X 坐标图上用图解法求解理论级数。

① 图解法求理论级数，对图 8-14 中第一萃取级做溶质 A 的衡算

$$BX_F + SY_S = BX_1 + SY_1$$

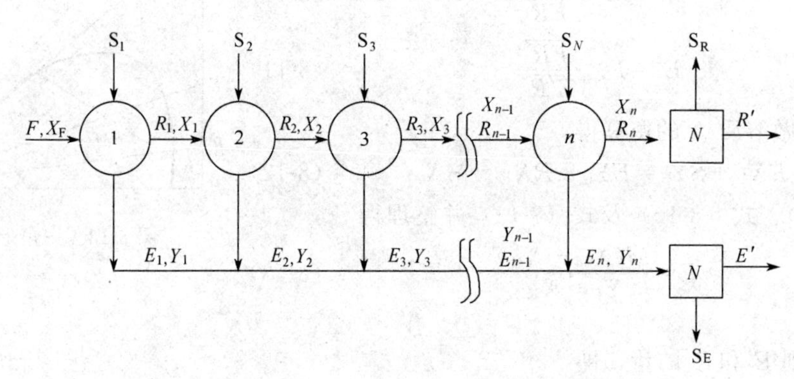

图 8-14 多级错流接触萃取流程示意图

整理上式得

$$Y_1 = -\frac{B}{S}X_1 + \left(\frac{B}{S}X_F + Y_S\right) \tag{8-16}$$

式中 B——原料液中组分 B 的含量，kg 或 kg/h；

S——加入每级的萃取剂 S 的量，kg 或 kg/h；

Y_S——萃取剂中溶质 A 的质量比组成，kgA/kgS；

Y_1——第一级萃取相中溶质 A 的质量比组成，kgA/kgS；

X_F——原料液中溶质 A 的质量比组成，kgA/kgB；

X_1——第一级萃余相中溶质 A 的质量比组成，kgA/kgB。

同理，对第 n 级做溶质 A 恒算得

$$Y_n = -\frac{B}{S}X_n + \left(\frac{B}{S}X_{n-1} + Y_S\right) \tag{8-17}$$

上式表示了离开任意级的萃取相组成 Y_n 与萃余相组成 X_n 之间的关系，称作操作线方程，斜率 $-B/S$ 为常数，故上式为通过点（X_{n-1}，Y_S）的直线方程式。根据理论级的假设，离开任一级的 Y_n 与 X_n 处于平衡状态，故（X_{n-1}，Y_S）点必位于分配曲线上，即操作线与分配曲线的交点。其步骤如下。

若 $Y_S=0$，由式（8-16）可得第一级的操作线方程

$$Y_1 = -\frac{B}{S}(X_1 - X_F)$$

依次可得第 2、3、…、N 级的操作线方程

$$Y_2 = -\frac{B}{S}(X_2 - X_1)$$

$$\vdots$$

$$Y_N = -\frac{B}{S}(X_N - X_{N-1})$$

各操作线的斜率均为 $-\frac{B}{S}$，分别通过 x 轴上的点（X_F，0）、（X_1，0）、…、（X_{N-1}，0）。

其图解步骤如下。

a. 在 y-x 坐标图上，根据物系平衡数据，作出平衡线 $0E$；

b. 过 X 轴上已知点 $F_1(X_F, 0)$ 作斜率为 $-\dfrac{B}{S}$ 的直线，得第一级操作线，交平衡线于 $E_1(X_1, Y_1)$，得出第一级的萃取相与萃余相组成 Y_1 与 X_1；

c. 由 E_1 作垂线交 x 轴于 $F_2(X_1, 0)$，过 F_2 作斜率为 $-\dfrac{B}{S}$ 的第 2 级操作线，交平衡线于 $E_2(X_2, Y_2)$；

d. 依次作操作线，直至萃余相组成等于或小于规定值 X_N 为止，这一级为 N 级，如图 8-15 中所示共为 4 级。

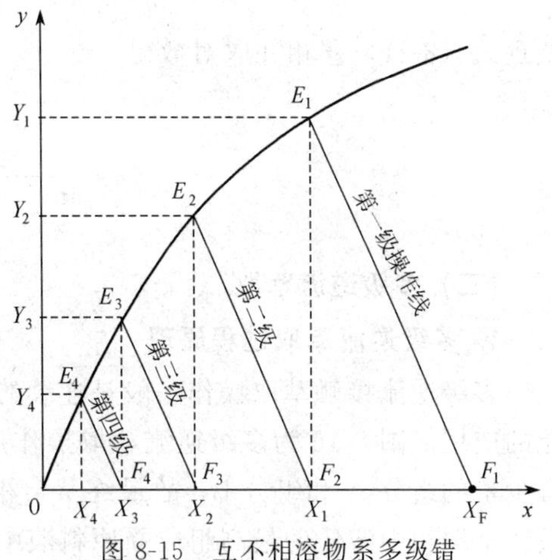

图 8-15　互不相溶物系多级错流萃取图解法求理论级数

若入口萃取剂中 $Y_S \neq 0$，则可按操作线方程

$$Y_i = -\frac{B}{S}(X_i - X_{i-1}) + Y_S$$

及平衡线自行确定图解步骤。

② 解析法求理论级数。若在操作条件下分配系数可视为常数，即分配曲线为通过原点的直线，则分配曲线可用式（8-18）表示

$$Y = KX \tag{8-18}$$

式中　K——以质量表示相组成的分配系数。此时，就可用解析法求解理论级数。

图 8-14 中第一级的相平衡关系为

$$Y_1 = KX_1$$

将上式代入式（8-16）并消去 Y_1 可解得

$$X_1 = \frac{X_F + \dfrac{S}{B}Y_S}{1 + \dfrac{KS}{B}} \tag{8-19}$$

令 $KS/B = A_m$，则上式变为

$$X_1 = \frac{X_F + \dfrac{S}{B}Y_S}{1 + A_m} \tag{8-20}$$

式中　A_m——萃取因子，对应于吸收中的脱吸因子。

同样，对第二级做溶质 A 的衡算得

$$BX_1 + SY_S = BX_2 + SY_2$$

将式（8-20）及 $A_m = KS/B$ 的关系代入上式并整理得

$$X_2 = \frac{\left(X_F + \dfrac{S}{B}Y_S\right)}{(1 + A_m)^2} + \frac{\dfrac{S}{B}Y_S}{1 + A_m}$$

依此类推，对第 n 级则有：

$$X_N=\frac{\left(X_F+\frac{S}{B}Y_S\right)}{(1+A_m)^n}+\frac{\frac{S}{B}Y_S}{(1+A_m)^{n-1}}+\frac{\frac{S}{B}Y_S}{(1+A_m)^{n-2}}+\cdots+\frac{\frac{S}{B}Y_S}{(1+A_m)} \tag{8-21}$$

整理式（8-21）移相并取对数得

$$n=\frac{1}{\ln(1+A_m)}\ln\left(\frac{X_F-\frac{Y_S}{K}}{X_N-\frac{Y_S}{K}}\right) \tag{8-22}$$

（三）多级逆流萃取

1. 多级逆流萃取过程原理

多级逆流接触萃取操作一般是连续的，其分离效率高，溶剂用量少，故在工业中得到广泛的应用。图 8-16 为多级逆流萃取操作流程示意图。萃取剂一般是循环使用的，其中常含有少量的组分 A 和组分 B，故最终萃余相中可达到的溶质最低组成受溶剂中溶质组成限制，最终萃取相中溶质的最高组成受原料液中溶质组成的制约。

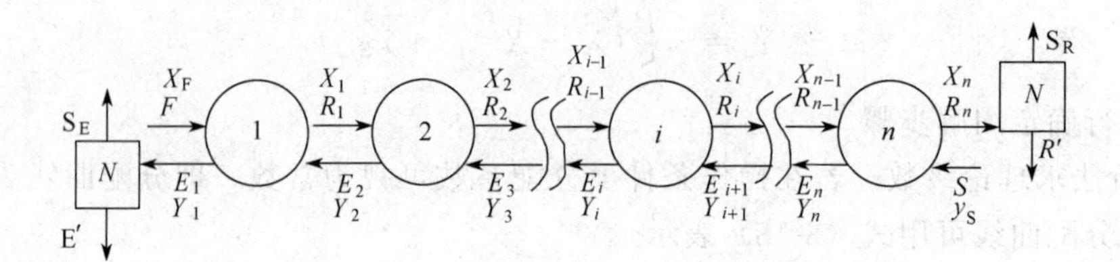

图 8-16 多级逆流萃取操作流程示意图

在多级逆流萃取操作中，原料液的流量 F 和组成 X_F、最终萃余相溶质组成 X_n 均由工艺条件规定，萃取剂用量 S 和组成 Y_S 由经济权衡而选定，要求萃取所需的理论级和离开任一级各股物料的量和组成。

2. 多级逆流萃取计算

（1）组分 B 和组分 S 部分互溶时的图解计算法

① 在三角形坐标图上的逐级图解法。如图 8-17 所示，对于组分 B 和组分 S 部分互溶的物系，多级逆流萃取操作的理论级数常在三角形相图上用图解法计算。图解法计算步骤如下。

a. 根据工艺要求选择合适的萃取剂，确定适宜的操作条件。根据操作条件的平衡数据在三角形坐标图上绘出溶解度曲线和辅助曲线。

b. 根据原料液和萃取剂的组成在图上定出 F 和 S 两点的位置，纯溶剂再由溶剂比 $S/F=\frac{FM}{MS}$ 在 FS 连线上定出点 M 的位置。

c. 由规定的最终萃余相组成 X_n 在相图上确定 R_n 点，联点 R_nM 并延长 R_nM 与溶解度曲线交于 E_1 点，此点即为离开第一级的萃取相组成点。

根据杠杆规则，计算最终萃余相及萃取相的流量，即

$$E_1=M\times\frac{\overline{MR_n}}{\overline{R_nE_1}} \qquad R_n=M-E_1$$

d. 利用平衡关系和物料衡算，用图解法求理论级数。

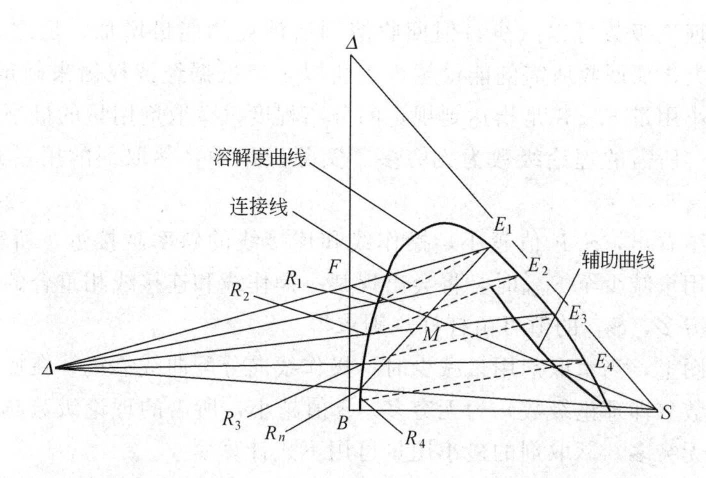

图 8-17　部分互溶物系多级逆流萃取图解法求理论级数

在如图 8-16 所示的第一级与第 n 级之间作物料衡算得

$$F+S=R_n+E_1$$

对第一级做总物料衡算得

$$F+E_2=E_1+R_1 \text{ 或 } F-E_1=R_1-E_2$$

② 在 y-x 直角坐标上求理论级数。若萃取过程所需的理论级数较多时，在三角形相图上进行图解，由于各种关系线集中在一起，不够清晰，此时可在直角坐标上描绘分配曲线与操作线，然后利用精馏过程所用的梯形法求所需理论级数。

（2）组分 B 和组分 S 完全不互溶时理论级数的计算

当组分 B 和组分 S 完全不互溶时，多级逆流萃取操作过程与脱吸过程十分相似，计算方法也大同小异。根据平衡关系情况，可用图解法或解析法求解理论级数。在操作条件下，若分配曲线不为直线，一般在 Y-X 直角坐标图中用图解法进行萃取计算较为方便。具体步骤如下。

① 由平衡数据在 y-x 直角坐标上绘出分配曲线。

② 在 Y-X 坐标上作出多级逆流萃取操作线。在图 8-16 中的第一级至第 i 级之间对溶质作物料衡算。

③ 从 K 点开始，在分配曲线与操作线之间画梯级，阶梯数即为所需理论级数如图 8-18 所示。

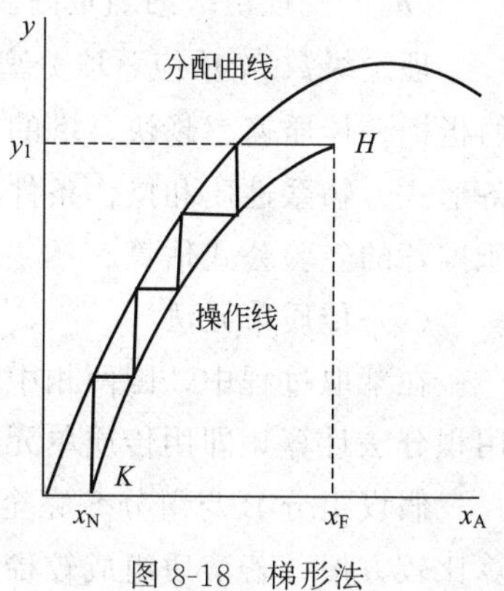

图 8-18　梯形法

当分配曲线为通过原点的直线时，由于操作线也为直线，萃取因子 $A_m(=KS/B)$ 为常数，则可仿照脱吸过程的计算方式，用下式求解理论级数，即：

$$n=\frac{1}{\ln A_m}\ln\left[\left(1-\frac{1}{A_m}\right)\frac{X_F-\frac{Y_S}{K}}{X_n-\frac{Y_S}{K}}+\frac{1}{A_m}\right] \tag{8-23}$$

（3）溶剂比（S/F）和萃取剂的最小用量

萃取操作中，溶剂比是个重要参数，它表示萃取剂用量对设备费和操作费的影响。完成同样的分离任务，若加大溶剂比，则所需的理论级数可以减少，但回收溶剂所消耗的能量增加；反之，S/F 越小，所需的理论级数越大，而回收所需的能量越少。所以，应根据经济权衡来确定适宜的溶剂比。所谓萃取剂的最小用量 S_{min}，是指达到规定的分离程度，萃取剂用量的最小值。当萃取剂用量减少到 S_{min}时，所需的理论级数为无穷多。实际操作中，萃取剂的用量必须大于此极限值。

由三角形相图看出，S/F 值越小，操作线和连接线的斜率越接近，所需的理论级数越多，当萃取剂的用量减少至 S_{min}时，将会出现某一操作线和连接线相重合的情况，此时所需的理论级数为无穷多，S_{min}的值可由杠杆规则求得。

在直角坐标图上，当萃取剂用量减少时，操作线向分配曲线靠拢，在操作线与分配曲线之间所画的阶梯数（即理论级数）为无穷多。S 值越小，所需的理论级数越多，S 值为 S_{min} 时，理论级数为无穷多。萃取剂的最小用量可用下式计算

$$S_{min}=B/\delta_{max} \tag{8-24}$$

（四）连续接触逆流萃取

1. 连续接触逆流萃取过程原理

连续接触逆流萃取过程常在塔式设备（如填料塔、脉冲筛板塔等）内进行。塔式萃取设备内两液相，即原料液和溶剂在塔内作逆向流动并进行物质传递，两相中的溶质组成沿塔高而连续变化，两相的分离是在塔顶和塔底完成的。

2. 连续接触逆流萃取计算

连续接触逆流萃取设备的计算和气液传质设备一样，即要求确定塔径和塔高两个基本尺寸。塔径的尺寸取决于两液的流量及适宜的操作速度；而塔高的计算有两种方法，即理论级当量高度法及传质单元法。

（1）理论级当量高度法

理论级当量高度是指相当于一个理论级萃取效果的当量高度，用 h_e 表示。根据下式确定塔的萃取段有效高度

$$h=Nh_e \tag{8-25}$$

式中 h——萃取段的有效高度，m；

N——逆流萃取所需的理论级数；

h_e——理论级的当量高度，m。

理论级数 N 反应萃取分离的难易或萃取过程要求达到的分离程度。h_e 是衡量传质效率的指标。传质速率越快，塔的效率越高，则相应的 h_e 值越小。和塔板效率一样，h_e 值与设备形式、物系性质和操作条件有关，一般需要通过实验确定。对某些物系，可以用萃取专著所推荐的经验公式估算。

（2）传质单元法

在萃取过程中，因两相中溶质的浓度沿塔高呈微分变化，此时，萃取段的有效高度也可用积分法计算，即用传质单元法计算。

假设组分 B 与组分 S 完全不互溶，则萃余相的溶剂流量为常量，用质量比组成进行计算比较方便。若溶质组成较稀时，在整个萃取段内体积传质系数 K_xa 可视为常数，则萃取

段的有效高度可用下式计算（以萃余相浓度变化为例）

$$h=\frac{B}{K_{x}aA}\int_{X_n}^{X_F}\frac{dX}{X-X^*}=H_{OR}N_{OR} \tag{8-26}$$

式中　h——萃取段的有效高度，m；

N_{OR}——萃余相的总传质单元数，$N_{OR}=\int_{X_n}^{X_F}\frac{dX}{X-X^*}$；

H_{OR}——萃余相的总传质单元高度，m；

$$H_{OR}=\frac{B}{K_{x}aA}$$

B——萃余相的溶剂流量，kg/s；

$K_{x}a$——以萃余相中溶质的质量比组成为推动力的总体积传质系数，($kg/m^3 s\Delta X$)；

A——塔的横截面积，m^2。

萃取相的总传质单元高度 H_{OR} 或总体积传质系数 $K_{x}a$ 由试验测定，也可从萃取专著或手册中查得。

萃余相中的传质单元数可用图解积分法求得。当分配曲线为直线时，又可用对数平均推动力或解析法求得，解析法计算式为

$$N_{OR}=\frac{1}{1-\frac{1}{A_m}}\ln\left[\left(1-\frac{1}{A_m}\right)\frac{X_F-\frac{Y_S}{K}}{X_n-\frac{Y_S}{K}}+\frac{1}{A_m}\right] \tag{8-27}$$

同理，也可仿照上法对萃取相写出相应的计算式。

任务二　萃取设备

与气-液传质过程类似，在液-液萃取过程中，要求在萃取设备内能使两相密切接触并伴有较高程度的湍动，以实现两相之间的质量传递；而后，又能较快地分离。但是，由于液-液萃取中两相间的密度差较小，实现两相的密切接触和快速分离，要比气液系统困难得多。为了适应这种特点，出现了多种结构形式的萃取设备。目前，工业所采用的各种类型设备已超过 30 种，而且还不断开发出新型萃取设备。根据两相的接触方式，萃取设备可分为逐级接触式和微分接触式两大类；根据有无外功输入，又可分为有外能量和无外能量两种。本节简要介绍一些典型的萃取设备及其操作特性。

一、混合-澄清槽

为了达到萃取的工艺要求，既要使分散相液滴尽可能均匀地分散于另一相之中，又要使两相有足够的接触时间，但会加大澄清设备尺寸，为了避免澄清设备尺寸过大，分散相的液滴不能太小，更不能生成稳定的乳状液。因此，常将混合槽和澄清槽合并成为一个装置，即为混合-澄清槽。

混合-澄清槽是最早使用而且目前仍广泛用于工业生产的一种典型逐级接触式萃取设备。它可单级操作，也可多级组合操作，每个萃取级均包括混合槽和澄清槽两个主要部分。操作时，被处理的混合液和萃取剂首先在混合槽内充分混合，再进入澄清器中进行澄清分层，为了使不互溶液体中的一相被分散成液滴而均匀分散到另一相中，以加大相

际接触面积并提高传质速率，混合槽中通常安装搅拌装置，也可用脉冲或喷射器来实现两相的充分混合。澄清器的作用是将已接近于平衡状态的两液相进行有效的分离。对于易于澄清的混合液，可以依靠两相间的密度差进行重力沉降（或升浮）。由于液-液系统两相间的密度差和界面张力均较小，分散相液滴的运动速度和凝聚速率也很小，因而使两相的分离时间往往很长。对于难以分离的混合液，可采用离心式澄清器（如旋液分离器、离心分离机），加速两相的分离过程。

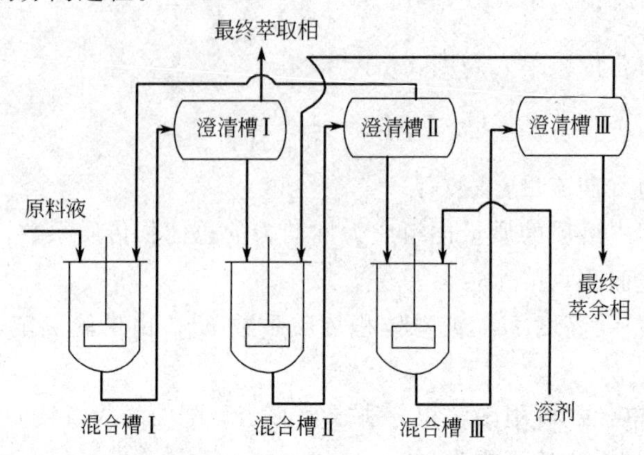

图 8-19　三级逆流混合-澄清萃取设备

多级混合-澄清槽是由多个单级萃取单元组合而成。如图 8-19 所示为水平排列的三级逆流混合-澄清萃取装置示意图。

混合-澄清槽的优点是传质效率高（一般级效率为 80%以上），操作方便，运行稳定可靠，结构简单，可处理含有悬浮固体的物料，因此应用比较广泛。其缺点是水平排列的设备占地面积大，每级内都设搅拌装置，液体在级间流动需要泵输送，消耗能量较多，设备费及操作费较高。为了克服水平排列多级混合-澄清槽的缺点，可采用箱式和立式混合澄清萃取设备。

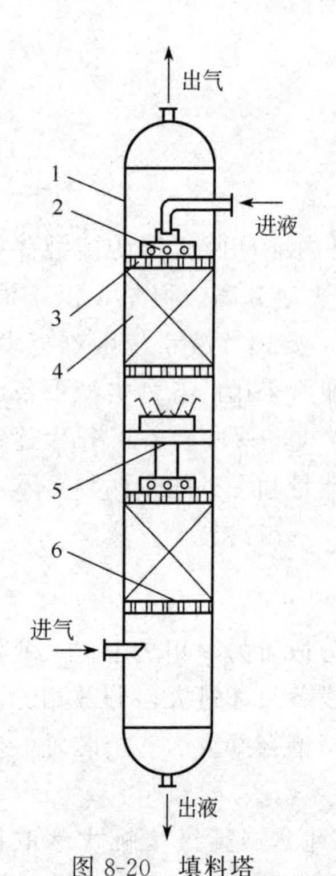

图 8-20　填料塔

1—塔壳体；2—液体分布器；3—填料压板；4—填料；5—液体再分布装置；6—填料支撑板

二、塔式萃取设备

习惯上，将高径比很大的萃取装置统称为塔式萃取设备。为了获得满意的萃取效果，塔设备应具有分散装置，两相混合和分离所采用的措施不同，出现不同结构形式的萃取塔。

在塔式萃取设备中，喷洒塔是结构最简单的一种，塔体内除各流股物料进出的连接管和分散装置外，别无其他的构件。由于轴向返混严重，传质效率极低。喷洒塔主要用于水洗中和及处理含有固体的悬浮物系。

下面介绍几种工业上常用的萃取塔。

1. 填料萃取塔

如图 8-20 所示，用于萃取的填料塔与用于气-液传质过程的填料塔结构上基本相同，即在塔体内支撑板上充填一定高度的填料层。萃取操作时，连续相充满整个塔中，分散相以液滴状通过连续相。为防止液滴在填料入口处聚结和出现液泛，轻相入口管应在支撑器之上 25～50mm 处。选择填料材质时，除考虑料液的腐蚀性外，还应使填料只能被连续相润湿而不被分散相润湿，以利于液滴的生成和稳定。一般陶瓷易被水相润湿，塑料和石墨易被有机相润湿，金属材料则需通过实验确定。

2. 筛板萃取塔

筛板萃取塔是逐级接触式萃取设备，依靠两相的密度差，在重力的作用下，两相进行分散和逆向流动。若以轻相为分散相，则轻相从塔下部进入。轻相穿过筛板分散成细小的液滴进入筛板上的连续相，即重相层。液滴在重相内上升过程中进行液-液传质过程。穿过重相层的轻相液滴开始合并凝聚，聚集在上层筛板的下侧，实现轻、重两相的分离，并进行轻相的自身混合。当轻相再一次穿过筛板时，轻相再次分散，液滴表面得到更新。这样分散、凝聚交替进行，直至塔顶澄清、分层、排出。而连续相重相进入塔内横向流过塔板，在筛板上与分散相即轻相液滴接触和萃取后，由降液管流至下一层板。这样重复以上过程，直至塔底，与轻相分离形成重液相层，排出。

如图 8-22 所示，为脉动式筛板塔，脉动式筛板塔是利用外力作用使液体在塔内产生脉冲运动的塔。其结构与无溢流筛板塔相似。塔内加入脉动，可增加相际接触面积及其湍动程度，提高萃取效率。如图 8-21 所示，脉动筛板塔中根据液体产生脉动方式的不同分为往复活塞型、脉动隔膜型、风箱型、脉动进料型、空气脉动型。

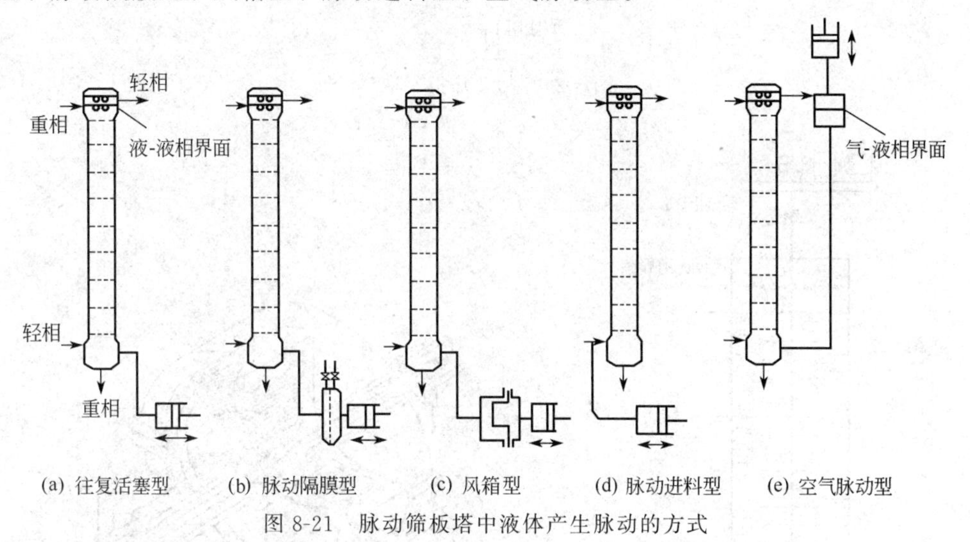

图 8-21 脉动筛板塔中液体产生脉动的方式

3. 转盘萃取塔

如图 8-23 所示，转盘萃取塔是在塔体内壁按一定高度间距安装一组环形板（称为固定环），而在中心旋转轴上，在两固定环的中间以同样间距安装若干圆形转盘。环形板将塔内分隔出若干小的空间，每个分隔空间中心的转盘相当于一个搅拌器，转盘旋转，带动两液体转动，因而可以增大分散程度、相际接触面积以及湍动程度。固定环板则起到抑制塔内轴相返混的作用。因此，转盘塔的萃取效率较高。

4. 离心萃取器

如图 8-24 所示，离心萃取器是利用离心力使两相快速充分混合并快速分离的萃取装置。至今，已经开发出多种类型的离心萃取器，广泛应用于制药、香料、染料、废水处理、核燃料处理领域。离心萃取器有多种分类方法，按两相接触方式可分为微分接触式和逐级接触式。

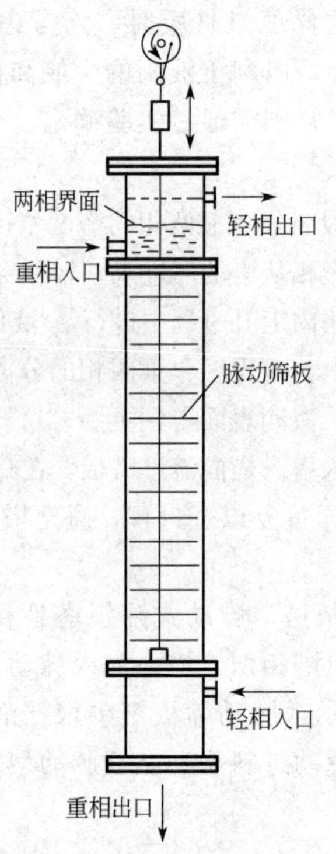

图 8-22　脉动筛板萃取塔

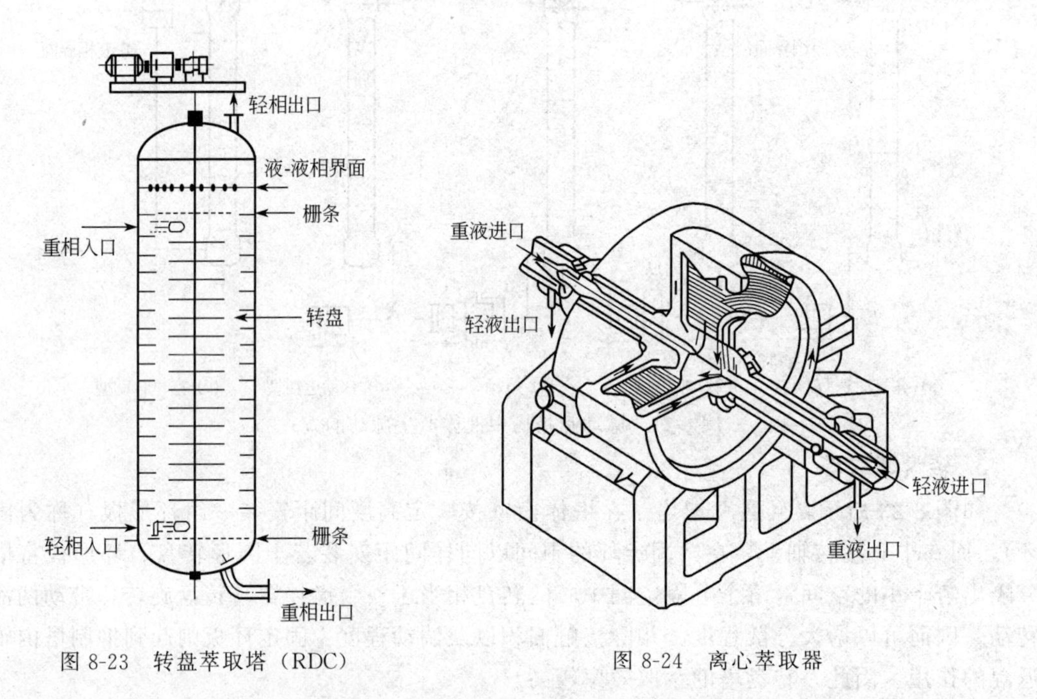

图 8-23　转盘萃取塔（RDC）

图 8-24　离心萃取器

任务三　萃取塔的操作

对萃取塔能否实现正常操作，将直接影响产品的质量、原料的利用率和经济效益。尽管一个工艺过程及设备设计得很完善，但由于操作不当，也得不到合格产品。

一、开车操作

在萃取塔开车时，先将连续相注满塔中，若连续相为重相（即相对密度较大的一相），液面应在重相入口高度处为宜，关闭重相进口阀。然后开启分散相，则分散相不断在塔顶分层凝聚，随着分散相不断进入塔内，两液相界面不断升高。当两相界面升高到重相入口与轻相出口处之间时，再开启分散相出口阀和重相的进出口阀，调节流量或重相升降管的高度使两相界面维持在原高度。

当重相作为分散相时，则分散相不断在塔底的分层段凝聚，两相界面应维持在塔底分层段的某一位置上，一般在轻相入口处附近。

二、维持正常运行要注意的事项

1. 两相界面高度要维持稳定

因参与萃取的两液相的相对密度相差不大，在萃取塔的分层段中两液相的相界面容易产生上下位移。造成相界面位移的因素主要有以下两方面。

• 振动、往复或脉冲频率或幅度发生变化。

• 流量发生变化。若相界面不断上移到轻相出口，则分层段不起作用，重相就会从轻相口处流出；若相界面不断下移至萃取段，就会降低萃取段的高度，使得萃取效率降低。

当相界面不断上移时，要降低升降管的高度或增加连续相的出口流量，使两相界面下降到规定的高度处。反之当相界面不断下移时，要升高升降管的高度或减小连续相的出口流量。

2. 防止液泛

液泛是萃取塔操作时容易发生的一种不正常的操作现象。所谓液泛是指逆流操作中，随着两相（或其中一相）流速的加大，流体流动的阻力也随之加大。当流速超过某一数值时，一相会因流体阻力加大而被另一相夹带由出口端流出塔外，或某段分散相把连续相隔断。

产生液泛的因素较多，它不仅与两相流体的物性有关，而且与塔的类型、内部结构有关。不同的萃取塔其泛点速度也随之不同。当对某萃取塔操作时，所选的两相流体确定后，液泛的产生主要是由于流量和振动、脉冲频率与幅度的变化而引起，因此，流量过大或振动频率过快易造成液泛。

3. 减小返混

萃取塔内部分液体的流动滞后于主体流动，或者产生不规则的漩涡运动，这些现象称为轴向混合或返混。液相的返混使两液相各自沿轴向的浓度减小，从而使塔内各截面上两相液体间的浓度差（传质推动力）降低。轴向混合不仅影响萃取效率，还影响塔的通过能力。

在萃取塔的操作中，连续相和分散相都存在返混现象，产生返混的原因是多方面的。

对于连续相：萃取塔中理想的流动情况是两液相均呈活塞流，即在整个塔截面上两液相的流速相等，这时传质推动力最大，萃取效率高。但是在实际过程中，流体的流动并不呈活塞流，因为流体与塔壁之间的摩擦阻力大，连续相靠近塔壁或其他构件处的流速比中心处慢，中心区的液体以较快速度通过塔内，停留时间短，而近壁区的液体速度较低，在塔内停留时间长，这种停留时间的不均匀是造成连续相返混的主要原因之一。

对于分散相：分散相的液滴大小不一，大液滴以较大的速度通过塔内，停留时间短。小液滴速度小，在塔内停留时间长。更小的液滴甚至还可被连续相夹带，产生反方向的运动。

此外，塔内的液体还会产生漩涡而造成局部轴向混合。

三、停车操作

对连续相为重相的，停车时首先关闭连续相的进出口阀，再关闭轻相的进口阀，让轻重两相在塔内静置分层。分层后慢慢打开连续相的进口阀，让轻相流出塔外，并注意两相的界面，当两相界面上升至轻相全部从塔顶排出时，关闭重相进口阀，让重相全部从塔底排出。

对于连续相为轻相的，相界面在塔底，停车时首先关闭重相进出口阀，然后再关闭轻相进出口阀，让轻重两相在塔中静置分层。分层后打开塔顶旁路阀，塔内接通大气，然后慢慢打开重相出口阀，让重相排出塔外。当相界面下移至塔底旁路阀的高度处，关闭重相出口阀，打开旁路阀，让轻相流出塔外。

自 测 题

1. 如下表所示，为乙酸-苯-水三元物系在25℃条件下的相平衡数据，依此数据，在直角三角形坐标上绘出：

① 溶解度曲线；

② 绘出表中实验序号2、3、4、7、9级数据对应的连接线；

③ 临界混溶点。

实验序号	苯相(质量分数)/%			水相(质量分数)/%		
	乙酸(A)	苯(B)	水(S)	乙酸(A)	苯(B)	水(S)
1	0.15	99.85	0.001	4.56	0.04	95.4
2	1.4	98.56	0.04	17.7	0.20	82.1
3	3.27	96.62	0.11	29.0	0.40	70.6
4	13.3	86.3	0.4	56.9	3.3	39.8
5	15.0	84.5	0.5	59.2	4.0	36.8
6	19.0	79.4	0.7	63.9	6.5	29.6
7	22.8	76.35	0.85	64.8	7.7	27.5
8	31.0	67.1	1.9	65.8	18.1	16.1
9	35.3	62.2	2.5	64.5	21.1	14.4
10	37.8	59.2	3.0	63.4	23.4	13.2
11	44.7	50.7	4.6	59.3	30.0	10.7
12	52.3	40.5	7.2	52.3	40.5	7.2

2. 在习题1系统中，25℃时，乙酸、苯和水经充分混合后静置分为互成平衡的两个液层。已知其中一个液层的组成为乙酸19.9%，水0.7%，其余为苯（均为质量分数）。相平衡数据见习题1。试求：

(1) 辅助曲线；

(2) 图解求出与乙酸19.9%、水0.7%、其余为苯相相平衡的另一液相组成，并绘出连接线；

(3) 计算在本题条件下乙酸在两液相中的分配系数 k_A 的数值。

3. 在多级逆流萃取中，用三氯乙烯萃取丙酮水溶液中的丙酮，原料液含丙酮33%，原料液量为1000kg/h，三氯乙烯用量为320kg/h，要求最终萃余液含丙酮9%。试求所需理论级数。

4. 由A、B两组分组成的混合液中，A的含量为25%。原料液量为12t/h，原溶剂B与溶剂S不互溶，若用三级错流萃取，每一级中均加入纯溶剂S，加入量为5t/h。求所需理论级数和萃取相及萃余相的流量。

操作条件下物系的平衡数据如下表所示：

萃取相组成 Y/(kgA/kgS)	萃余相组成 X/(kgA/kgB)	萃取相组成 Y/(kgA/kgS)	萃余相组成 X/(kgA/kgB)
0	0	0.203	0.25
0.05	0.05	0.232	0.30
0.096	0.10	0.256	0.35
0.135	0.15	0.275	0.40
0.170	0.20	0.280	0.45

项目小结

在项目七中讨论了蒸馏操作，蒸馏是利用组分的挥发度不同，加入或移走热量使多组分均相混合物发生部分汽化和部分冷凝，从而使液体混合物得到分离。本项目则讨论了分离均相混合物的另一种单元操作——萃取，或称为液-液萃取、溶剂萃取或溶剂抽提。它利用了液体混合物中各组分在所选定的溶剂中溶解度的差异来达到各组分分离的目的。在这一点上与吸收类似，即需要使用外来的质量分离剂——萃取剂，区别在于萃取操作涉及的是液-液两相间的传质过程。

附　录

一、单位换算

1. 长度

m(米)	in(英寸)	ft(英尺)	yd(码)
1	39.3701	3.2808	1.0936
0.0254	1	0.0833	0.02778
0.3048	12	1	0.3333
0.9144	36	3	1

2. 质量

kg(千克)	t(吨)	lb(磅)
1	0.001	2.20462
1000	1	2204.62
0.4536	4.5×10^{-4}	1

3. 力

N(牛)	kgf[千克(力)]	lbf[磅(力)]	dyn[达因]
1	0.102	0.2248	1×10^{5}
9.8067	1	2.2046	9.8067×10^{5}
4.448	0.4536	1	4.448×10^{5}
1×10^{-5}	1.02×10^{-6}	2.248×10^{-6}	1

4. 压力

Pa(帕斯卡)	bar(巴)	kgf/cm²(工程大气压)	atm(物理大气压)	mmHg(毫米汞柱)	lbf/in²(磅力每平方英寸)
1	1×10^{5}	1.02×10^{-5}	0.99×10^{-5}	0.0075	14.5×10^{-5}
1×10^{5}	1	1.02	0.9869	750.1	14.5
98.07×10^{3}	0.9807	1	0.9678	735.56	14.2
1.01325×10^{5}	1.013	1.0332	1	760	14.697
133.32	1.333×10^{-3}	13.6×10^{-4}	0.00132	1	0.01934
6894.8	0.06895	0.0703	0.068	51.71	1

5. 能量

J(焦耳)	kgf·m(千克力米)	kW·h(千瓦时)	hp·h(马力时)	kcal(千卡)
1	0.102	2.778×10^{-7}	3.725×10^{-7}	2.39×10^{-4}
9.8067	1	2.724×10^{-6}	3.653×10^{-6}	2.342×10^{-3}
3.6×10^{6}	3.671×10^{5}	1	1.341	860.0
2.685×10^{6}	273.8×10^{3}	0.7457	1	641.33
4.186×10^{3}	426.9	1.163×10^{-3}	1.558×10^{-3}	1
1.055×10^{3}	107.58	2.93×10^{-4}	3.927×10^{-4}	0.252

6. 功率

W(瓦)	kgf·m/s(千克力米每秒)	hp(马力)	kcal/s(千卡每秒)
1	0.102	1.341×10^{-3}	0.239×10^{-3}
9.807	1	0.01315	0.234×10^{-2}
745.69	76.0375	1	0.1781
4186.8	426.35	5.6135	1
1055	107.58	1.4148	0.252

7. 黏度

Pa·s(帕秒)	P(泊)	cP(厘泊)	kgf·s/m^2(千克力秒每平方米)
1	10	1×10^3	0.102
1×10^{-1}	1	1×10^2	0.0102
1×10^{-3}	0.01	1	0.102×10^{-3}
1.4881	478.9	4.789×10^4	4.882
9.81	98.1	9810	1

8. 热导率

W/(m·K)(瓦每米开)	kcal/(m·h·K)(千卡每米时开)	cal/(cm·s·K)(卡每厘米秒开)
1	0.86	2.389×10^{-3}
1.163	1	2.778×10^{-3}
418.7	360	1
1.73	1.488	4.134×10^{-3}

9. 温度

$$T=t+273.15$$

$$1℃=1.8\ ℉$$

式中，T 表示热力学温度；℉表示华氏温度；℃表示摄氏温度。

二、干空气的物理性质（$p=101.3$kPa）

温度 t /℃	密度 ρ /(kg/m^3)	比热容 c_p /[J/(kg·K)]	热导率 λ /[W/(m·K)]	黏度 μ /(μPa·s)	普兰特数 Pr
−50	1.584	1013	0.02034	14.6	0.727
−40	1.515	1013	0.02115	15.2	0.723
−30	1.453	1013	0.02196	15.7	0.724
−20	1.395	1009	0.02278	16.2	0.717
−10	1.342	1009	0.02359	16.7	0.714
0	1.293	1005	0.02440	17.2	0.708
10	1.247	1005	0.02510	17.7	0.708
20	1.205	1005	0.02591	18.1	0.686
30	1.165	1005	0.02673	18.6	0.701
40	1.128	1005	0.02754	19.1	0.696
50	1.093	1005	0.02824	19.6	0.697
60	1.060	1005	0.02893	20.1	0.698
70	1.029	1009	0.02963	20.6	0.699
80	1.000	1009	0.03044	21.1	0.699
90	0.972	1009	0.03126	21.5	0.693
100	0.946	1009	0.03207	21.9	0.695
120	0.898	1009	0.03335	22.9	0.692
140	0.854	1013	0.03486	23.7	0.688
160	0.815	1017	0.03637	24.5	0.685
180	0.779	1022	0.03777	25.3	0.684
200	0.746	1026	0.3928	26	0.679

三、水的物理性质

温度 t /℃	压力 p /kPa	密度 ρ /(kg/m³)	比焓 h /(kJ/kg)	定压比热容 c_p /[kJ/(kg·K)]	热导率 λ /[W/(m·K)]	黏度 μ /(mPa·s)	体胀系数 α_v /(10^{-4}/K)	表面张力 γ /(mN/m)
0	101	999.9	0	4.212	0.5508	1.7878	−0.63	75.61
10	101	999.7	42.04	4.191	0.5741	1.3053	0.73	74.14
20	101	998.2	83.90	4.183	0.5985	1.0042	2.82	72.67
30	101	995.7	125.69	4.174	0.6171	0.8012	3.21	71.20
40	101	992.2	165.71	4.174	0.6333	0.6632	3.87	69.63
50	101	988.1	209.30	4.174	0.6473	0.5492	4.49	67.67
60	101	983.2	211.12	4.178	0.6589	0.4698	5.11	66.20
70	101	977.8	292.99	4.167	0.6670	0.4060	5.70	64.33
80	101	971.8	334.94	4.195	0.6740	0.3550	6.32	62.57
90	101	965.3	376.98	4.208	0.6798	0.3148	6.95	60.71
100	101	958.4	419.19	4.220	0.6821	0.2824	7.52	58.84
110	143	951.0	461.34	4.233	0.6844	0.2589	8.08	56.88
120	199	943.1	503.67	4.250	0.6856	0.2373	8.64	54.82
130	270	934.8	546.38	4.266	0.6856	0.2177	9.17	52.86
140	362	926.1	589.08	4.287	0.6844	0.2010	9.72	50.70
150	476	917.0	632.20	4.312	0.6833	0.1863	10.3	48.64

四、饱和水蒸气表

1. 按温度排列

温度 t/℃	绝对压强 p/kPa	蒸汽的密度 ρ/(kg/m³)	比焓 h/(kJ/kg)		汽化热 r/(kJ/kg)
			液体	蒸汽	
0	0.6082	0.00484	0	2491.1	2491.1
5	0.8730	0.00680	20.94	2500.8	2479.86
10	1.2262	0.00940	41.87	2510.4	2468.53
15	1.7068	0.01283	62.80	2520.5	2457.7
20	2.3346	0.01719	83.74	2530.1	2446.3
25	3.1684	0.02304	104.67	2539.7	2435.0
30	4.2474	0.03036	125.60	2549.3	2423.7
35	5.6207	0.03960	146.54	2559.0	2412.1
40	7.3766	0.05114	167.47	2568.6	2401.1
45	9.5837	0.06543	188.41	2577.8	2389.4
50	12.340	0.0830	209.34	2587.4	2378.1
55	15.743	0.1043	230.27	2596.7	2366.4
60	19.923	0.1301	251.21	2606.3	2355.1
65	25.014	0.1611	272.14	2615.5	2343.1
70	31.164	0.1979	293.08	2624.3	2331.2
75	38.551	0.2416	314.01	2633.5	2319.5
80	47.379	0.2929	334.94	2642.3	2307.8
85	57.875	0.3531	355.88	2651.1	2295.2
90	70.136	0.4229	376.81	2659.9	2283.1
95	84.556	0.5039	397.75	2668.7	2270.5
100	101.33	0.5970	418.68	2677.0	2258.4
105	120.85	0.7036	440.03	2685.0	2245.4
110	143.31	0.8254	460.97	2693.4	2232.0
115	169.11	0.9635	482.32	2701.3	2219.0
120	198.64	1.1199	503.67	2708.9	2205.2
125	232.19	1.296	525.02	2716.4	2191.8
130	270.25	1.494	546.38	2723.9	2177.6

续表

温度 t/℃	绝对压强 p/kPa	蒸汽的密度 ρ/(kg/m³)	比焓 h/(kJ/kg)		汽化热 r/(kJ/kg)
			液体	蒸汽	
135	313.11	1.715	567.73	2731.0	2163.3
140	361.47	1.962	589.08	2737.7	2148.7
145	415.72	2.238	610.85	2744.4	2134.0
150	476.24	2.543	632.21	2750.7	2118.5
160	618.28	3.252	675.75	2762.9	2037.1
170	792.59	4.113	719.29	2773.3	2054.0
180	1003.5	5.145	763.25	2782.5	2019.3
190	1255.6	6.378	807.64	2790.1	1982.4
200	1554.77	7.840	852.01	2795.5	1943.5
210	1917.72	9.567	897.23	2799.3	1902.5
220	2320.88	11.60	942.45	2801.0	1858.5
230	2798.59	13.98	988.50	2800.1	1811.6
240	3347.91	16.76	1034.56	2796.8	1761.8
250	3977.67	20.01	1081.45	2790.1	1708.6
260	4693.75	23.82	1128.76	2780.9	1651.7
270	5503.99	28.27	1176.91	2768.3	1591.4
280	6417.24	33.47	1225.48	2752.0	1526.5
290	7443.29	39.60	1274.46	2732.3	1457.4
300	8592.94	46.93	1325.54	2708.0	1382.5
310	9877.96	55.59	1378.71	2680.0	1301.3
320	11300.3	65.95	1436.07	2468.2	1212.1
330	12879.6	78.53	1446.78	2610.5	1116.2
340	14615.8	93.98	1562.93	2568.6	1005.7
350	16538.5	113.2	1636.20	2516.7	880.5
360	18667.1	139.6	1729.15	2442.6	713.0
370	21040.9	171.0	1888.25	2301.9	411.1
374	22070.9	322.6	2098.0	2098.0	0

2. 按压力排列

绝对压力 p/kPa	温度 t/℃	蒸汽的密度 ρ/(kg/m³)	比焓 h/(kJ/kg)		汽化热 r/(kJ/kg)
			液体	蒸汽	
1.0	6.3	0.00773	26.48	2503.1	2476.8
1.5	12.5	0.01133	52.26	2515.3	2463.0
2.0	17.0	0.01486	71.21	2524.2	2452.9
2.5	20.9	0.01836	87.45	2531.8	2444.3
3.0	23.5	0.02179	98.38	2536.8	2438.1
3.5	26.1	0.02523	109.30	2541.8	2432.5
4.0	28.7	0.02867	120.23	2546.8	2426.6
4.5	30.8	0.03205	129.00	2550.9	2421.9
5.0	32.4	0.03537	135.69	2554.0	2416.3
6.0	35.6	0.04200	149.06	2560.1	2411.0
7.0	38.8	0.04864	162.44	2566.3	2403.8
8.0	41.3	0.05514	172.73	2571.0	2398.2

续表

绝对压力 p/kPa	温度 t/℃	蒸汽的密度 ρ/(kg/m³)	比焓 h/(kJ/kg)		汽化热 r/(kJ/kg)
			液体	蒸汽	
9.0	43.3	0.06156	181.16	2574.8	2393.6
10.0	45.3	0.06798	189.59	2578.5	2388.9
15.0	53.5	0.09956	224.03	2594.0	2370.0
20.0	60.1	0.13068	251.51	2606.4	2354.9
30.0	66.5	0.19093	288.77	2622.4	2333.7
40.0	75.0	0.24975	315.93	2634.1	2312.2
50.0	81.2	0.30799	339.80	2644.3	2304.5
60.0	85.6	0.36514	358.21	2652.1	2393.9
70.0	89.9	0.42229	376.61	2659.8	2283.2
80.0	93.2	0.47807	390.08	2665.3	2275.3
90.0	96.4	0.53384	403.49	2670.8	2267.4
100.0	99.6	0.58961	416.90	2676.3	2259.5
120.0	104.5	0.69868	437.51	2684.3	2246.8
140.0	109.2	0.80758	457.67	2692.1	2234.4
160.0	113.0	0.82981	473.88	2698.1	2224.2
180.0	116.6	1.0209	489.32	2703.7	2214.3
200.0	120.2	1.1273	493.71	2709.2	2204.6
250.0	127.2	1.3904	534.39	2719.7	2185.4
300.0	133.3	1.6501	560.38	2728.5	2168.1
350.0	138.8	1.9074	583.76	2736.1	2152.3
400.0	143.4	2.1618	603.61	2742.1	2138.5
450.0	147.7	2.4152	622.42	2747.8	2125.4
500.0	151.7	2.6673	639.59	2752.8	2113.2
600.0	158.7	3.1686	676.22	2761.4	2091.1
700.0	164.0	3.6657	696.27	2767.8	2071.5
800.0	170.4	4.1614	720.96	2773.7	2052.7
900.0	175.1	4.6525	741.82	2778.1	2036.2
1×10^3	179.9	5.1432	762.68	2782.5	2019.7
1.1×10^3	180.2	5.6333	780.34	2785.5	2005.1
1.2×10^3	187.8	6.1241	797.92	2788.5	1990.6
1.3×10^3	191.5	6.6141	814.25	2790.9	1976.7
1.4×10^3	194.8	7.1034	829.06	2792.4	1963.7
1.5×10^3	198.2	7.5935	843.86	2794.5	1950.7
1.6×10^3	201.3	8.0814	857.77	2796.0	1938.2
1.7×10^3	204.1	8.5674	870.58	2797.1	1926.1
1.8×10^3	206.9	9.0533	883.39	2798.1	1914.8
1.9×10^3	209.8	9.5392	896.21	2799.2	1903.0
2×10^3	212.2	10.0338	907.32	2799.7	1892.4
3×10^3	233.7	15.0075	1005.4	2798.9	1793.5
4×10^3	250.3	20.0969	1082.9	2789.8	1706.8
5×10^3	263.8	25.3663	1146.9	2776.2	1629.2
6×10^3	275.4	30.8494	1203.2	2759.5	1556.3
7×10^3	285.7	36.5744	1253.2	2740.8	1487.6
8×10^3	294.8	42.5768	1299.2	2720.5	1403.7
9×10^3	303.2	48.8945	1343.5	2699.1	1356.6
10×10^3	310.9	55.5407	1384.0	2677.1	1293.1
12×10^3	324.5	70.3075	1463.4	2631.2	1167.7
14×10^3	336.5	87.3020	1567.9	2583.2	1043.4
16×10^3	347.2	107.8010	1615.8	2531.1	915.4
18×10^3	356.9	134.4813	1699.8	2466.0	766.1
20×10^3	365.6	176.5961	1817.8	2364.2	544.9

五、液体黏度和 293K 时的密度

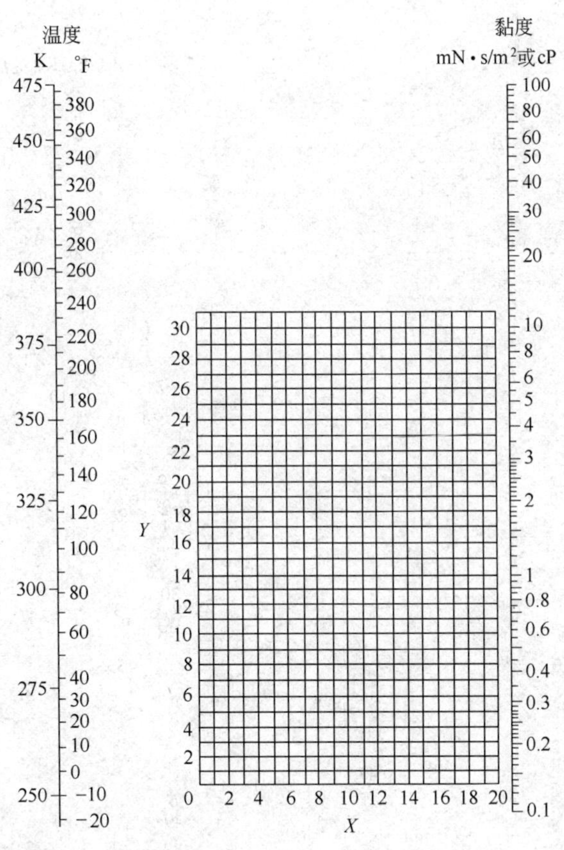

液体黏度共线图的坐标值及液体的密度列于下表中：

序号	液　　体	X	Y	密度(293K)/(kg/m³)	序号	液　　体	X	Y	密度(293K)/(kg/m³)
1	乙酸 100%	12.1	14.2	1049	15	二氯乙烷	13.2	12.2	1256
2	70%	9.5	17.0	1069	16	二氯甲烷	14.6	8.9	1336
3	丙酮 100%	14.5	7.2	792	17	乙酸乙酯	13.7	9.1	901
4	氨 100%	12.6	2.0	817(194K)	18	乙醇 100%	10.5	13.8	789
5	26%	10.1	13.9	904	19	95%	9.8	14.3	804
6	苯	12.5	10.9	880	20	40%	6.5	16.6	935
7	氯化钠盐水 25%	10.2	16.6	1186(298K)	21	乙苯	13.2	11.5	867
8	溴	14.2	13.2	3119	22	氯乙烷	14.8	6.0	917(279K)
9	丁醇	8.6	17.2	810	23	乙醚	14.5	5.3	708(298K)
10	二氧化碳	11.6	0.3	1101(236K)	24	乙二醇	6.0	23.6	1113
11	二硫化碳	16.1	7.5	1263	25	甲酸	10.7	15.8	220
12	四氯化碳	12.7	13.1	1595	26	氟利昂-11(CCl_3F)	14.4	9.0	1494(290K)
13	甲酚(间位)	2.5	20.8	1034	27	氟利昂-21($CHCl_2F$)	15.7	7.5	1426(273K)
14	二溴乙烷	12.7	15.8	2495	28	甘油 100%	2.0	30.0	1261

六、液体比热容

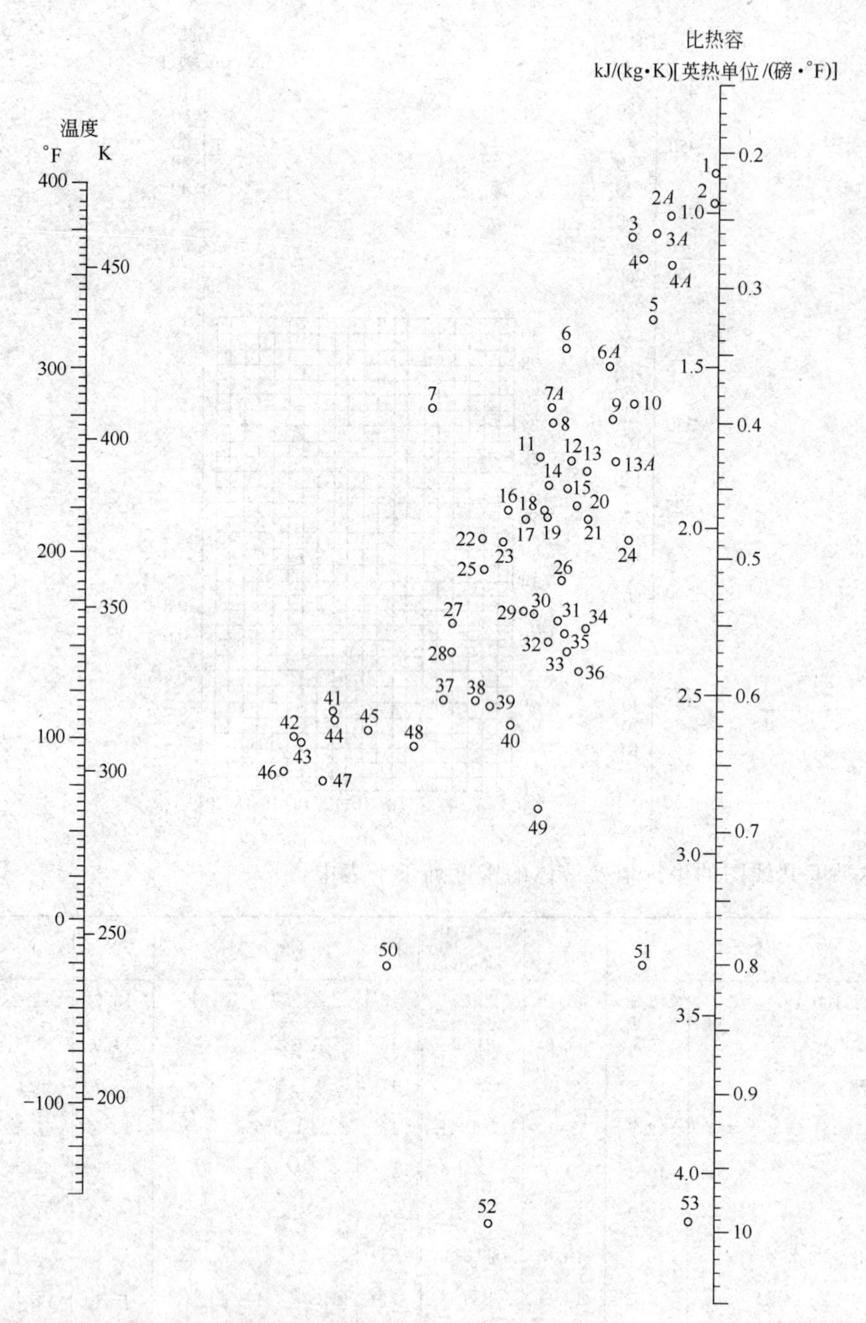

液体比热容共线图坐标值列于下表：

号数	液　　体	范围/K	号数	液　　体	范围/K
29	乙酸 100%	273～353	30	苯胺	273～403
32	丙酮	293～323	23	苯	283～353
52	氨	203～323	27	苯甲醇	253～303
37	戊醇	223～298	10	卞基氧	243～303
26	乙酸戊酯	273～373	49	$CaCl_2$ 盐水 25%	233～293

续表

号数	液体	范围/K	号数	液体	范围/K
51	NaCl 盐水 25%	233～293	7A	氟利昂-22	253～333
44	丁醇	273～373	3A	氟利昂-113	253～343
2	二硫化碳	173～298	38	三元醇	233～293
3	四氯化碳	283～333	28	庚烷	273～333
8	氯苯	273～373	35	己烷	193～293
4	三氯甲烷	273～323	48	盐酸	293～373
21	癸烷	193～298	41	异戊醇	283～373
6A	二氯乙烷	243～333	43	异丁醇	273～373
5	二氯甲烷	233～323	47	异丙醇	263～323
16	联苯	353～393	31	异丙醚	193～293
22	二苯甲烷	303～373	40	甲醇	233～298
16	二苯醚	273～473	13A	氯甲烷	193～293
16	道舍姆 A	273～473	14	萘	363～473
24	乙酸乙酯	223～298	12	硝基苯	273～373
42	乙醇 100%	303～353	34	壬烷	223～398
46	95%	293～353	33	辛烷	223～298
50	50%	293～353	3	过氯乙烯	432～413
25	乙苯	273～373	45	丙醇	253～373
1	溴乙烷	278～298	20	吡啶	222～298
13	氯乙烷	243～313	9	硫酸 98%	283～318
36	乙醚	173～298	11	二氧化硫	263～373
7	碘乙烷	273～373	23	甲苯	278～333
39	乙二醇	233～473	53	水	283～473
2A	氟利昂-11	253～343	19	二甲苯(邻位)	273～373
6	氟利昂-12	233～288	18	二甲苯(间位)	273～373
4A	氟利昂-21	253～343	17	二甲苯(对位)	273～373

七、水、煤气管（有缝钢管）规格

公称口径		外径/mm	普通管壁厚/mm	加厚管壁厚/mm
mm	in			
6	1/8	10	2	2.5
8	1/4	13.5	2.25	2.75
10	3/8	17	2.25	2.75
15	1/2	21.25	2.75	3.25
20	3/4	26.75	2.75	3.5
25	1	33.5	3.25	4
32	5/4	42.25	3.25	4
40	3/2	48	3.5	4.25
50	2	60	3.5	4.5
70	5/2	75.5	3.75	4.5
80	3	88.5	4	4.75
100	4	114	4	5
125	5	140	4.5	5.5
150	6	165	4.5	5.5

八、离心泵规格

B型（原BA型）离心水泵性能表。

新型号	旧型号	流量/(m³/h)	扬程/m	转速/(r/min)	功率/kW		效率/%	允许吸上真空度/mH_2O	叶轮直径/mm
					轴	电机			
2B31	2BA-6	10	34.5	2900	1.87	4	50.6	8.7	162
		20	30.8		2.60		64	7.2	
		30	24		3.07		63.5	5.7	
2B31A	2BA-6A	10	28.5	2900	1.45	3	54.5	8.7	148
		20	25.2		2.06		65.6	7.2	
		30	20		2.54		64.1	5.7	
	2BA-6B	10	22	2900	1.10	2.2	54.9	8.7	132
		20	18.8		1.56		65	7.2	
		25	16.3		1.73		64	6.6	
2B19	2BA-9	11	21	2900	1.10	2.2	56	8.0	127
		17	18.5		1.47		68	6.8	
		22	16		1.66		66	6.0	
2B19A	2BA-9A	10	16.8	2900	0.85	1.5	54	8.1	117
		17	15		1.06		65	7.3	
		22	13		1.23		63	6.5	
	2BA-9B	10	13	2900	0.66	1.5	51	8.1	106
		15	12		0.82		60	7.6	
		20	10.3		0.91		62	6.8	
3B57	3BA-6	30	62	2900	9.3	17	54.4	7.7	218
		45	57		11		63.5	6.7	
		60	50		12.3		66.3	5.6	
		70	44.5		13.3		64	4.4	
3B57A	3BA-6A	30	45	2900	6.65	10	55		192
		40	41.5		7.30		62	7.5	
		50	37.5		7.98		64	7.1	
		60	30		8.80		59	6.4	
3B33	3BA-9	30	35.5	2900	4.60	7.5	62.5	7.0	168
		45	32.6		5.56		71.5	5.0	
		55	28.8		6.25		68.2	3.0	
3B33A	3BA-9A	25	26.2	200	2.83	5.5	63.7	7.0	145
		35	25		3.35		70.8	6.4	
		45	22.5		3.87		71.2	5.0	
3B19	3BA-13	32.4	21.5	2900	2.5	4	76	6.5	132
		45	18.8		2.88		80	5.5	
		52.2	15.6		2.96		75	5.0	
3B19A	3BA-13A	29.5	17.4	2900	1.86	3	75	6.0	120
		39.6	15		2.02		80	5.0	
		48.6	12		2.15		74	4.5	
3B19B	3BA-13B	28.0	13.5	2900	1.57	2.2	63	5.5	110
		34.2	12.0		1.63		65	5.0	
		41.5	9.5		1.73		62	4.0	
4B91	4BA-6	65	98	2900	27.6		63	7.1	272
		90	91		32.8		68	6.2	
		115	81		37.1		68.5	5.1	
4B91A	4BA-6A	65	82	2900	22.9	40	63.2	7.1	250
		85	76		26.1		67.5	6.4	
		105	69.5		29.1		68.5	5.5	

续表

新型号	旧型号	流量 /(m^3/h)	扬程 /m	转速 /(r/min)	功率/kW 轴	功率/kW 电机	效率 /%	允许吸上真空度/mH_2O	叶轮直径 /mm
4B54	4BA-8	70 90 109 120	59 54.2 47.8 43	2900	17.5 19.3 20.6 21.4	30	64.5 69 69 66	5.0 4.5 3.8 3.5	218
4B54A	4BA-8A	70 90 109	48 43 36.8	2900	13.6 15.6 16.8	20	67 69 65	5.0 4.5 3.8	200
4B35	4BA-12	65 90 120	37.7 34.6 28	2900	9.25 10.8 12.3	17	72 78 74.5	6.7 5.8 3.3	178
4B35A	4BA-12A	60 85 110	31.6 28.6 23.3	2900	7.4 8.7 9.5	13	70 76 73.5	6.9 6.0 4.5	163
4B20	4BA-18	60 90 110	22.6 20 17.1	2900	5.32 6.36 6.93	10	75 78 74	5	143
4B20A	4BA-18A	60 80 95	17.2 15.2 13.2	2900	3.80 4.35 4.80	5.5	74 76 71.1	5	130
4B15	4BA-25	54 79 99	17.6 14.8 10	2900	3.69 4.10 4.00	5.5	70 78 67	5	126
4B15A	4BA-25A	50 72 86	14 11 8.5	2900	2.80 2.87 2.78	4	68.5 75 72	5	114

注：1mH_2O=9806.65Pa。

九、4-72-11型离心通风机性能表

机号	转数 /(r/min)	全压系数 H	全压 /mmH_2O	流量系数 Q	流量 /(m^3/h)	效率 η	所需功率 /kW
6C	2240	0.411	248	0.220	15800	91	14.1
	2000	0.411	198	0.220	14100	91	10.0
	1800	0.411	160	0.220	12700	91	7.3
	1250	0.411	77	0.220	8800	91	2.53
	1000	0.411	69	0.220	7030	91	1.39
	800	0.411	30	0.220	5610	91	0.73
8C	1800	0.411	285	0.220	29900	91	30.8
	1250	0.411	137	0.220	20800	91	10.3
	1000	0.411	88	0.220	16600	91	5.52
	630	0.411	35	0.220	10480	91	1.51
10C	1250	0.434	227	0.2218	41300	94.3	32.7
	1000	0.434	145	0.2218	32700	94.3	16.5
	800	0.434	93	0.2218	26130	94.3	8.5
	500	0.434	36	0.2218	16390	94.3	2.3
6D	1450	0.411	104	0.220	10200	91	4
	960	0.411	45	0.220	6720	91	1.32
8D	1450	0.444	200	0.184	20130	89.5	14.2
	730	0.444	50	0.184	10150	89.5	2.06
16B	900	0.434	300	0.2218	121000	94.3	127
20B	710	0.434	290	0.2218	186300	94.3	190

注：1mmH_2O=9.80665Pa。

十、苯-甲苯溶液在绝对压力为 101.3kPa 下的汽液平衡数据

液相中苯的摩尔分数 x/%	汽相中苯的摩尔分数 y/%	沸点 t/℃
0.0	0.0	110.4
6.0	13.8	108.0
10.8	23.2	106.0
15.8	31.9	104.0
21.0	39.9	102.0
26.4	47.3	100.0
32.2	54.3	98.0
38.3	60.8	96.0
44.6	66.8	94.0
51.3	72.5	92.0
58.4	77.8	90.0
66.0	82.9	88.0
73.8	87.6	86.0
82.4	92.1	84.0
91.5	96.4	82.0
96.3	98.5	81.0
100.0	100.0	80.2

十一、乙醇-水溶液在绝对压力为 101.3kPa 下的汽液平衡数据

液相中乙醇的摩尔分数 x/%	汽相中乙醇的摩尔分数 y/%	沸点 t/℃
0.00	0.00	100
1.90	17.00	95.5
7.21	38.91	89.0
9.66	43.75	86.7
12.38	47.04	85.3
16.61	50.89	84.1
23.37	54.45	82.7
26.08	55.80	82.3
32.73	58.26	81.5
39.65	61.22	80.7
50.79	65.64	79.8
51.98	65.99	79.7
57.32	68.41	79.3
67.63	73.85	78.74
74.72	78.15	78.41
89.43	89.43	78.15

参考文献

[1] 杨同舟编. 食品工程原理. 第二版. 北京：中国农业出版社，2011.
[2] 周巍编. 食品工程原理. 北京：中国轻工业出版社，2002.
[3] 宋纪蓉编. 食品工程技术原理. 北京：化学工业出版社，2004.
[4] 廖世荣编. 食品工程原理. 北京：科学出版社，2004.
[5] 谭天恩编. 化工原理上下册. 北京：化学工业出版社，1988.
[6] 天津大学化工原理教研室编. 化工原理上下册. 天津：天津科学技术出版社，1989.
[7] 张裕中编. 食品加工技术装备. 北京：中国轻工业出版社，2000.
[8] 陈斌编. 食品加工机械与设备. 北京：机械工业出版社，2003.
[9] 高福成编. 食品工程原理. 北京：中国轻工业出版社，1998.
[10] 黄亚东编. 食品工程原理. 北京：高等教育出版社，2003.
[11] 徐文通. 食品工程原理. 北京：高等教育出版社，2010.
[12] 张旭光编. 食品工程原理. 北京：中国轻工业出版社，2008.
[13] 张宏丽编. 制药过程原理及设备. 北京：化学工业出版社，2005.
[14] 张旭光，黄亚东编. 食品工程技术装备：食品生产单元操作. 北京：科学出版社. 2009.
[15] 高孔荣编. 食品分离技术. 广州：华南理工大学出版社，2005.